四川省示范性高职院校建设项目成果

通信电子线路分析与实践

主　编　王长江
主　审　何　军

西南交通大学出版社
·成　都·

内容提要

本书是在高等职业教育多年教学改革与实践的基础上，结合高职高专的办学定位、区域电子信息行业的岗位需求、校企合作共育人才要求，为高职高专电子信息类专业编写的通信电子线路分析与实践教材。该教材践行现代职教理论，凝练了四川职业技术学院电子信息类专业多年办学经验。

全书共设置了4个学习情境：高频小信号选频放大器的制作、小功率等幅波发射机的制作、调频无线话筒的制作、袖珍收音机的制作。每个学习情境以“情境载体”为核心，按“资讯—决策—实施—评价”流程规划学习情境，强调知识、技能、职业素养的有机融合。此外，还特别增设了“拓展学习”“练一练”“试一试”等环节，一方面便于完善课程的知识体系和满足因材施教的需要，另一方面有利于创造工作型学习氛围，培养学生自主学习的热情和能力。

本书可作为高职高专应用电子技术、通信技术、电子信息工程技术等专业的教材或参考书，也可供相关专业工程技术人员参考。

图书在版编目（CIP）数据

通信电子线路分析与实践 / 王长江主编. —成都：西南交通大学出版社，2013.3（2020.7 重印）
四川省示范性高职院校建设项目成果
ISBN 978-7-5643-2239-7

Ⅰ. ①通… Ⅱ. ①王… Ⅲ. ①通信系统－电子电路－高等职业教育－教材 Ⅳ. ①TN91

中国版本图书馆 CIP 数据核字（2013）第 045118 号

通信电子线路分析与实践

主编　王长江

*

责任编辑　李芳芳
特邀编辑　宋彦博
封面设计　墨创文化
西南交通大学出版社出版发行
（四川省成都市二环路北一段 111 号西南交通大学创新大厦 21 楼
邮政编码: 610031　发行部电话: 028-87600564）
http: //press.swjtu.edu.cn
四川煤田地质制图印刷厂印刷

*

成品尺寸：185 mm × 260 mm　　印张：11.25
字数：278 千字
2013 年 3 月第 1 版　　2020 年 7 月第 3 次印刷
ISBN 978-7-5643-2239-7
定价：29.00 元

序

在大力发展职业教育、创新人才培养模式的新形势下，加强高职院校教材建设，是深化教育教学改革、推进教学质量工程、全面培养高素质技能型专门人才的前提和基础。

近年来，四川职业技术学院在省级示范性高等职业院校建设过程中，立足于“以人为本，创新发展”的教育思想，组织编写了涉及汽车制造与装配技术、物流管理、应用电子技术、数控技术等四个省级示范性专业，以及体制机制改革、学生综合素质训育体系、质量监测体系、社会服务能力建设等四个综合项目相关内容的系列教材。在编撰过程中，编著者立足于“理实一体”、“校企结合”的现实要求，秉承实用性和操作性原则，注重编写模式创新、格式体例创新、手段方式创新，在重视传授知识、增长技艺的同时，更多地关注对学习者专业素质、职业操守的培养。本套教材有别于以往重专业、轻素质，重理论、轻实践，重体例、轻实用的编写方式，更多地关注教学方式、教学手段、教学质量、教学效果，以及学校和用人单位“校企双方”的需求，具有较强的指导作用和较高的现实价值。其特点主要表现在：

一是突出了校企融合性。全套教材的编写素材大多取自行业企业，不仅引进了行业企业的生产加工工序、技术参数，还渗透了企业文化和管理模式，并结合高职院校教育教学实际，有针对性地加以调整优化，使之更适合高职学生的学习与实践，具有较强的融合性和操作性。

二是体现了目标导向性。教材以国家行业标准为指南，融入了“双证书”制和专业技术指标体系，使教学内容要求与职业标准、行业核心标准相一致，学生通过学习和实践，在一定程度上，可以通过考级达到相关行业或专业标准，使学生成为合格人才，具有明确的目标导向性。

三是突显了体例示范性。教材以实用为基准，以能力培养为目标，着力在结构体例、内容形式、质量效果等方面进行了有益的探索，实现了创新突破，形成了系统体系，为同级同类教材的编写，提供了可借鉴的范样和蓝本，具有很强的示范性。

与此同时，这是一套实用性教材，是四川职业技术学院在示范院校建设过程中的理论研究和实践探索成果。教材编写者既有高职院校长期从事课程建设和实践实训指导的一线教师和教学管理者，也聘请了一批企业界的行家里手、技术骨干和中高层管理人员参与到教材的编写过程中。他们既熟悉形势与政策，又了解社会和行业需求；既懂得教育教学规律，又深语学生心理。因此，全套系列教材切合实际，对接需要，目标明确，指导性强。

尽管本套教材在探索创新中存在有待进一步锤炼提升之处，但仍不失为一套针对高职学生的好教材，值得推广使用。

此为序。

四川省高职高专院校
人才培养工作委员会主任

二〇一三年一月二十三日

前　言

本书是在高等职业教育多年教学改革与实践的基础上，为适应通信电子技术发展，培养通信电子行业生产、管理和服务一线的高素质技能型人才，结合高职高专的办学定位、区域电子信息行业的岗位需求、校企合作共育人才要求等，为高职高专电子信息类专业编写的通信电子线路分析与实践教材。

针对高等职业技术教育的特点与要求，本书编写组的同仁们践行现代职教理论，凝练我院电子信息类专业校企合作办学经验，坚持“以学生为中心，以能力培养为本位”的职教思想，倡导“做中学，学中做”的教学理念，编写出了这本独具特色的教材。

（1）基于“情境载体”优化教材内容

以“情境载体”为核心，将通信电子线路的内容逐步融入到每个学习情境中，强调知识、技能、职业素养的有机融合，理论以够用为度，强化应用技能、专业素养的培养。

（2）基于“行动导向”规划学习情境

按“资讯—决策—实施—评价”流程规划学习情境，还特别增设了有助于知识水平提高的“拓展学习”、有助于基础知识训练的“练一练”，以及有助于基础技能训练的“试一试”，等环节，一方面便于完善课程的知识体系和满足因材施教的需要，另一方面有利于创造工作型学习氛围，培养学生自主学习的热情和能力。

本书由四川职业技术学院副教授王长江担任主编，并负责全书的统稿工作。全书共有 4 个学习情境，学习情境 1 由四川职业技术学院副教授蒋从元编写，学习情境 2 由四川职业技术学院讲师黄世瑜编写，学习情境 3、学习情境 4 和导言由王长江编写。

四川职业技术学院副教授、高级工程师何军对全书进行了审读，并提出了许多高贵意见。

在本书编写过程中，得到了四川职业技术学院电子电气工程系同仁的大力帮助，在此向他们表示衷心的感谢。

本书可作为高职高专应用电子技术专业、通信技术专业、电子信息工程技术等专业的教材或参考书，也可供相关专业工程技术人员参考。由于编者水平有限，书中难免有不妥之处，恳请读者批评指正。

编　者

二〇一二年十二月十八日

本书常用符号

一、基本符号

I，i	电流	L	电感
U，u	电压	M	互感
P，p	功率	A	放大倍数
R，r	电阻	t	时间
G，g	电导	T	温度
X，x	电抗	f，F	频率
Z，z	阻抗	ω，Ω	角频率
Y，y	导纳	BW	带宽

二、常用下标符号

i　　输入量，例如，u_{i}为输入电压

o　　输出量，例如，u_{o}为输出电压

s　　信号源量，例如，u_{s}为信号源电压

f　　反馈量，例如，u_{f}为反馈电压

L　　负载，例如，R_{L}为负载电阻

三、电压、电流

1. 原　则

大写 $U(I)$，大写下标，表示直流电压（电流）值，例如，U_{BE}表示基极与发射极之间的直流电压。

大写 $U(I)$，小写下标，表示交流电压（电流）的有效值，例如，U_{be}表示基极与发射极之间交流电压的有效值。

小写 $u(i)$，大写下标，表示含有直流电压（电流）的瞬时值，例如，u_{BE}表示基极与发射极之间含有直流电压的瞬时值。

小写 $u(i)$，小写下标，表示交流电压（电流）的瞬时值，例如，u_{be}表示基极与发射极之间交流电压的瞬时值。

大写 $U(I)$，小写下标 m，表示交流电压（电流）的最大值，例如，I_{cm}表示集电极交流电流的最大值。

$\dot{U}$（$\dot{I}$）为正弦交流电压（电流）的相量表示。

大写 V，大写双下标，表示直流供电电源，例如，V_{CC}表示三极管的集电极电源电压。

2. 其　他

u_{Ω}	调制信号电压	u_{DSB}	双边带调幅信号电压
u_{c}	载波信号电压	u_{SSB}	单边带调幅信号电压
u_{L}	本振信号电压	u_{FM}	调频信号电压
u_{I}	中频信号电压	u_{PM}	调相信号电压
u_{AM}	调幅信号电压	u_{X}，u_{Y}	模拟相乘器输入端电压

四、功　率

P_{C}　　集电极耗散功率

P_{DC}	集电极直流电源提供功率
P_c	载波功率
P_{SB}	边频功率
P_{AV}	调幅波平均功率

五、频　率

f_c	载波频率
f_L	本振频率
f_I	中频频率
f_o	谐振频率，振荡频率
Δf_m	最大频偏

六、阻　抗

R_i	输入电阻	R_e	回路有载等效谐振电阻
R_o	输出电阻	y_{ie}	晶体管的输入导纳
R_L	负载电阻	y_{oe}	晶体管的输出导纳
R_s	信号源内阻	y_{fe}	共发射极电路正向传输导纳
R_P	回路空载谐振电阻	y_{re}	共发射极电路反向传输导纳

七、其他符号

T	三极管	$\alpha_n(\theta)$	电流分解系数
D	二极管	$g_1(\theta)$	电流利用系数（波形系数）
Tr	变压器	ξ	电压利用系数，一般失调
Q	空载品质因数，静态工作点	F	反馈系数
Q_e	有载品质因数	m	调制指数（调制度）
$K_{0.1}$	矩形系数	m_a	调幅系数（调幅度）
$BW_{0.7}$	3 dB 带宽	m_f	调频指数
γ	变容二极管的变容指数	m_p	调相指数
τ	时间常数	k_f	调频灵敏度
η	效率，耦合因数	k_p	调相灵敏度
p	接入系数	S_D	鉴频灵敏度
θ	电流通角		

目 录

导言

——跨入通信系统之门

一、通信系统的基本原理

（一）通信系统的基本组成

通信的主要任务是准确而迅速地传递信息。通信系统是传递、交换及处理信息的系统，是实现信息传递过程的全部技术设备和信道的总和。19 世纪末迅速发展起来的以电信号为信息载体的通信系统，称为现代通信系统。例如，广播与传统电话是实现声音传播的通信系统，可视电话与电视是实现声音、图像传播的通信系统，计算机通信是实现数据传输的通信系统。

一个完整的通信系统必须要有三大部分：一是发送端，二是接收端，三是信道。图 0.1.1 是无线电通信系统的基本组成框图，其中，发送端包括信源、输入变换器和发射设备，接收端包括接收设备、输出变换器和信宿。

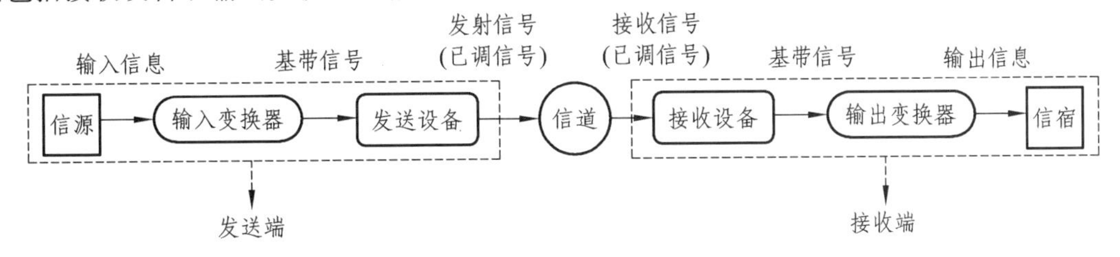

图 0.1.1　通信系统基本组成框图

信源就是信息的来源，又称发信者，能够发出需要传送的原始信息，如语言、音乐、文字、图像等，一般是非电量。

输入变换器的主要任务是将输入信息变换成电信号，该信号称为基带信号（或调制信号）。不同的信源需要不同的输入变换器，如话筒、摄像机、各种传感装置等。

发送设备的基本功能是将基带信号变换成适合在信道中有效传输的信号。变换中最主要的处理为调制，发送设备输出的信号称为已调信号。

信道是指信号传输的通道，可以是无线的，也可以是有线的。无线信道就是自由空间，信号的传输媒体是电磁波。有线信道有架空明线、同轴电缆、波导、光纤等。不同的信号适合在不同的信道中传输。

接收设备的基本功能是处理信道传送过来的已调信号，从中还原出与信源相对应的基带信号。这种处理称为解调。

输出变换器负责将接收设备输出的基带信号还原成信息原始形式。如输出变换器中的喇叭用来还原声音，显像管用来恢复图像。

信宿就是信息的终点，又称收信者或收终端。信宿接收的信息和信源发出的信息，相同程度越高，通信系统性能越好。

通信系统的种类很多，按通信业务的不同可分为电话、电报、传真通信系统，广播电视通信系统，数据通信系统等。按所用信道的不同可分为有线通信系统和无线通信系统。按传输的基带信号的不同可分为模拟通信系统和数字通信系统。本课程的研究对象是模拟无线通信系统中的发送设备和接收设备的各种高频功能电路。

（二）通信系统中的发射与接收

1. 无线电信号发射

在无线电通信系统中，电信号是通过天线辐射到天空中的，经天空到达接收地点。基带信号不能直接由天线发射出去，要采用调制技术，将基带信号“装载”在高频信号上，然后经天线发送出去，从而实现电信号的有效传输。其原因如下：

（1）缩短天线尺寸

由天线理论可知，只有当天线的长度 L 与电信号的波长 λ 在同一数量级，即 $L \geqslant \lambda/10$ 时，天线才能将电信号有效地辐射到天空。基带信号一般是低频信号，例如音频信号频率范围为 20 Hz～20 kHz，对应于 1 kHz 的音频信号，其波长 $\lambda = 300$ km，至少需 $L = 30$ km 的天线，如此巨大的天线无论制造还是架设都是不现实的。因此必须通过调制将基带信号“装载”在高频信号上，由于高频信号的波长较短，所需的天线尺寸也就较小。

（2）实现信道复用

现实生活中，为了提高公路的利用率，采用多车道，车流在各自的车道上并行，互不影响。同样的道理，为了提高信道的利用率，可通过调制将多路信号分别“装载”在不同的高频信号上（相当于将多辆汽车放在同一公路的不同车道上），然后在同一信道中传输，这样，一条信道可同时传输多路信号，提高了信道利用率。

（3）提高信号抗干扰能力

基带信号直接辐射传播，会造成信号在空间混杂，接收者无法选择所要接收的信号。假如各广播电台都直接用音频频段传播信号，则各电台信号频率都在 20 Hz～20 kHz，它们在空中混在一起，相互重叠、干扰，接收设备无法从中选出有用信号。

2. 无线电发射设备

图 0.1.2 为无线电调幅广播发送设备原理框图，图中还画出了各部分输出信号电压波形。

话筒是输入变换器，将声音变换成微弱的音频信号。该音频信号又称基带信号或调制信号。

振荡器用来产生高频振荡信号。倍频器可将高频振荡信号频率整倍数增加到所需值，其输出信号是用来运载基带信号（音频信号）的，称为载波信号，其频率称为载频。载波的作用就像公共汽车一样，是运载工具，公共汽车运载乘客，而载波运载基带信号（有用信息）。一般我们收听广播所说的频率指的就是载波的频率。

振幅调制器可将基带信号“装载”在高频载波信号上，这一过程称为调制。调制后输出的高频信号称为已调信号，由天线以电磁波形式辐射到空间。

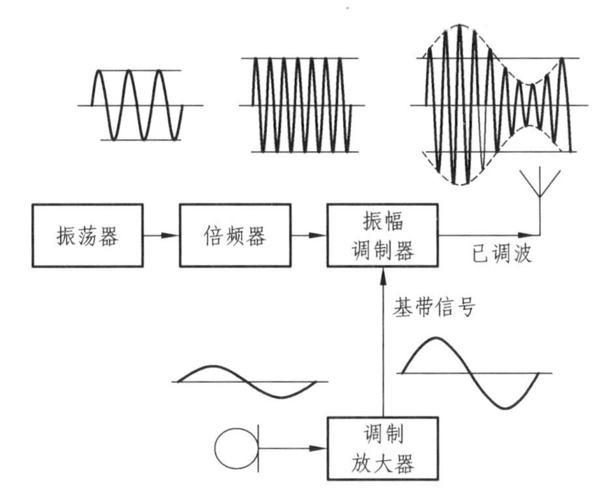

图 0.1.2　无线电调幅广播发送设备原理框图

3. 无线电接收设备

图 0.1.3 为超外差式调幅接收机原理框图，图中还画出了各部分输出信号电压波形。

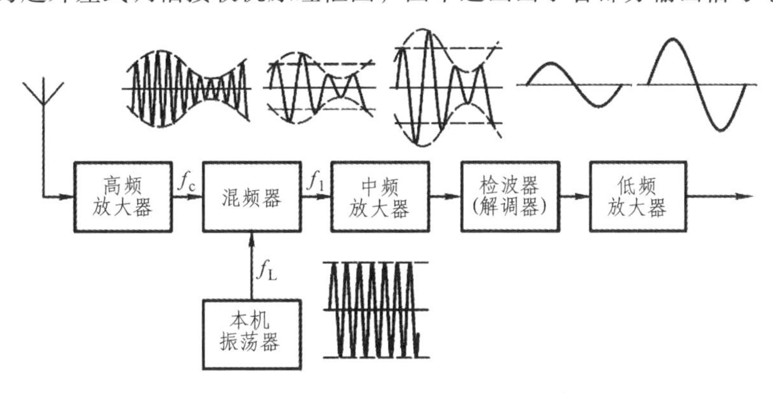

图 0.1.3　超外差式调幅接收机原理框图

本机振荡器产生频率为 f_L 的高频振荡信号。高频放大器用来对天线所收到的有用信号进行选频和放大，输出载频为 f_c 的已调信号。混频器的作用是将载频为 f_c 的已调信号变换成载频为 f_I 的中频已调信号。对于调幅收音机，中频 $f_I = f_L - f_c = 465$ kHz。中频放大器对中频信号进行放大。检波器的功能是从中频信号中取出原音频信号（基带信号）。提取出的信号经低频放大器放大后送到扬声器中转换成声音。

二、通信系统中的信号

（一）无线电波频段划分

无线电通信系统使用的频率范围很宽，不同频率的无线电波传播特性也不完全一样。通常，通信分为长波通信、中波通信、短波通信、微波通信等。这样，有必要对无线电波频率或波长进行分段，分别称为频段或波段。表 0.2.1 给出了无线电波频（波）段的划分。

表 0.2.1　无线电波频（波）段的划分

<table>
<tr><th>频段名称</th><th>频率范围</th><th colspan="2">波段名称</th><th>波长范围</th><th>主要用途</th></tr>
<tr><td>甚低频（VLF）</td><td>3 ~ 30 kHz</td><td colspan="2">超长波</td><td>100 ~ 10 km</td><td>音频、电话、数据终端长距离导航、声纳</td></tr>
<tr><td>低频（LF）</td><td>30 ~ 300 kHz</td><td colspan="2">长　波</td><td>10 ~ 1 km</td><td>导航、时标、越洋通信、地下岩层通信</td></tr>
<tr><td>中频（MF）</td><td>0.3 ~ 3 MHz</td><td colspan="2">中　波</td><td>1 000 ~ 100 m</td><td>调幅广播、海事通信、遇险求救、海岸警卫</td></tr>
<tr><td>高频（HF）</td><td>3 ~ 30 MHz</td><td colspan="2">短　波</td><td>100 ~ 10 m</td><td>移动电话、短波广播、军事通信、移动通信</td></tr>
<tr><td>甚高频（VHF）</td><td>30 ~ 300 MHz</td><td colspan="2">超短波（米波）</td><td>10 ~ 1 m</td><td>电视、调频广播、雷达、导航、空中管制</td></tr>
<tr><td>特高频（UHF）</td><td>0.3 ~ 3 GHz</td><td>分米波</td><td rowspan="4">微波</td><td>100 ~ 10 cm</td><td>电视、雷达、导航、移动通信</td></tr>
<tr><td>超高频（SHF）</td><td>3 ~ 30 GHz</td><td>厘米波</td><td>10 ~ 1 cm</td><td>中继、卫星通信、雷达、无线电天文</td></tr>
<tr><td>极高频（EHF）</td><td>30 ~ 300 GHz</td><td>毫米波</td><td>10 ~ 1 mm</td><td>微波通信、射电天文、雷达</td></tr>
<tr><td>至高频</td><td>300 ~ 3 000 GHz</td><td>压毫米波</td><td>1 ~ 0.1 mm</td><td>光通信</td></tr>
</table>

（二）无线电波传播方式

无线电波传播方式主要有直射（视距）传播、绕射传播、电离层传播和对流层传播，如图 0.2.1 所示。

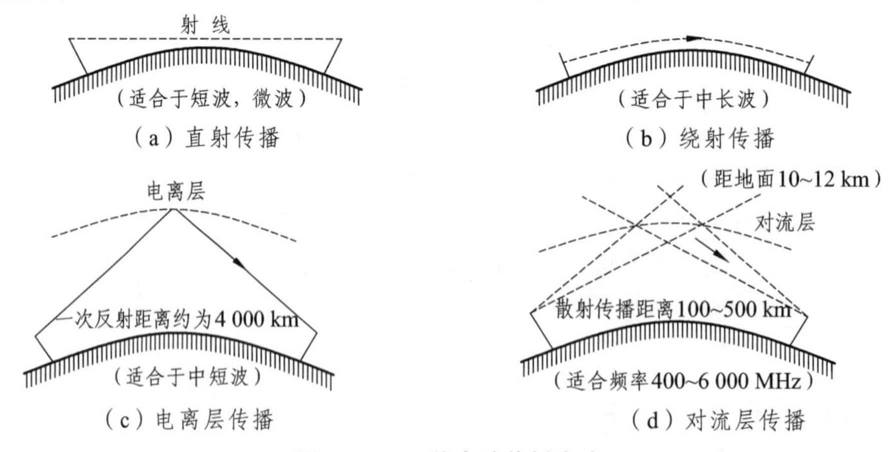

（a）直射传播　（b）绕射传播　（c）电离层传播　（d）对流层传播

图 0.2.1　无线电波传播方式

直射传播（直射波）：沿空间直线传播，其特点是收、发信高架（高度比波长大得多）。主要用于超短波、微波波段通信和电视广播，例如微波中继、卫星通信采用视距传播。

绕射传播（地波）：沿地面直线传播，其特点是波长越长，传播损耗越小。主要用于中、长波无线电通信与导航，例如中波调幅广播。

电离层传播（天波）：靠电离层反射和折射传播，其特点是损耗小、传播距离远。主要用于短波、中波远距离通信和广播，例如短波调幅广播或军用短波电台。

对流层传播（散射传播）：靠对流层散射传播，其特点是散射信号相当微弱，传播距离可达 100 ~ 500 km。适用于无法建立微波中继站的地区，例如用于海岛之间和跨越湖泊、沙漠、雪山等地区。散射通信必须采用大功率发射机、高灵敏度接收机和高增益天线。

（三）无线电信号表示方法

在无线通信中，要处理的无线电信号主要有三种：基带信号、载波信号和已调信号。通常将携带有用信息的原始信号称为基带信号，也称调制信号。装载基带信号的高频信号好比“运载工具”，称为载波信号。经过调制的高频信号称为已调信号，即包含有基带信号的高频载波信号。

所谓“高频”是一个相对的概念，狭义地讲，指的是短波波段，其频率范围为 3 ~ 30 MHz；广义地讲，“高频”指的是射频，其频率范围非常宽，只要电路尺寸比工作波长小得多，可以用集中参数来实现，都可以认为属于“高频”。就目前的技术而言，“高频”的上限频率可达 3 GHz。模拟通信已大量使用 2 ~ 10 GHz 频段，数字微波系统的发展集中到更高频率，11 ~ 19 GHz 频段已启用。但在使用这样高频率时，要考虑大气中氧气和水蒸气对信号的吸收。

一个无线电信号通常采用数学表达式、时域波形和频谱来描述。数学表达式和时域波形一般用于表达较简单的信号，对于较复杂的信号，如音频信号、图像信号等，用频谱来表示较为方便。任何信号都可以表示为许多不同频率的正弦信号之和，各正弦分量按频率分布的情况即为频谱。频谱图中用频率或角频率作横坐标，用正弦分量的相对振幅作纵坐标。

例如，单频调制普通调幅信号的数学表达式为

$$u_{\mathrm{AM}}(t)=U_{\mathrm{cm}}\cos(\omega_{\mathrm{c}}t)+\frac{1}{2}m_{\mathrm{a}}U_{\mathrm{cm}}\cos[(\omega_{\mathrm{c}}+\Omega)t]+\frac{1}{2}m_{\mathrm{a}}U_{\mathrm{cm}}\cos[(\omega_{\mathrm{c}}-\Omega)t]$$

式中，m_{a} 称为调幅系数；U_{cm} 为载波信号振幅；载波信号角频率 $\omega_{\mathrm{c}}=2\pi f_{\mathrm{c}}$，$f_{\mathrm{c}}$ 为载波信号频率；调制信号角频率 $\Omega=2\pi F$，F 为调制信号频率。

单频调制普通调幅信号的时域波形如图 0.2.2 所示，频谱如图 0.2.3 所示。

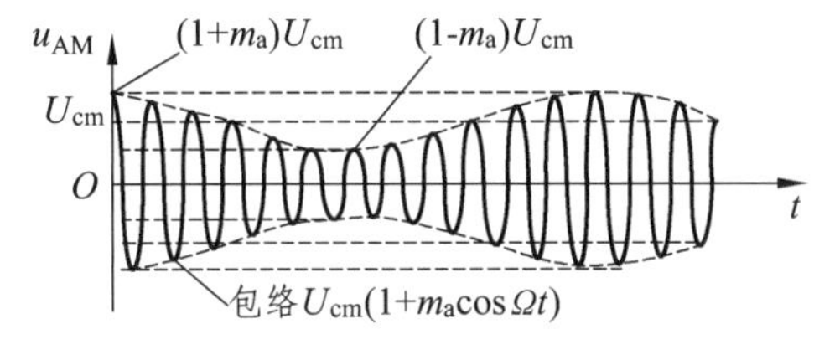

图 0.2.2 单频调制时普通调幅波形

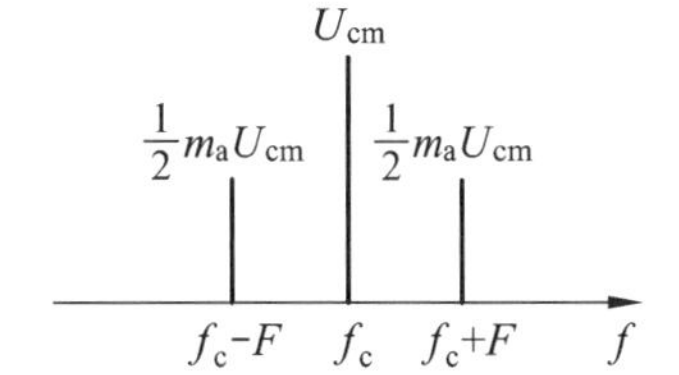

图 0.2.3 单频调制时普通调幅波频谱

学习情境 1

高频小信号选频放大器的制作

情境资讯

【情境任务单】

<table>
<tr><td>学习情景</td><td colspan="4">高频小信号选频放大器的制作</td><td>参考学时</td><td>14</td></tr>
<tr><td>班　　级</td><td></td><td>小组编号</td><td></td><td>成员名单</td><td colspan="2"></td></tr>
<tr><td>情境描述</td><td colspan="6">高频小信号选频放大器是通信设备中基本的单元电路，它利用调谐回路作为放大器的集电极负载，实现对微弱的高频信号进行不失真的有选择性的放大。高频小信号选频放大器由放大器和调谐回路两部分组成，多用于接收机作高频放大。对它的主要技术要求是：足够的增益和稳定性，满足选择性和通频带要求。</td></tr>
<tr><td rowspan="3">情境目标</td><td>支撑知识</td><td colspan="5">① 谐振回路；
② 小信号选频放大器；
③ 集中选频放大器。</td></tr>
<tr><td>专业技能</td><td colspan="5">① 高频小信号选频放大器电路图的识读；
② 高频小信号选频放大器的安装、测试；
③ 高频小信号选频放大器制作报告的撰写。</td></tr>
<tr><td>职业素养</td><td colspan="5">① 遵守劳动纪律，服从工作安排；
② 遵守安全操作规程，爱护器材与仪器仪表；
③ 互相关心，热心帮助同学；
④ 虚心好学，认真完成工作任务；
⑤ 整理工位。</td></tr>
<tr><td>工作任务</td><td colspan="6">制作一高频小信号选频放大器，电路如图 1.1.1 所示。
图 1.1.1　高频小信号选频放大器的制作与测试电路</td></tr>
<tr><td>提交成果</td><td colspan="6">① 制作产品；
② 技术文档（具体内容参见资料归档）。</td></tr>
<tr><td>完成时间及签名</td><td colspan="6"></td></tr>
</table>

【资讯引导文】

无线电收、发端普遍采用高频放大电路，将微弱的高频信号进行放大，以满足调制、解调等电路的需要。同时，在无线电通信过程中，通信信道数多，所占频段范围较宽，工作频率也较高（从几百千赫兹到几百兆赫兹，如卫星通信系统中，工作频率可达吉赫兹）。同一通信频段内，存在许多被传送的无线电信号及噪声，而接收机则只选择出需要的信号进行放大。因此，接收机中的放大器除了要有足够的增益外，还应具有选择不同频率信号的能力，于是便产生了各种各样的选频放大器。无论是哪一类放大电路，它们主要由两部分组成：一是放大器件，二是用作选择信号的线性选频网络。

一、选频网络

选频网络具有选择有用频率信号的作用。谐振回路是简单的选频网络。集中选频滤波器应用广泛。

（一）并联谐振回路

谐振回路由电感线圈和电容器组成。它有两个主要作用，一是选择信号，二是阻抗变换。谐振回路按其与信号源的连接方式不同，可分为串联谐振回路和并联谐振回路两种类型。在选频放大器中，并联谐振回路使用最为广泛。

1. *LC* 并联谐振回路的选频特性

LC 并联谐振回路如图 1.1.2 所示，它由电感线圈和电容器组成，并与外接信号源并联。图中，电感线圈等效损耗用电阻 r 表示。由于电容器损耗很小，略去其损耗电阻不计。

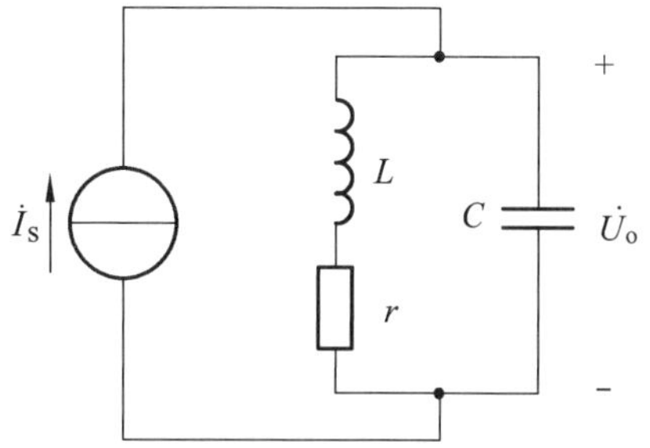

图 1.1.2　并联谐振回路

（1）频率特性

图 1.1.2 所示的并联谐振回路，其等效阻抗为

$$Z=\frac{(r+\mathrm{j}\omega L)\dfrac{1}{\mathrm{j}\omega C}}{r+\mathrm{j}\omega L+\dfrac{1}{\mathrm{j}\omega C}} \tag{1.1.1}$$

实际谐振回路中，r 通常很小，满足 $\omega L >> r$，因此式（1.1.1）可近似为

$$Z\approx\frac{\dfrac{L}{C}}{r+\mathrm{j}\left(\omega L-\dfrac{1}{\omega C}\right)} \tag{1.1.2}$$

令 $X=\left(\omega L-\dfrac{1}{\omega C}\right)$，由式（1.1.2）可得

$$Z=\frac{L/C}{r+\mathrm{j}X} \tag{1.1.3}$$

当信号的频率满足 $X=\omega L-\frac{1}{\omega L}=0$ 时，并联谐振回路发生谐振，谐振回路的谐振频率为

$$\omega_0=\frac{1}{\sqrt{LC}} \quad 或 \quad f_0=\frac{1}{2\pi\sqrt{LC}} \tag{1.1.4}$$

发生并联谐振时，其等效谐振阻抗为纯电阻且为最大，用符号 R_{P} 表示，即

$$R_{\mathrm{P}}=\frac{L}{Cr} \tag{1.1.5}$$

为了评价谐振回路损耗的大小，常引入品质因数 Q，它定义为回路谐振时的容抗（或感抗）与回路等效损耗电阻之比。即

$$Q=\frac{1}{\omega_0 Cr}=\frac{\omega_0 L}{r} \tag{1.1.6}$$

一般情况下，LC 谐振回路的 Q 值在几十到几百范围内，Q 值越大，回路的损耗越小。

将式（1.1.4）代入式（1.1.6），则有

$$Q=\frac{\sqrt{L/C}}{r} \tag{1.1.7}$$

将式（1.1.7）代入式（1.1.5），则有

$$R_{\mathrm{P}}=Q\sqrt{\frac{L}{C}} \tag{1.1.8}$$

将式（1.1.5）、式（1.1.6）代入式（1.1.2），可得并联谐振回路的阻抗为

$$\begin{aligned} Z&=\frac{L/rC}{1+\mathrm{j}\left[\left(\omega L-\frac{1}{\omega C}\right)/r\right]}=\frac{R_{\mathrm{P}}}{1+\mathrm{j}\frac{L}{r}\left(\omega-\frac{1}{\omega LC}\right)} \\ &=\frac{R_{\mathrm{P}}}{1+\mathrm{j}\frac{\omega_0 L}{r}\left(\frac{\omega}{\omega_0}-\frac{\omega_0}{\omega}\right)} \end{aligned} \tag{1.1.9}$$

通常谐振回路只研究谐振频率 ω_0 附近的特性，由于 ω 十分接近 ω_0，故可近似认为 $\omega\omega_0\approx\omega_0^2$，$\omega+\omega_0\approx 2\omega_0$。令 $\Delta\omega=\omega-\omega_0$，由式（1.1.9）不难得到

$$Z=\frac{R_{\mathrm{P}}}{1+\mathrm{j}Q\frac{2\Delta\omega}{\omega_0}}=|Z|\underline{/\varphi} \tag{1.1.10}$$

并联谐振回路阻抗的幅频特性和相频特性分别为

$$|Z|=\frac{R_{\mathrm{P}}}{\sqrt{1+\left(Q\frac{2\Delta\omega}{\omega_0}\right)^2}} \tag{1.1.11}$$

$$\varphi = -\arctan\left(Q\frac{2\Delta\omega}{\omega_0}\right) \tag{1.1.12}$$

根据式（1.1.11）和式（1.1.12）作出并联谐振回路的幅频特性和相频特性曲线，如图 1.1.3（a）、（b）所示。从特性曲线可以看出，当 $\omega = \omega_0$ 时，回路发生谐振，相移 $\varphi = 0$，谐振回路阻抗最大且为纯电阻。当 $\omega < \omega_0$ 时，相移 $\varphi > 0$，回路呈电感性，最大值趋于 90°。当 $\omega > \omega_0$ 时，相移 $\varphi < 0$，回路呈电容性，最大负值趋于 −90°。Q 值越大，幅频特性曲线越尖锐，相频特性曲线越陡峭。

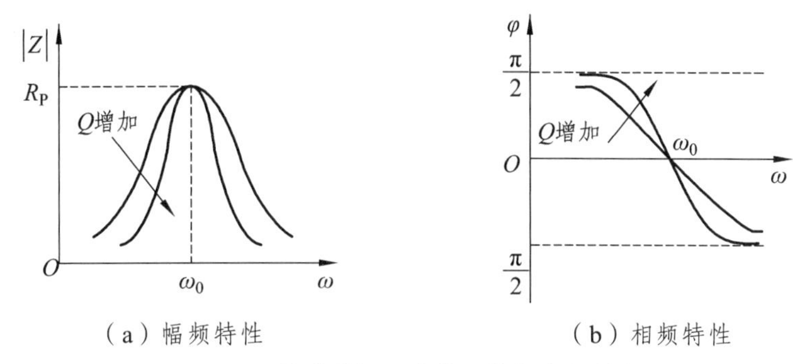

（a）幅频特性　　（b）相频特性

图 1.1.3　并联谐振回路的阻抗频率特性曲线

并联谐振回路两端输出电压为

$$\dot{U}_o = \dot{I}_s Z \tag{1.1.13}$$

将式（1.1.9）代入式（1.1.13），得

$$\dot{U}_o = \frac{\dot{I}_s R_P}{1 + jQ\dfrac{2\Delta\omega}{\omega_0}} = \frac{\dot{U}_P}{1 + jQ\dfrac{2\Delta f}{f_0}} = \frac{\dot{U}_P}{1 + j\xi} \tag{1.1.14}$$

式中，$\dot{U}_P = \dot{I}_s R_P$ 称为谐振时回路两端输出电压；$\Delta f = f - f_0$ 称为回路的绝对失谐量，反映了信号频率偏离谐振频率的绝对值；$\xi = Q\dfrac{2\Delta f}{f_0}$ 称为广义失谐量，反映了相对失谐程度。

任意频率下的回路输出电压与谐振时回路输出电压之比，表示并联谐振回路输出电压的频率特性。由式（1.1.14）可得

$$N(jf) = \frac{\dot{U}_o}{\dot{U}_P} = \frac{1}{1 + jQ\dfrac{2\Delta f}{f_0}} = \frac{1}{1 + j\xi} \tag{1.1.15}$$

并联谐振回路输出电压的幅频特性和相频特性分别为

$$N(f) = \frac{1}{\sqrt{1 + \left(Q\dfrac{2\Delta f}{f_0}\right)^2}} = \frac{1}{\sqrt{1 + \xi^2}} \tag{1.1.16}$$

$$\varphi = -\arctan\left(Q\frac{2\Delta f}{f_0}\right) = -\arctan\xi \tag{1.1.17}$$

根据（1.1.16）和（1.1.17）式作出幅频特性和相频特性曲线，如图 1.1.4 所示。由图可知，Q 值越大，幅频特性曲线越尖锐，相频特性曲线越陡峭。

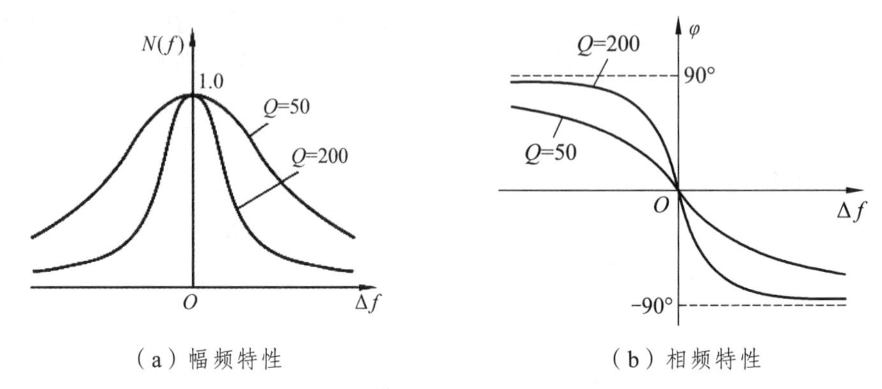

（a）幅频特性　　（b）相频特性

图 1.1.4　并联谐振回路输出电压频率特性曲线

（2）通频带

当回路外加输入信号电压的幅值不变时，改变信号频率，使 $N(f)=\left|\dot{U}_o/\dot{U}_P\right|=0.707$（或 $1/\sqrt{2}$）所对应的频率范围 $2\Delta f$ 称为谐振回路的通频带，用 $BW_{0.7}$ 表示，如图 1.1.5 所示。

由 $N(f)=1\big/\sqrt{1+\xi^2}=1/\sqrt{2}$，可得 $\xi = Q\dfrac{2\Delta f}{f_o}=1$，则通频带为

$$BW_{0.7} = 2\Delta f = \frac{f_0}{Q} \tag{1.1.18}$$

式（1.1.18）表明，回路 Q 值越大，选频性能越好，通频带越窄。

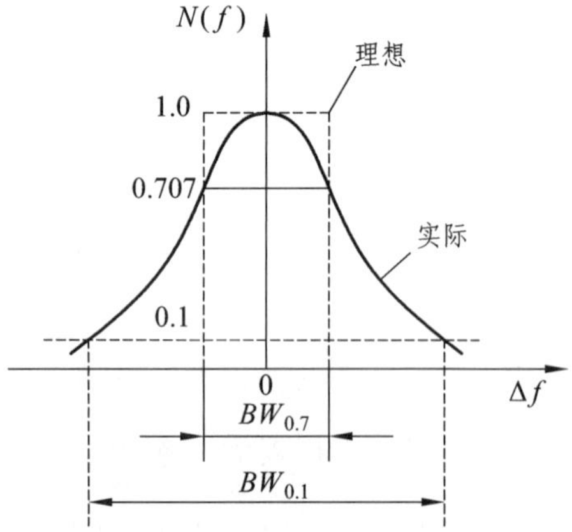

图 1.1.5　并联谐振回路通频带和选择性

（3）选择性

选择性是指回路从含有各种不同频率信号中选出有用信号，抑制干扰信号的能力。我们知道，对于同一回路，提高通频带和改善选择性是矛盾的，Q 值越高，选择性越好，但通频带越窄，为了保证较宽的通频带就得降低选择性的要求，反之亦然。一个理想的谐振回路的幅频特性曲线如图 1.1.5 所示，它是高度为 1，宽度为 $BW_{0.7}$ 的矩形。在通频带内信号可以无衰减地通过，通频带以外衰减为无限大。实际谐振回路选频性能的好坏，应以其幅频特性接近矩形的程度来衡量。为了便于定量比较，引用“矩形系数”这一指标。矩形系数 $K_{0.1}$ 定义为

$$K_{0.1} = \frac{BW_{0.1}}{BW_{0.7}} \tag{1.1.19}$$

理想情况下，谐振回路 $K_{0.1}=1$。实际谐振回路的 $K_{0.1}$ 总是大于 1，而且其数值越大，表

示偏离理想值越大；数值越小，表示偏离理想值越小。所以，矩形系数越接近 1，则谐振回路幅频特性越接近于矩形，回路的选择性越好。

对于图 1.1.2 所示的并联谐振回路，令

$$N(f)=1\Big/\sqrt{1+\xi^2}=0.1$$

则

$$\xi=Q\frac{2\Delta f}{f_0}\approx 9.95$$

即
$$BW_{0.1}\approx 9.95\frac{f_0}{Q}$$

由式（1.1.19）可以得到 $K_{0.1}\approx 9.95$。这表明实际的并联谐振回路不论 Q、f_0 为多大，其矩形系数约为 9.95，故其选择性不理想。

从以上分析可以得出，并联谐振回路幅频曲线所显示的选频特性在电路里有着非常重要的作用，其选频性能的好坏由通频带和选择性这两个相互矛盾的指标来衡量。矩形系数则是综合说明这两个指标的一个参数，可以衡量实际幅频特性接近理想幅频特性的程度，矩形系数越小，则幅频特性越理想，选择性越好。

例 1.1.1 有一并联谐振回路，谐振频率 f_0 = 10 MHz，回路电容 C = 50 pF。① 试计算所需的线圈电感 L；② 若线圈品质因数 Q = 100，试计算回路谐振电阻及回路通频带。

解： ① 线圈电感

$$L=\frac{1}{(2\pi f_0)^2C}=\frac{1}{(2\pi\times 10\times 10^6)^2\times 50\times 10^{-12}}\ \mathrm{H}=5.07\ \mu\mathrm{H}$$

② 谐振电阻

$$R_{\mathrm{P}}=Q\sqrt{\frac{L}{C}}=100\sqrt{\frac{5.07\times 10^{-6}}{50\times 10^{-12}}}\ \Omega=31.8\ \mathrm{k}\Omega$$

通频带
$$BW_{0.7}=\frac{f_0}{Q}=\frac{10}{100}\ \mathrm{MHz}=100\ \mathrm{kHz}$$

2. 信号源和负载对谐振回路的影响

在实际应用中，谐振回路必须与信号源和负载相连接，信号源的输出阻抗和负载阻抗都会对谐振回路产生影响，不但会使回路的等效品质因数下降、选择性变差，还会使谐振回路的调谐频率发生偏移。

实用的并联谐振回路如图 1.1.6（a）所示，R_{s} 为信号源内阻，R_{L} 为负载电阻。由图 1.1.6（a）可得出 L、r 串联电路导纳为

$$Y=\frac{1}{r+\mathrm{j}\omega L}=\frac{r}{r^2+\omega^2L^2}-\mathrm{j}\frac{\omega L}{r^2+\omega^2L^2}$$

当 $r\ll\omega L$ 时，$r^2+\omega^2L^2\approx\omega^2L^2$，所以，上式可近似为

$$Y\approx\frac{r}{\omega^2L^2}-\mathrm{j}\frac{1}{\omega L}\qquad(1.1.20)$$

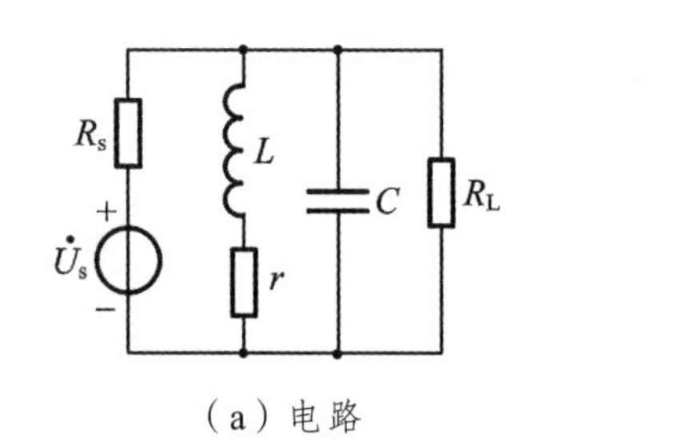

（a）电路

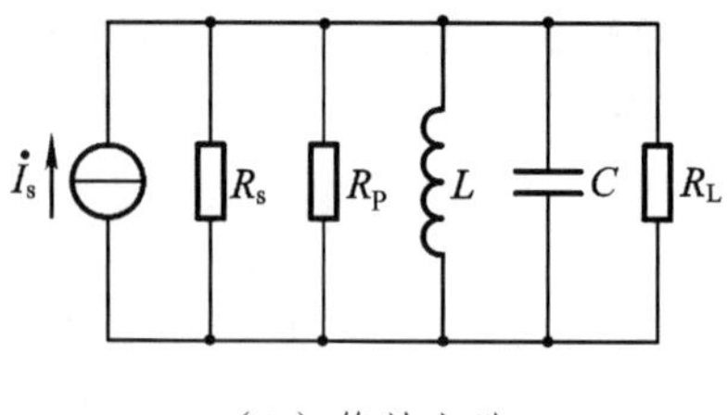

（b）等效电路

图 1.1.6　实用并联谐振回路

由于谐振回路通常研究在谐振频率附近的特性，所以式（1.1.20）中的 r/ω^2L^2 可近似等于

$$\frac{r}{\omega^2L^2} \approx \frac{r}{\omega_0^2L^2} = \frac{Cr}{L} = \frac{1}{R_P} \tag{1.1.21}$$

由式（1.1.20）和式（1.1.21）可得

$$Y \approx \frac{1}{R_P} - \mathrm{j}\frac{1}{\omega L} \tag{1.1.22}$$

由式（1.1.22）可知，图 1.1.6（a）中的电感与电阻串联电路可以变换成电感与电阻并联电路。在 $r \ll \omega L$ 时，电感值可近似不变，并联的电阻值变为 R_P，它比串联电阻值 r 大很多。

为了说明 R_s、R_L 对谐振回路的影响，可将图 1.1.6（a）所示电路等效变换为图 1.1.6（b）所示电路。图中，$\dot{I}_s = \dot{U}_s / R_s$。将图 1.1.6（b）中所有电阻合并为 R_e，即

$$R_e = R_s \mathbin{/\!/} R_L \mathbin{/\!/} R_P \tag{1.1.23}$$

实质上 R_e 就是考虑 R_s 与 R_L 并联影响后谐振回路的等效谐振电阻。由 R_e 可求得等效并联谐振回路的品质因数，常把它称为有载品质因数，用 Q_e 表示；把不考虑 R_s、R_L 影响的回路品质因数称为空载品质因数或固有品质因数，用 Q 表示。由式（1.1.8）可得

$$Q_e = R_e\sqrt{\frac{C}{L}} \tag{1.1.24}$$

回路的通频带为

$$BW_{0.7} = \frac{f_0}{Q_e} \tag{1.1.25}$$

由式（1.1.23）~ 式（1.1.25）不难看出，由于 $R_e < R_P$，所以有载品质因数 Q_e 小于空载品质因数 Q，R_s、R_L 越小，R_e 也越小，则 Q_e 下降就越多，回路的选择性就越差，而通频带却变宽了。

3. 阻抗变换电路

信号源和负载直接并联在 L、C 元件两端，存在以下三个问题：① 谐振回路 Q 值大大下降，一般不能满足实际要求；② 信号源和负载电阻常常是不相等的，即阻抗不匹配，当相差较多时，负载上得到的功率可能很小；③ 信号源输出电容和负载电容影响回路的谐振频率，

在实际应用中，信号源内阻、负载参数给定后，不能任意改动。解决这些问题的途径是采用“阻抗变换”的方法，使信号源或负载不直接并入回路的两端，而是跨接在谐振回路的一部分上，即部分接入。下面以负载的连接为例，介绍变压器阻抗变换电路、电感分压器阻抗变换电路和电容分压器阻抗变换电路。

（1）变压器阻抗变换电路

图 1.1.7（a）所示为变压器阻抗变换电路，图中，负载以互感变压器形式部分接入谐振回路，变压器的原边线圈就是谐振回路的电感线圈，负载 R_L 不是直接接在回路两端，而是接在变压器副边线圈上。设原边线圈匝数为 N_1，副边线圈匝数为 N_2，且原、副边耦合很紧，损耗很小。图 1.1.7（b）所示为变换后的等效电路，等效负载阻抗为 R_L'。

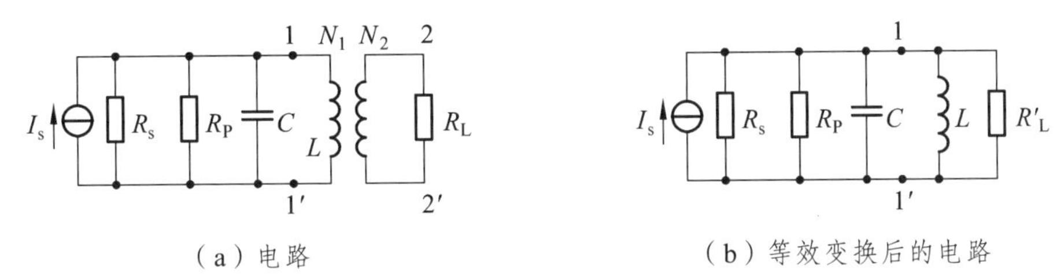

（a）电路　　（b）等效变换后的电路

图 1.1.7　变压器阻抗变换电路

设 1-1′电压为 U_1，2-2′电压为 U_2，等效变换前负载 R_L 上得到功率为 P_1，等效变换后负载 R_L' 上得到的功率为 P_2。根据等效前后负载上得到功率相等的原则，有 $P_1 = P_2$，即 $U_1^2 / R_L' = U_2^2 / R_L$，亦即 $R_L' / R_L = (U_1 / U_2)^2 = (N_1 / N_2)^2$，故有

$$R_L' = (N_1 / N_2)^2 R_L = R_L / p^2 \tag{1.1.26}$$

式中，$p = N_2 / N_1$ 称为接入系数。

由变换后的等效电路可知，谐振频率不变，仍为 $\omega_0 = 1/\sqrt{LC}$，回路的等效谐振电阻为

$$R_e = R_s // R_P // R_L' \tag{1.1.27}$$

有载品质因数为

$$Q_e = R_e \sqrt{\frac{C}{L}} \tag{1.1.28}$$

式中，若选 $p < 1$，则 $R_L' > R_L$，可见通过互感变压器接入方法可提高回路的 Q 值。

（2）电感分压器阻抗变换电路

图 1.1.8（a）所示为电感分压器阻抗变换电路，也称为自耦变压器阻抗变换电路。图中，负载以自耦变压器接入谐振回路，谐振回路 1-3 两端总电感为 L，负载接在电感抽头 2-3 两端。设电感线圈 1-3 端匝数为 N_1，抽头 2-3 端匝数为 N_2。

对于自耦变压器来说，等效折算到 1-3 端的等效电阻 R_L' 所得功率应与原回路 R_L 得到的功率相等。推导方法与上述互感变压器接入方法一样，可得到等效后的负载阻抗 R_L' 为

$$R_L' = (N_1 / N_2)^2 R_L = R_L / p^2 \tag{1.1.29}$$

式中，$p = N_2 / N_1$ 也称为接入系数。由于 $p<1$，所以 $R_L' > R_L$。例如，当 $R_L = 1\ \text{k}\Omega$，$p = 0.5$ 时，则有 $R_L' = 4\ \text{k}\Omega$。由此可以看出，负载与谐振回路采用自耦变压器接入方式后，可减小负载对谐振回路的影响。

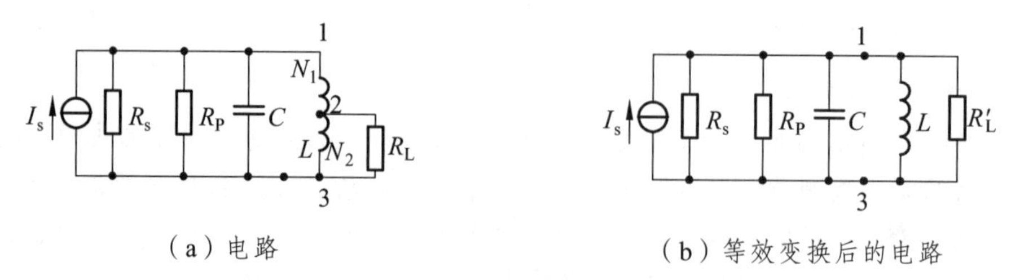

（a）电路　　（b）等效变换后的电路

图 1.1.8　电感分压器阻抗变换电路

折算后的等效电路如图 1.1.8（b）所示。由图可知谐振频率不变，仍为 $\omega_0 = 1/\sqrt{LC}$，回路的等效谐振电阻和有载品质因数仍由式（1.1.27）和式（1.1.28）计算。

由以上分析可知，自耦变压器接入也起到了阻抗变换作用。

（3）电容分压器阻抗变换电路

图 1.1.9（a）所示为电容分压器阻抗变换电路。图中，C_1、C_2 为分压电容器，R_L 为负载电阻，R_L' 是 R_L 经变换后的等效电阻。

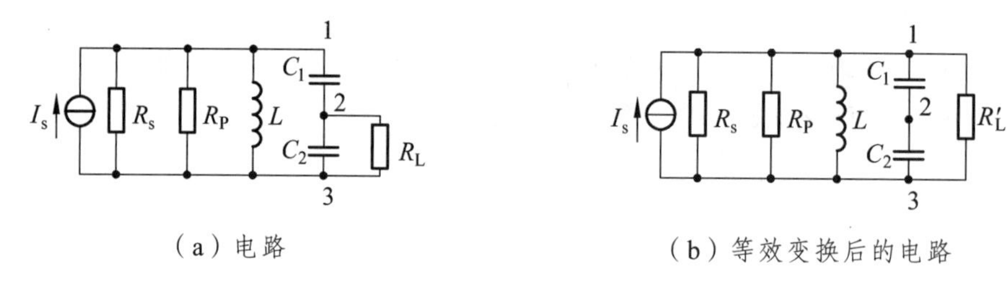

（a）电路　　（b）等效变换后的电路

图 1.1.9　电容分压器阻抗变换电路

设电容 C_1、C_2 是无能耗的，根据 R_L 和 R_L' 上所消耗的功率相等得到

$$R_L' = (U_1 / U_2)^2 R_L = R_L / p^2$$

式中，$p = U_2 / U_1$ 称为接入系数。当 $R_L \gg 1/\omega C_2$ 时，有

$$U_2 \approx \frac{U_1}{1/\omega \dfrac{C_1 C_2}{C_1 + C_2}} \cdot \frac{1}{\omega C_2} = \frac{U_1 C_1}{C_1 + C_2}$$

即

$$p = \frac{U_2}{U_1} = \frac{C_1}{C_1 + C_2} \tag{1.1.30}$$

由图 1.1.9（b）所示并联谐振回路得其谐振频率为

$$\omega_0 = \frac{1}{\sqrt{LC}} \tag{1.1.31}$$

式中，$C=\dfrac{C_2C_1}{C_1+C_2}$。回路的等效谐振电阻和有载品质因数仍由式（1.1.27）和式（1.1.28）计算。

上述三种回路接入方式不同，但有一个共同特点，即负载不直接接入回路两端，只是与“回路”一部分相接，因此叫作“部分接入”。为了更好地说明这个特点，引入了“接入系数”的概念。接入系数表示接入部分所占的比例，对于电感抽头接入方式来说，接入系数 $p=N_2/N_1$，表示全部线圈 N_1 中，N_2 所占的比例。折算后的阻抗为 $R_L'=R_L/p^2$，调节 p 可改变折算电阻 R_L' 数值。p 越小，R_L 与回路接入部分越少，R_L' 越大，对回路影响越小。

例 1.1.2 并联谐振回路与信号源和负载的连接电路如图 1.1.10（a）所示。信号源以自耦变压器形式接入回路，负载以变压器形式接入回路。已知线圈绕组的匝数分别为 $N_{12}=10$，$N_{13}=50$，$N_{45}=5$，$L_{13}=8.4\ \mu\text{H}$，回路空载品质因数 $Q=100$，$C=51\ \text{pF}$，$R_s=10\ \text{k}\Omega$，$I_s=1\ \text{mA}$，$R_L=2.5\ \text{k}\Omega$。试求并联谐振回路的有载品质因数 Q_e、通频带 $BW_{0.7}$ 及回路谐振时输出电压 U_o 的大小。

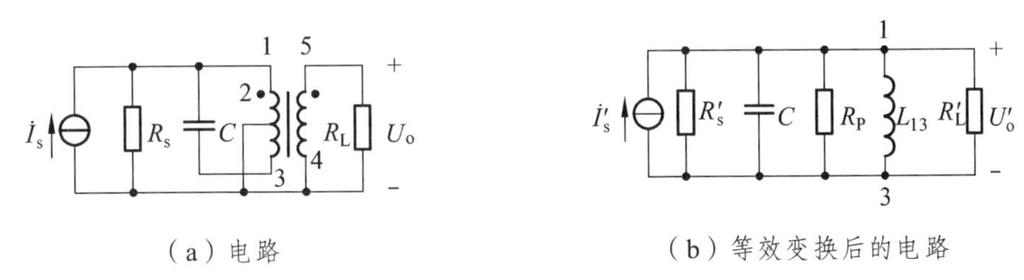

（a）电路　　（b）等效变换后的电路

图 1.1.10 采用变换电路的并联谐振回路

解：将 $\dot{I}_s$、R_s 和 R_L 均折算到并联谐振回路 1-3 两端，其值分别为 I_s'、R_s'、R_L'，如图 1.1.10（b）所示。信号源与谐振回路以自耦变压器形式接入谐振回路，令接入系数为 p_1，则

$$p_1=\frac{N_{12}}{N_{13}}=\frac{10}{50}=0.2$$

所以

$$R_s'=\frac{R_s}{p_1^2}=\frac{10}{0.2^2}\ \text{k}\Omega=250\ \text{k}\Omega$$

负载以变压器形式接入谐振回路，设接入系数为 p_2，则

$$p_2=\frac{N_{45}}{N_{13}}=\frac{5}{50}=0.1$$

所以

$$R_L'=\frac{R_L}{p_2^2}=\frac{2.5}{0.1^2}\ \text{k}\Omega=250\ \text{k}\Omega$$

计算结果说明，R_s' 和 R_L' 显著增大，故它们对并联谐振回路的影响减小。由式（1.1.8）可得

$$R_P=Q\sqrt{\frac{L_{13}}{C}}=100\sqrt{\frac{8.4\times10^{-6}}{51\times10^{-12}}}\ \Omega=40.6\ \text{k}\Omega$$

因此

$$R_e = R_s' // R_P // R_L' = 30.6\ \text{k}\Omega$$

$$Q_e = R_e\sqrt{\frac{C}{L_{13}}} = 30.6\times10^3\sqrt{\frac{51\times10^{-12}}{8.4\times10^{-6}}} = 75$$

可见，由于采用了阻抗变换电路，R_s、R_L对并联回路的影响减小，故回路品质因数下降。此时等效并联谐振回路的通频带等于

$$BW_{0.7} = \frac{f_o}{Q_e} = \frac{1}{2\pi\sqrt{8.4\times10^{-6}\times51\times10^{-12}}}/75\ \text{Hz}$$
$$= 0.103\times10^6\ \text{Hz} = 0.103\ \text{MHz}$$

根据信号源输出功率相同的条件，由图 1.1.10 （a）、（b）可知，$I_sU_{12} = I_s'U_o'$，于是可得

$$I_s' = \frac{U_{12}}{U_0'}I_s = p_1I_s$$

由图 1.1.10 （b）可知，谐振时并联回路两端输出电压$U_o' = I_s'R_e$。U_0'经过变压器的降压，便可得到输出电压 U_o为

$$U_o = p_2U_o' = p_2I_s'R_e = p_1p_2I_sR_e$$

将已知数代入上式则得

$$U_o = 0.2\times0.1\times10^{-3}\times30.6\times10^3\ \text{V} = 0.61\ \text{V}$$

（二）集中选频滤波器

集中选频滤波器具有接近理想矩形的幅频特性。目前应用广泛的集中选频滤波器有石英晶体滤波器、陶瓷滤波器和声表面波滤波器。这里简单介绍陶瓷滤波器和声表面波滤波器。

1. 陶瓷滤波器

陶瓷滤波器是由钎钛酸铅陶瓷材料制成的，把这种材料制成片状，两面覆盖银层作为电极，经过直流高压极化后，它具有压电效应。所谓压电效应是指，当陶瓷片受机械力作用而发生形变时，陶瓷片内将产生一定的电场，且它的两面出现与形变大小成正比的符号相反、数量相等的电荷；反之，若在陶瓷片两面之间加一电场，就会产生与电场强度成正比的机械形变。正是这种压电效应使陶瓷片具有串联谐振特性，可用它来制作滤波器。

陶瓷滤波器的工作频率可从几百千赫兹到几百兆赫兹，带宽可以做得很窄，等效 Q 值为几百，并且具有体积小、成本低、耐热耐湿性好、受外界条件影响小等优点，已广泛用于接收机中，如收音机的中放、电视机的伴音中放等。陶瓷滤波器的不足之处是频率特性的一致性较差，通频带不够宽等。

（1）两端陶瓷滤波器

两端陶瓷滤波器的实物结构、电路符号、等效电路、阻抗特性曲线如图 1.1.11 所示。

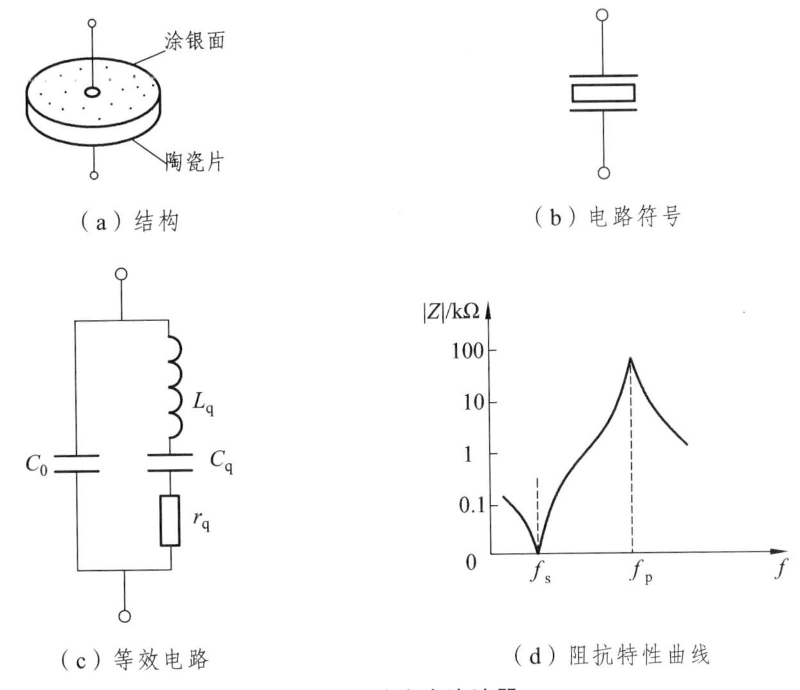

图 1.1.11　两端陶瓷滤波器

由图 1.1.11 可知，陶瓷滤波器的串联谐振频率为

$$f_s = \frac{1}{2\pi\sqrt{L_q C_q}} \tag{1.1.32}$$

陶瓷滤波器的并联谐振频率为

$$f_p = \frac{1}{2\pi\sqrt{L_q C}} \tag{1.1.33}$$

式中，C 为 C_q 和 C_0 串联后的电容值。

（2）四端陶瓷滤波器

两端陶瓷滤波器的通频带较窄，选择性较差。为此，将不同谐振频率的两端陶瓷片进行适当的组合连接，就得到性能接近理想的四端陶瓷滤波器，如图 1.1.12 所示。在使用四端陶瓷滤波器时，应注意输入、输出阻抗必须与信号源、负载阻抗相匹配，否则其幅频特性将会变坏。

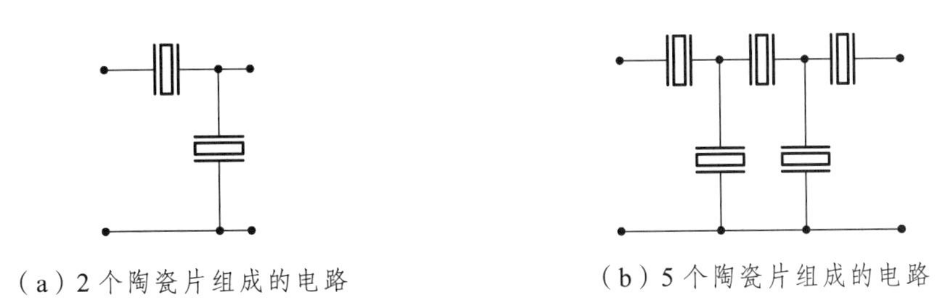

图 1.1.12　四端陶瓷滤波器

2. 声表面波滤波器

声表面波滤波器具有工作频率高、通频带宽、选频特性好、体积小和质量轻等特点，并且可采用与集成电路相同的生产工艺，制造简单，成本低，频率特性的一致性好，因此广泛应用于各种电子设备中。

声表面波滤波器的基本结构及电路符号如图 1.1.13 所示。它是以石英、铌酸锂或钎钛酸铅等压电晶体为基片，经表面抛光后在其上蒸发一层金属膜，通过光刻工艺制成两组具有能量转换功能的交叉指型的金属电极，分别称为输入叉指换能器和输出叉指换能器。当输入叉指换能器接上交流电压信号时，压电晶体基片的表面就产生振动，并激发出与外加信号同频率的声波。此声波主要沿着基片的表面与叉指电极升起的方向传播，故称为声表面波。其中一个方向的声波被吸声材料吸收，另一方向的声波则传送到输出叉指换能器，被转换为电信号输出。

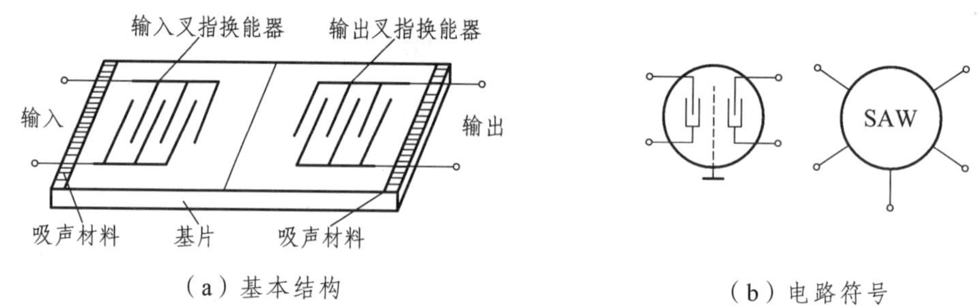

（a）基本结构　　（b）电路符号

图 1.1.13　声表面波滤波器

在声表面波滤波器中，信号经过电—声—电的两次转换，由于基片的压电效应，则叉指换能器具有选频特性。显然，两个叉指换能器的共同作用，使声表面波滤波器的选频特性较为理想。图 1.1.14 所示为声表面波滤波器的幅频特性。

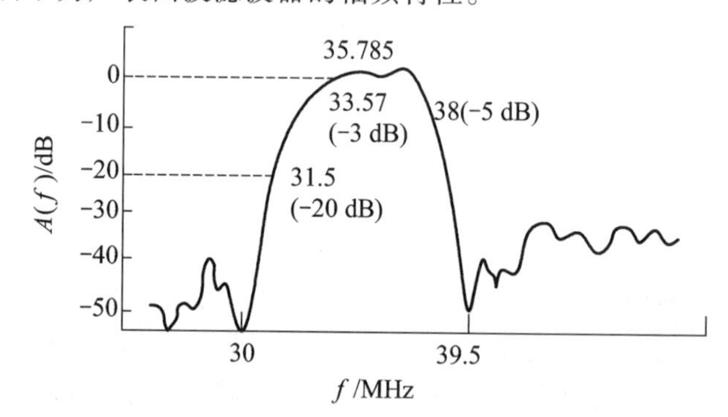

图 1.1.14　声表面波滤波器的幅频特性

二、小信号选频放大器

小信号选频放大器广泛用于无线电通信设备的接收机中，其作用是放大通信信道中高频小信号。用 *LC* 调谐回路作为选频网络构成的选频放大器称为小信号谐振放大器或调谐放大器。所谓“小信号”，是指放大器输入信号小（通常振幅在 200 mV 以下），放大器件工作在甲类状态；所谓“选频”，是指利用调谐回路作为放大器集电极负载对谐振频率信号有很强的放大作用，对远离谐振频率的信号的放大作用很弱。

研究一个小信号选频放大器，应从放大能力和选择性能两方面分析。放大能力用谐振时的放大倍数表示，选频性能用通频带和选择性两个指标衡量。对高频小信号选频放大器的主要要求是：高增益，即要求放大器的放大量要高；频率选择性要好；工作稳定可靠。

（一）单调谐回路谐振放大器

1. 工作原理

图 1.1.15（a）所示为常用晶体管单调谐回路谐振放大器电路，简称单调谐放大器。图中，R_{B1}、R_{B2}、R_E 构成分压式电流负反馈直流偏置电路，以确保晶体管工作在甲类状态。C_B、C_E 分别为基极、发射极旁路电容，对高频信号而言，视为短路。LC 单谐振电路起选频作用。

图 1.1.15（a）所示电路的交流通路如图 1.1.15（b）所示。由图可知，为了减轻晶体管输出阻抗和负载对谐振电路的影响，提高稳定性，实现放大器的前后级匹配，晶体管的输出以自耦变压器形式接入谐振回路，放大器负载 R_L（下一级输入端的等效输入电阻）以变压器形式接入谐振回路。

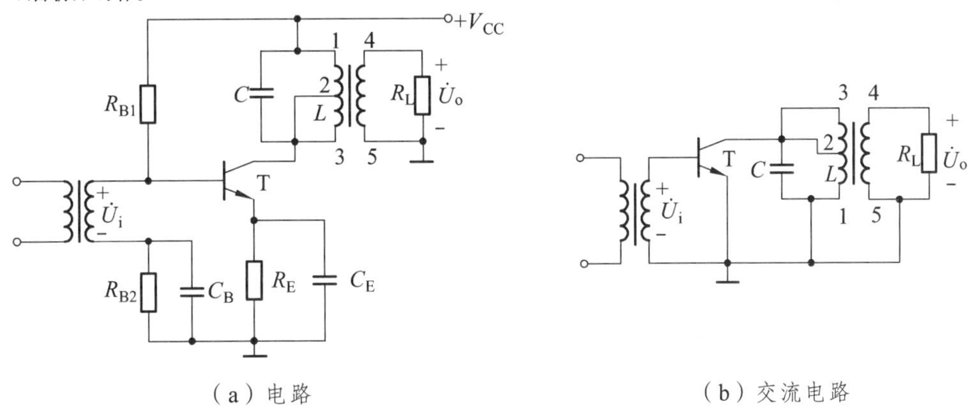

（a）电路　　（b）交流电路

图 1.1.15　单调谐放大器小信号电路模型

2. 性能指标分析

将晶体三极管用小信号电路模型代替，则得图 1.1.16 所示单调谐放大器小信号电路模型。图中，y_{ie}、y_{oe} 是晶体管的输入、输出导纳，y_{fe} 为晶体管的正向传输导纳，G_{ie}、G_{oe} 分别为晶体管的输出电导与电容，G'_{oe}、C'_{oe} 为折算到谐振回路 1-3 两端的电导和电容，G_p 为 LC 并联谐振回路的谐振电导。

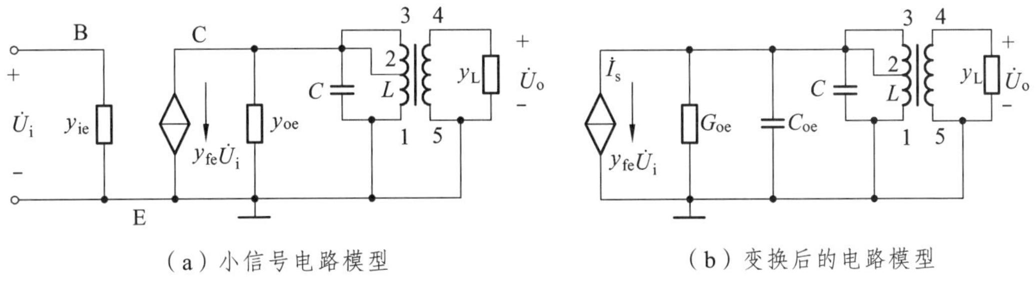

（a）小信号电路模型　　（b）变换后的电路模型

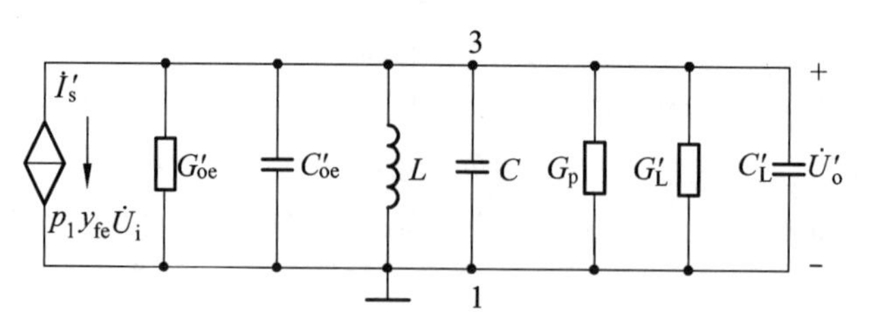

（c）变换后的电路模型

图 1.1.16　单调谐放大器小信号电路模型

晶体管集电极的接入系数 $p_1 = \dfrac{N_{12}}{N_{13}}$，负载回路的接入系数 $p_2 = \dfrac{N_{45}}{N_{13}}$。根据部分接入特点可知

$$\dot{I}'_s = p_1 \dot{I}_s = p_1 y_{fe} \dot{U}_i \tag{1.1.34}$$

$$\dot{U}_o = p_2 \dot{U}'_o \tag{1.1.35}$$

$$G'_{oe} = p_1^2 G_{oe} \tag{1.1.36}$$

$$C'_{oe} = p_1^2 C_{oe} \tag{1.1.37}$$

$$G'_L = p_2^2 G_L \tag{1.1.38}$$

$$C'_L = p_2^2 C_L \tag{1.1.39}$$

并联谐振回路的等效电导和电容分别为

$$G_e = G'_{oe} + G'_L + G_p = p_1^2 G_{oe} + p_2^2 G_L + G_p \tag{1.1.40}$$

$$C_e = C'_{oe} + C'_L + C = p_1^2 C_{oe} + p_2^2 C_L + C \tag{1.1.41}$$

因此，电路的总电纳为

$$Y_e = G_e + \mathrm{j}\omega L + \frac{1}{\mathrm{j}\omega C_e} \tag{1.1.42}$$

输出电压为

$$\dot{U}'_o = -\frac{\dot{I}'_s}{Y_e} = -\frac{p_1 y_{fe} \dot{U}_i}{Y_e} \tag{1.1.43}$$

（1）电压增益 $\dot{A}_u$

$$\dot{A}_u = \frac{\dot{U}_o}{\dot{U}_i} = \frac{p_2 \dot{U}'_o}{\dot{U}_i} = -\frac{p_1 p_2 y_{fe}}{Y_e} = -\frac{p_1 p_2 y_{fe}}{G_e + \mathrm{j}\omega L + \dfrac{1}{\mathrm{j}\omega C_e}} \tag{1.1.44}$$

回路谐振时，$\mathrm{j}\omega L + \dfrac{1}{\mathrm{j}\omega C_e} = 0$，即 $Y_e = G_e$，放大器输出电压最大，电压的增益也最大，用 $\dot{A}_{u0}$ 表示，称为谐振电压增益。

$$\dot{A}_{u0} = -\frac{p_1 p_2 y_{fe}}{G_e} \tag{1.1.45}$$

单调谐放大器的增益特性决定于 LC 回路的频率特性，根据式（1.1.16），不难得到放大

器的增益的频率特性为

$$\left|\frac{\dot{A}_u}{\dot{A}_{u0}}\right| = \frac{1}{\sqrt{1+\left(Q_e \dfrac{2\Delta f}{f_0}\right)^2}} \tag{1.1.46}$$

式中，Q_e 为并联谐振回路考虑负载及晶体管参数后的有载品质因数，$\Delta f = f - f_0$ 为回路频率的绝对失谐量。根据式（1.1.46）作出单调谐放大器的增益-频率特性曲线，如图 1.1.17 所示。

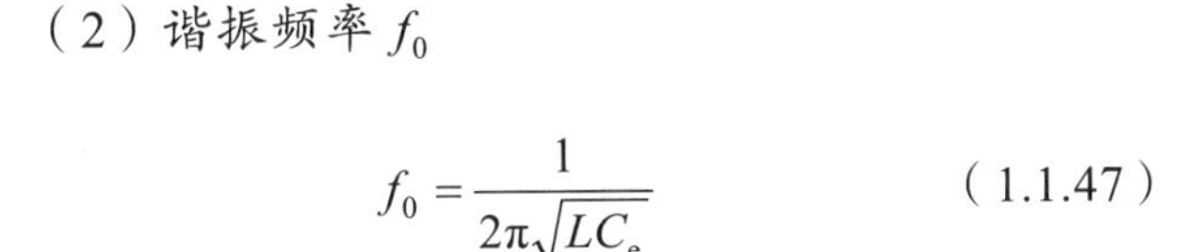

（2）谐振频率 f_0

$$f_0 = \frac{1}{2\pi\sqrt{LC_e}} \tag{1.1.47}$$

式中，C_e 是回路总电容，为三极管输出电容和负载电容折算到 LC 回路两端的等效电容与回路电容 C 之和。改变 L 和 C_e 都能改变谐振频率，即进行调谐。

（3）通频带

$$BW_{0.7} = \frac{f_0}{Q_e} \tag{1.1.48}$$

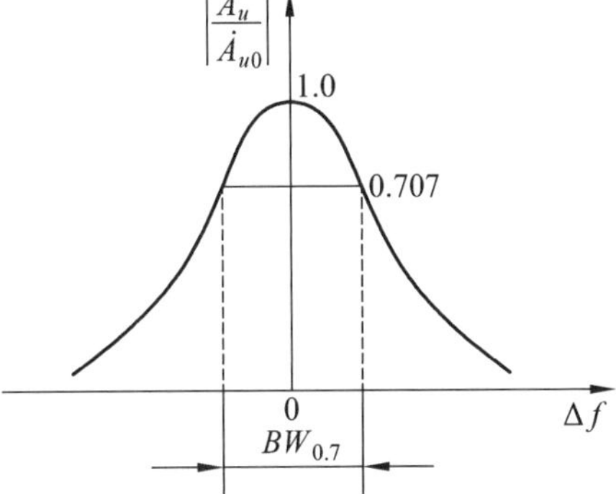

图 1.1.17　单调谐放大器的增益频率特性曲线

式中，Q_e 为 LC 回路的有载品质因数。其值与回路自身电路结构有关，还与电路特性有关，可表示为

$$Q_e = \frac{R_e}{\omega_0 L} = \omega_0 R_e C \tag{1.1.49}$$

式中，R_e 为 LC 谐振回路的总电阻，改变 R_e 的值，Q_e 发生变化，通频带也随之改变。在实际电路中，常采用在 LC 回路两端并联电阻的办法，来降低调谐回路的有载品质因数，以达到扩展放大器通频带的目的。

（二）多级单谐振回路谐振放大器

在接收设备中，往往需要把接收到的微弱信号放大到几百毫伏，这就要求放大器有较大的放大倍数。当单调谐放大器的选频性能和增益不能满足要求时，可采用多级调谐放大器级联。若放大器的各级谐振回路调谐于同一频率，称为同步调谐；若放大器的两个调谐电路调谐于不同频率，且一高一低，相互错开，称为参差调谐。

1. 同步调谐放大器

如果放大器由 n 级单调谐放大器组成，各级放大器都调谐于同一频率，电压放大倍数分别是 $\dot{A}_{u1}$，$\dot{A}_{u2}$，…，$\dot{A}_{un}$，则多级调谐放大器总的电压放大倍数 $\dot{A}_{u\Sigma}$ 等于各级谐振放大器放大倍数之积，即

$$\dot{A}_{u\Sigma} = \dot{A}_{u1} \cdot \dot{A}_{u2} \cdots \dot{A}_{un} \tag{1.1.50}$$

各级谐振放大器谐振电压放大倍数为 $\dot{A}_{u01}$，$\dot{A}_{u02}$，…，$\dot{A}_{u0n}$，谐振时总的电压放大倍数为 $\dot{A}_{u0\Sigma}$ 为

$$\dot{A}_{u0\Sigma} = \dot{A}_{u01} \cdot \dot{A}_{u02} \cdots \dot{A}_{u0n} \tag{1.1.51}$$

多级放大器的总增益幅频特性曲线如图 1.1.18 所示。由于多级放大器的电压放大倍数等于各级放大倍数之积，所以级数越多，谐振增益越大，幅频特性曲线越尖锐，矩形系数越小，选择性越好，通频带则越窄。因此，多级调谐放大器级联后，总的通频带比单级放大器通频带缩小了，若需要通频带很宽，采用降低 Q 值的方法将使选择性、谐振增益变差。这就要求采取另外的措施。

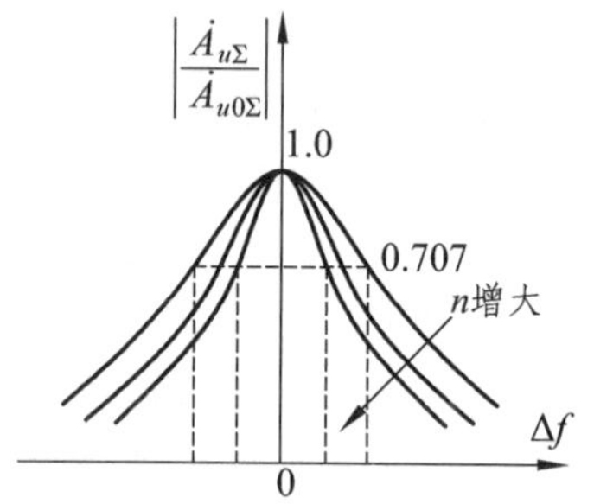

图 1.1.18　多级放大器增益幅频特性曲线

2. 双参差调谐放大器

双参差调谐放大器在形式上和上述多级放大器没有什么不同，但在调谐回路上有区别。所谓双参差调谐，是将两级单调谐回路放大器的谐振频率分别调整到略高于和略低于信号的中心频率。设信号的中心频率是 f_0，则将第一级调谐于 $f_0 - \Delta f_0$（Δf_0 是单个谐振回路的谐振频率与信号中心频率之差），第二级调谐于 $f_0 + \Delta f_0$，各级回路的谐振频率参差错开，因此称为参差调谐放大器。对于单个谐振电路而言，它工作于失谐状态，其单级幅频特性曲线如图 1.1.19（a）所示。两级总的幅频特性曲线如图 1.1.19（b）所示。

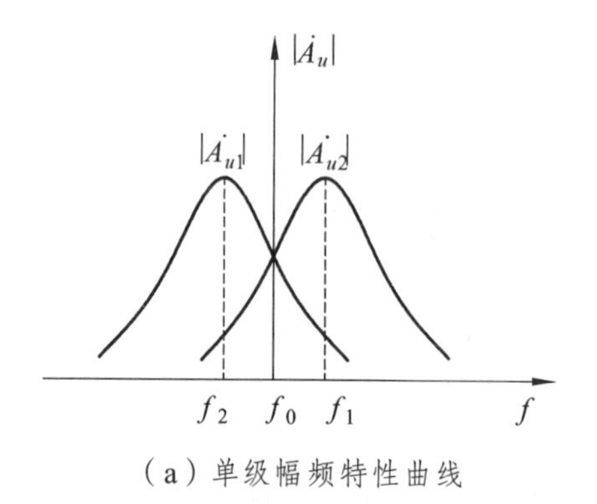

（a）单级幅频特性曲线

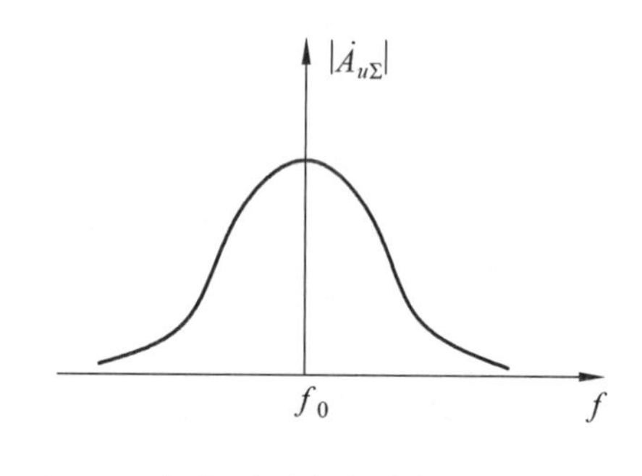

（b）总的幅频特性曲线

图 1.1.19　双参差调谐放大器的幅频特性曲线

由 1.1.19 图可见，与单级调谐放大器相比，双参差调谐放大器的通频带较宽，矩形系数、选择性较好。在要求带宽较宽、选择性较好、增益较高的电视接收机和雷达接收机中的中频放大器，常用多级参差调谐放大器。

三、集中选频放大器

集中选频放大器是采用集中选频滤波和集成宽带放大相结合的方式实现的小信号谐振放

大器。由于这种放大器多用于中频放大，故常称为集成中频放大器。集成中频放大器克服了分散选频放大器的缺点，广泛应用于通信、电视等各种电子设备中。

（一）集中选频放大器的组成

集中选频放大器是由集成宽频带放大器和集中选频滤波器组成的，如图 1.1.20 所示。共有两种组成形式，一种是集中选频滤波器接在集成宽频带放大器之后，另一种是集中选频滤波器接在集成宽频带放大器之前。无论采用哪一种形式，集成中频放大器的频带应比放大信号的频带和集中选频滤波器的频带更宽一些。

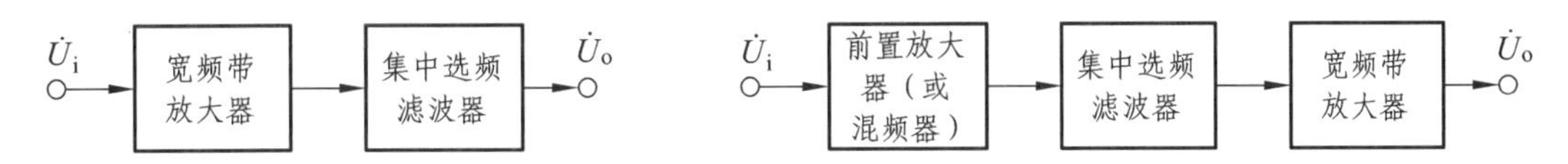

（a）集中选频滤波器接在集成宽带放大器之后　（b）集中选频滤波器接在集成宽带放大器之前

图 1.1.20　集成中频放大器组成形式

（二）集中选频放大器的应用电路

1. 陶瓷滤波器选频放大器

图 1.1.21 所示为集成宽带放大器 FZ1 和陶瓷滤波器组成的选频放大器。FZ1 为采用共射-共基组合电路构成的集成宽带放大器。陶瓷滤波器使用时一般要求接规定的信号源阻抗和负载阻抗，实现阻抗匹配。图中，陶瓷滤波器的输入端采用变压器耦合的并联谐振回路，输出端接有晶体管射极输出器。其中，并联谐振回路调谐在陶瓷滤波器频率特性的主振频率上，用来消除陶瓷滤波器通频带以外出现的小谐振峰。这种小谐振峰会对邻近频道产生强的信号干扰。并联在谐振回路两端的电阻用来展宽谐振回路的通频带。

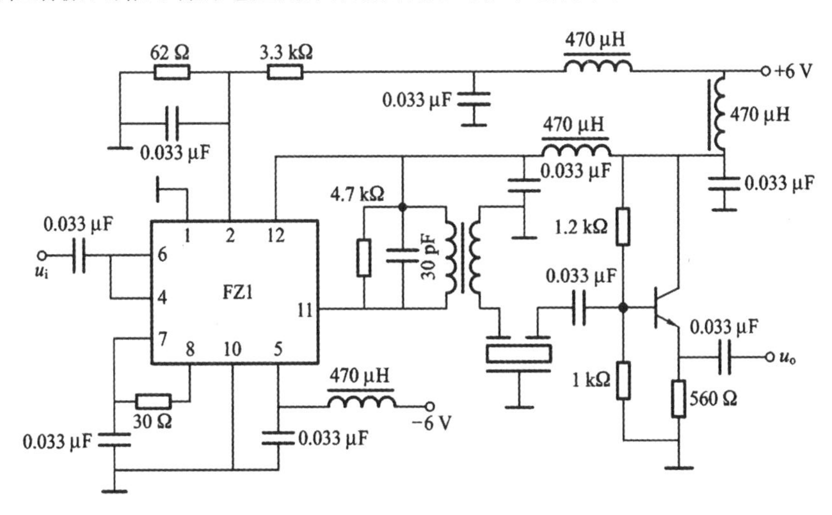

图 1.1.21　陶瓷滤波器选频放大器

2. TA7680AP 图像中频放大器

TA7680AP 是一块大规模集成电路，内部包括图像中频放大器和伴音中频放大器两部分。其中，图像中频放大器是由三级直接耦合的、具有自动增益控制功能的、高增益、宽频带差分放大器。图 1.1.22 所示为彩色电视机 TA7680AP 图像中频放大器的应用电路。

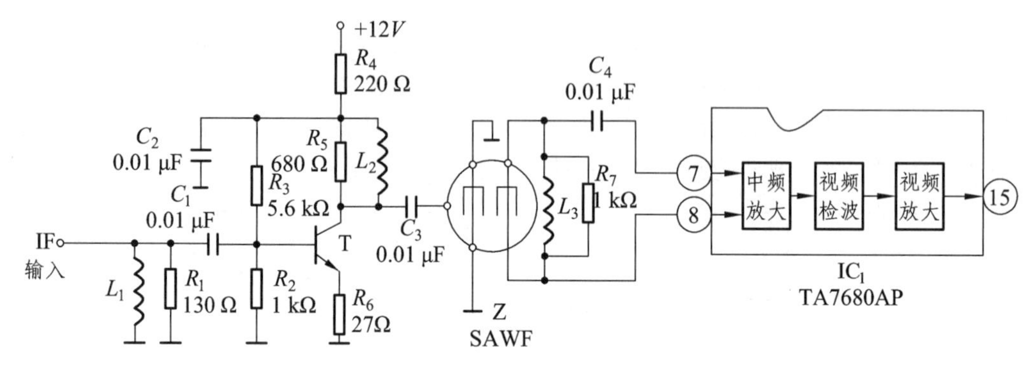

图 1.1.22　TA7680AP 图像中频放大器

由高频调谐器 IF 输出端输出的图像中频信号经 C_1 加到预中放管 T 的基极。R_2、R_3 是 T 的偏置电阻，R_6 是 T 发射极负反馈电阻。L_2 是高频扼流圈，R_5 是阻尼电阻，它们与 T 输出电容和 T 的输入分布电容共同组成中频宽带并联谐振回路。选频放大后的信号由 T 集电极输出，经 C_3 耦合加到声表面波滤波器 Z。预中放电路的供电电源退耦电路由 R_4 和 C_2 组成。声表面波滤波器 Z 的输出端接有匹配电感 L_3，它与 Z 的输出分布电容组成中频谐振回路，可以减小插入损耗，提高图像的清晰度。声表面波滤波器输出的中频信号，经 C_4 耦合，从集成电路 IC_1（TA7680AP）的 7 脚和 8 脚输入集成块内部的图像中频放大器。由图像中频放大器输出的信号，经视频检波、视频放大后从 15 脚输出彩色全电视信号。

情境决策

高频小信号选频放大器是无线通信接收机的重要组成部分，它处于接收机的最前端，其性能的好坏直接影响整个接收机的质量。对高频小信号放大器的技术要求：增益要足够，有一定的通频带，选择性要好，放大器所产生的噪声要小，工作要稳定。高频小信号放大器可由分立元件构成，也可由集成电路构成。以分立元件为主的高频放大器，晶体管的最高工作频率可以很高，线路也较简单，目前应用仍很广泛。

一、工作任务电路分析

（一）电路结构

高频小信号选频放大器的制作与测试电路如图 1.2.1 所示，该电路由高频放大器和选频电路两部分组成。

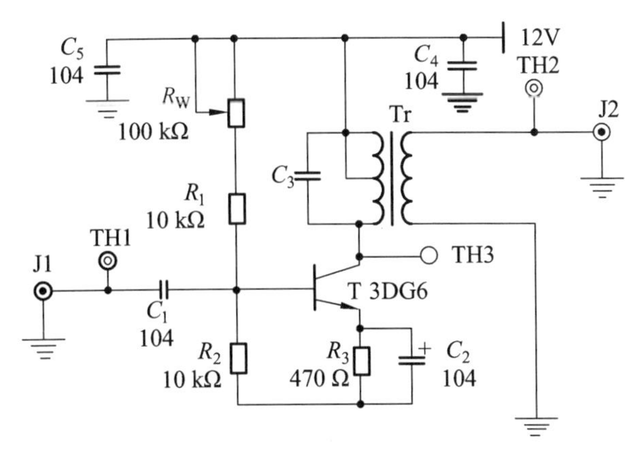

图 1.2.1　高频小信号选频放大器制作与测试电路

（二）电路分析

小信号选频放大器是通信机接收端的前端电路，主要用于高频小信号或微弱信号的线性放大。单调谐小信号放大器制作与测试电路 1.2.1 所示。该电路由晶体管 T、选频回路两部分组成。它不仅对高频小信号进行放大，而且有选频作用。基极偏置电阻 R_W、R_1、R_2 和射极电阻 R_3 决定晶体管的静态工作点。调节可变电阻 R_W 将改变晶体管的静态工作点，从而可以改变放大器的增益。

二、元器件参数及功能

根据高频小信号选频放大器的制作电路要求，电路元件参数及功能如表 1.2.1 所示。

表 1.2.1　高频小信号选频放大器电路元件参数及功能

序号	元器件代号	名称	型号及参数	功能
1	Tr	中频变压器	10.7 MHz	晶体管集电极谐振回路
2	T	三极管	3DG100C	放大元件
3	R_1	碳膜电阻	1/8 W，10 kΩ	基极偏置电阻
4	R_2	碳膜电阻	1/8 W，10 kΩ	
5	R_W	电位器	100 kΩ	
6	R_3	碳膜电阻	1/8 W，500 Ω	射极电阻，稳定静态工作点
7	C_1	电容器	高频瓷介-104	输入信号耦合电容
8	C_2	电容器	高频瓷介-104	发射极旁路电容
9	C_4、C_5	电容器	高频瓷介-104	电源滤波电容

情境实施

高频小信号放大器制作电路如图 1.2.1 所示，制作实施过程主要包括电路的安装与测试。

一、电路安装

（一）电路安装准备

1. 电路板设计与制作

利用应用软件完成原理图的绘制及 PCB 制作。

2. 装配工具与仪器仪表

焊接工具：电烙铁、烙铁架、焊锡丝等。
加工工具：剪刀、剥线钳、尖嘴钳、螺丝刀、镊子等。
仪器仪表：高频实验箱、高频信号发生器、双踪示波器、扫频仪、数字式万用表等。

（二）电路装配

1. 电路的装配与焊接

将经检验合格的元器件安装在电路板上，按照焊接工艺要求，完成电路元器件的焊接。装配时应注意：

① 电阻器采用水平安装，并紧贴电路板，色环电阻的标志顺序方向应一致。
② 电容器、三极管采用垂直安装方式，底部距电路板 5 mm。
③ 电感线圈应采用水平安装，并保持线圈长度和形状不变，以免电感量误差过大。

2. 电路板的自检

检查焊接是否可靠，元器件有无错焊、漏焊、虚焊、短路等现象，元器件引脚留头长度是否小于 1 mm。

二、电路测试

（一）静态测试

① 打开小信号调谐信号放大器的电源开关，并观察工作指示灯是否点亮。红灯为 + 12 V

电源指示灯，绿灯为 – 12 V 电源指示灯。

② 调整晶体管的静态工作点。

用万用表（直流电压测量挡）测量电阻 R_2 两端的电压（即 V_{BQ}）和 R_3 两端的电压（即 V_{EQ}），调整可调电阻 R_W，使 $V_{EQ} = 4.8$ V，记录此时的 V_{BQ}、V_{EQ}，并计算静态测试结果。

（二）动态测试

1. 高频小信号谐振放大器的调谐

① 按图 1.3.1 搭建好测试电路。

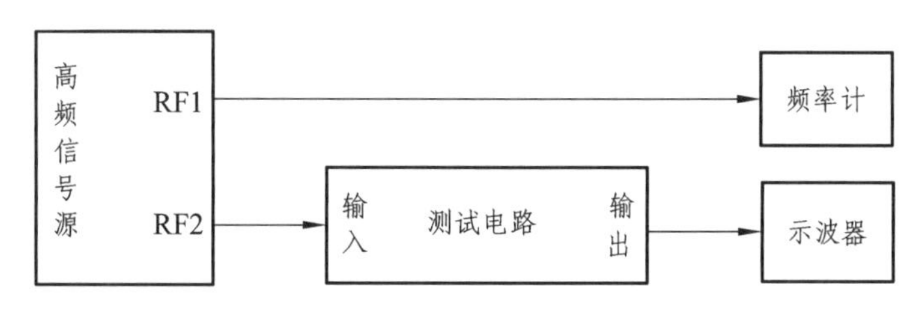

图 1.3.1 单调谐小信号谐振放大器测试连接图

② 打开信号源和频率计的电源开关，此时开关下方的工作指示灯点亮。

③ 调节信号源“RF 幅度”和“频率调节”旋钮，使输出端口“RF1”和“RF2”输出频率为 12 MHz 的高频信号。将信号输入到 J1 口，在 TH1 处观察信号，峰-峰值约为 50 mV。

④ 谐振放大器的谐振回路调谐在输入信号的频率点上,用频率计监测高频信号源的输出信号的频率；将示波器的探头连接在谐振放大器的输出端，即 TH2 端口，观察放大器不失真的输出信号波形（如有波形失真，调节高频信号源的 RF 幅度）；调节谐振回路（变压器或中周线圈）的磁芯，在保证不失真的情况下使示波器观察到的信号幅度最大。

2. 高频小信号谐振放大器谐振电压增益 A_{u0} 的测量

在调谐放大器对输入信号已经调谐的情况下，用示波探头在 TH1 和 TH2 处分别测量出输入、输出信号的幅度大小，输出信号与输入信号幅度之比即为 A_{u0}。

3. 高频小信号谐振放大器的幅频特性曲线的测试

（1）扫频仪的调整

① 打开电源开关，调节“辉度”和“聚焦”旋钮，使扫描线细且清晰，亮度适中。

② 检查仪器内部频标。“频标选择”为“1 MHz · 10 MHz”，扫描方式为“窄扫”，此时扫描基线上呈现相应的频标。调节“频标幅度”旋钮，使频标幅度适中。

③ 确定“零频”频标。“中心频率”旋钮旋到起始位置（逆时针旋到底），“频标选择”为“外接”，扫描基线上出现一个频标（一个顶端凹陷的频标，其他频标信号消失），即零频标。

（2）高频小信号谐振放大器幅频特性曲线的测试

① 将扫频仪与测试电路按图 1.3.2 连接，即扫频输出信号作为电路的输入信号，电路的输出信号作为扫频仪的 Y 输入信号。

② 观察幅频特性曲线。注意：扫频仪“频标选择”为“1MHz · 10MHz”，扫描方式为“窄扫”。

③ 测出谐振放大器的谐振频率 f_0。调节中周磁芯，使谐振曲线峰值对应的频率点在规定的谐振频率上，利用扫频仪上的频标确定谐振频率值。

4. 高频小信号谐振放大器通频带 $BW_{0.7}$ 的测量

已调谐电路的幅频特性曲线如图 1.3.3 所示。分别读出电压增益下降为 $0.7A_{u0}$ 时对应的上、下频率点值，其差值即为通频带 $BW_{0.7}$。

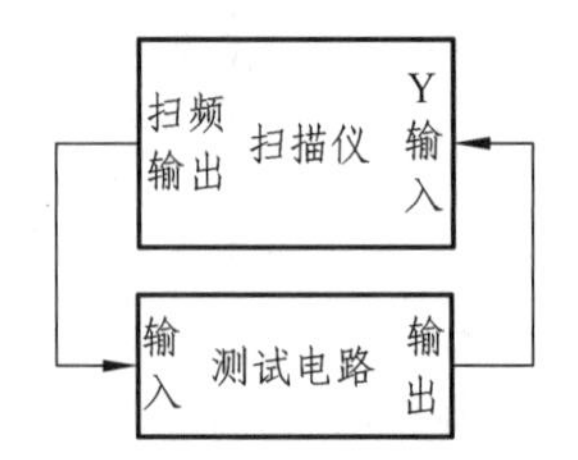

图 1.3.2 扫频仪测试连接图

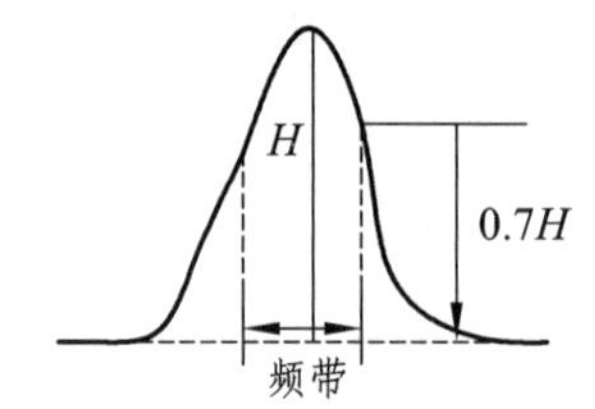

图 1.3.3 调谐电路幅频特性曲线

5. 高频小信号谐振放大器选择性（矩形系数 $K_{0.1}$）的测量

在测量通频带的基础上，继续利用幅频特性曲线测出电路放大增益下降为 $0.1A_{u0}$ 处的带宽 $BW_{0.1}$，$BW_{0.1}$ 与 $BW_{0.7}$ 之比即为放大器电路矩形系数 $K_{0.1}$。

情境评价

一、展示评价

展示评价内容包括：

① 小组展示制作产品及测试结果；

② 教师根据小组展示汇报整体情况进行小组评价；

③ 在学生展示汇报中，教师可针对小组成员分工对个别成员进行提问，给出相应评价；

④ 组内成员自评与互评；

⑤ 评选制作测试之星。

学生的学习过程评价如表 1.4.1 所示。

表 1.4.1　学习情境 1 学习过程评价表

<table>
<tr><th rowspan="2">序号</th><th colspan="2" rowspan="2">评价指标</th><th rowspan="2">评价方式</th><th colspan="3">评价标准</th></tr>
<tr><th>优</th><th>良</th><th>及格</th></tr>
<tr><td>1</td><td colspan="2">资讯
（15%）</td><td>教师评价</td><td>积极主动查阅任务单、熟悉引导文，能正确分析工作任务电路，熟练运用知识解决任务中的问题</td><td>会查阅任务单，能借助引导文分析工作任务电路，能基本运用知识解决任务中问题</td><td>查阅任务单和引导文，能基本分析工作任务电路，但运用知识解决任务中问题的效果不理想</td></tr>
<tr><td>2</td><td colspan="2">决策
（15%）</td><td>教师评价+小组互评</td><td>能详细列出元器件、工具、耗材、仪表清单，制订详细的安装制作流程与测试步骤</td><td>能详细列出元器件、工具、耗材、仪表清单，制订基本的安装制作流程与测试步骤</td><td>能详细列出元器件、工具、耗材、仪表清单，制订大致的安装制作流程与测试步骤</td></tr>
<tr><td>3</td><td colspan="2">实施
（30%）</td><td>教师评价+小组互评</td><td>正确操作相应仪器、工具，记录完整正确，产品制作质量好，圆满完成所有测试项目</td><td>正确操作相应仪器、工具等，书面记录较正确，产品制作质量好，完成所有测试项目</td><td>无重大操作损失，产品质量基本满足要求，完成部分测试项目</td></tr>
<tr><td>4</td><td colspan="2">报告
（10%）</td><td>教师评价</td><td>格式标准，有完整详细的任务分析、实施、总结过程，并能提出一些新的建议</td><td>格式标准，有完整的任务分析、实施、总结过程</td><td>格式基本符合标准，任务分析、实施、总结过程记录基本完整</td></tr>
<tr><td rowspan="3">5</td><td rowspan="3">职业素质</td><td>职业操守
（12%）</td><td>教师评价+自评+互评</td><td>遵守劳动纪律，服从工作安排；遵守安全操作规程，爱护器材与仪器仪表，整理工位</td><td>安全、文明工作</td><td>没出现违纪现象</td></tr>
<tr><td>学习态度
（10%）</td><td>教师评价</td><td>虚心好学，认真完成工作任务</td><td>学习态度比较端正</td><td>没有厌学现象</td></tr>
<tr><td>团队协作
（8%）</td><td>互评</td><td>互相关心，热心帮助同学</td><td>顾全大局，与小组成员融洽相处</td><td>没有与小组成员发生矛盾冲突现象</td></tr>
</table>

班级		姓名		成绩		教师签名		时间	

二、资料归档

在完成情景任务后，需要撰写技术文档，技术文档中应包括：① 电路说明；② 电路整体结构图及其电路分析；③ 元器件清单；④ 装配线路板图；⑤ 装配工具、测试仪器仪表；⑥ 电路制作工艺流程；⑦ 测试结果；⑧ 总结。

技术文档的撰写必须符合国家相关标准要求。

一、情景总结

通过高频小信号选频放大器的制作与测试训练，学习了高频小信号选频放大器的基本知识。

① *LC* 谐振回路具有选频作用。回路谐振时，回路阻抗为纯电阻，输出电压最大；回路失谐时，阻抗迅速下降，输出电压减小。回路的品质因数越高，回路谐振曲线越尖锐，选择性越好，但通频带越窄。信号源、负载使回路的品质因数下降、选择性变差、谐振频率偏移。为了减小信号源、负载对谐振回路的影响，通常采用变压器、电感分压器和电容分压器的阻抗变换电路。

② 小信号放大器由放大器和谐振回路组成，具有选频和放大作用，工作在甲类状态。它的主要技术指标有增益、选择性、通频带。通频带与选择性是相互制约的。矩形系数综合反映两者的关系，越接近于 1 越好。

单调谐放大器的性能与谐振回路的特性密切相关。回路的品质因数越高，放大器的增益越大，选择性越好，但通频带变窄。实际单调谐放大器的矩形系数约为 10，远大于 1，故其选择性较差。

③ 集中选频放大器由集成宽带放大器、集中滤波器构成。它具有接近理性矩形的幅频特性，性能可靠，因而获得广泛使用。

二、拓展学习

（一）放大器工作稳定性的提高

晶体管集电极和基极之间存在结电容，其值虽然很小，但高频时仍能使放大器的输出与输入之间形成反馈通路，再加上谐振放大器的 *LC* 选频回路阻抗的大小和性质随频率的变化而变化，使得晶体管的内反馈也随频率的变化而相应变化，造成谐振放大器工作不稳定。严重时，会产生自激振荡，破坏放大器的正常工作。频率越高，放大器的稳定性就越差。

要解决上述问题，有两个途径：一是设计制造晶体管时尽量使传输导纳减小；二是从电路上设法减小或消除晶体管的反向传输导纳，使它单向化。常用的方法有中和法和失配法。

中和法是在放大器电路中插入一个外加的反馈电路来抵消内部反馈的影响。这相当于减小了晶体管的反向传输导纳，放大器可以稳定地工作。中和法对增益没有影响，因为它不是靠牺牲增益来获取稳定性的。其缺点是只能在一个频率点起到中和作用，不能在一个频段满足实际电路的需要。此外，由于晶体管集电极至基极的内部反馈电路并不是一个纯电容，而是具有一定的电阻分量，所以中和电路也应是电阻和电容构成的网络，这使设计和调整电路都比较麻烦。目前，在一些要求较高的通信设备不再用中和法。

失配法是指当负载导纳很大，与输出电路不匹配，输出电压减小，反馈到输入端的信号就大大减弱，对输入电路的影响也随之减小。通常采用如图 1.5.1 所示的共发射极-共基极级联的高频调谐放大器。图中，把 T_1、T_2 做成复合管。我们知道，晶体管按共基极方式连接时，输入导纳较大，即第一级晶体管的负载导纳很大，这使共射管 T_1 工作在失配状态。同理，按共发射连接的第一级晶体管 T_1 的输出导纳较小，对于 T_2 来说，T_1 的输出导纳就是它的信号源内电导，T_1 这一级的输出导纳就只和共基极晶体管 T_2 本身参量有关，而不受它的输入电路的影响。这样，就大大减小了输入、输出回路间的牵扯作用，实际应用时，就可以把它看作单向器件了。

由以上分析可知，共发射极-共基极级联放大器主要是使用两只管子来代替一只管子，既保证了高度的稳定性，又获得了比较大的增益。

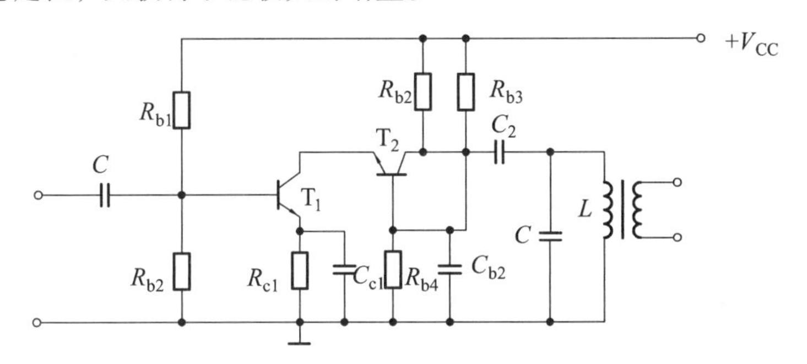

图 1.5.1　共发射极-共基极级联的放大器

图 1.5.2 所示为采用单片集成放大器 MC1590 构成的谐振放大器。MC1590 具有工作频率高，不易自激，并带有自动增益控制功能的特点。其内部结构为：一个双端输入、双端输出的全差动式电路器件的输入和输出端各有一个单谐振回路。输入信号 u_i 通过隔直流电容 C_4 加到输入端的引脚 1，另一输入端的引脚 3 通过电容 C_3 交流接地，输出端之一的引脚 6 连接电源正端，并通过电容 C_5 交流接地，故电路是单端输入、单端输出。由 L_3 和 C_6 构成去耦滤波器，减小输出级信号通过供电电源对输入级的寄生反馈。

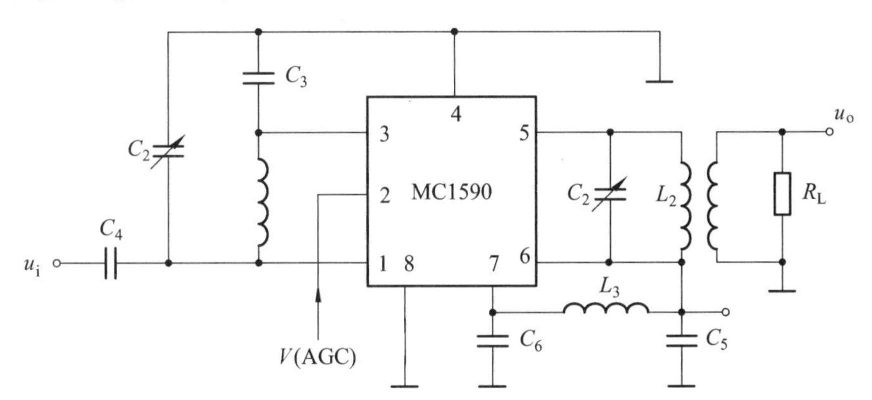

图 1.5.2　集成电路谐振放大器

（二）宽带放大器和扩展通频带的方法

随着电子技术的发展及其应用日益广泛，被处理信号的频带越来越宽。例如，模拟电视接收机里的图像信号所占频率范围为 0 ~ 6 MHz，而雷达系统中信号的频带可达几千兆赫兹。要放大如此宽的频带信号，以前所介绍的许多放大器是不能胜任的，必须采用宽带放大器。按待放大信号的强弱，宽带放大器可分为小信号和大信号宽带放大器。这里介绍小信号宽带放大器。

1. 宽带放大器的主要特点

宽带放大器由于待放大的信号频率很高，频带又很宽，具有与低频放大器和谐振放大器不同的特点：

① 三极管采用频率很高的高频管，分析电路时必须考虑三极管的高频特性。

② 对于电路的技术指标要求高。例如，视频放大器放大的是图像信号，它被送到显像管显示，由于接收这个信号时，人的眼睛对相位失真很敏感，因此对视频放大器的相位失真应提出较严格的要求。而在低频放大器中，接收信号的往往是对相位失真不敏感的耳朵，故不必考虑相位失真问题。所以，宽带放大器的主要技术指标除了通频带、增益以外，对失真提出了更高的要求。

③ 负载为非谐振的。由于谐振回路的带宽较窄，所以不能作为宽带放大器的负载，即宽带放大器的负载只能是非谐振的。

2. 扩展通频带的方法

要得到频带较宽的放大器，必须提高其上限截止频率。为此，除了选择频率足够高的晶体管和高速宽带的集成运算放大器外，还广泛采用组合电路法和负反馈法。

组合电路法是利用放大器的高频特性，除了与器件参数有关外，还与三极管的组态有关。如果我们将不同组态电路合理地混合连接在一起，就可以提高放大器的上限截止频率，扩展其通频带，这种方法称为组合电路法。组合电路的形式很多，如图 1.5.3 所示，常用的是“共射-共基”和“共集-共射”两种组合电路。

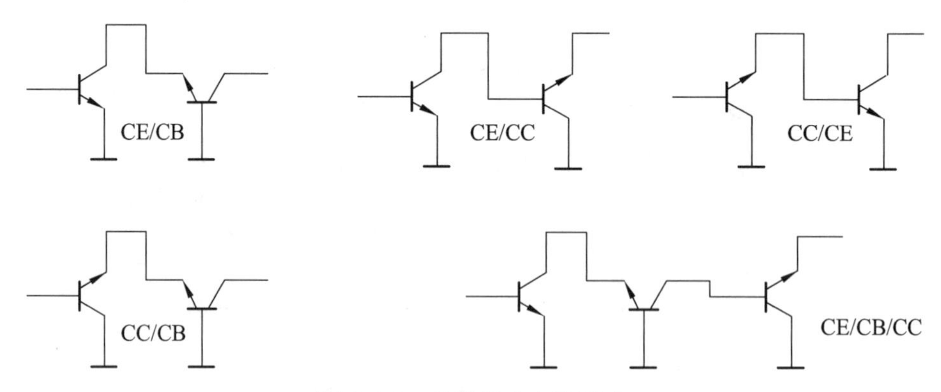

图 1.5.3 常见组合电路形式

负反馈法是利用负反馈扩展放大器的通频带，反馈越深，通频带扩展得越宽。利用负反馈技术来扩展放大器的通频带，被广泛应用于宽带放大器。但是，引入负反馈容易造成放大器工作的不稳定，甚至出现自激振荡，这是必须注意的问题。

常用的单级负反馈是电流串联负反馈和电压并联反馈，也可以采用交替负反馈电路：由单级负反馈电路组成多级宽带放大器时，若前级采用电流串联负反馈，则后级应采用电压并联负反馈；反之，若前级采用电压并联负反馈，则后级应采用电流串联负反馈。

在多级宽带放大器中，为了加深反馈，使频带扩展得更宽一些，可采用两级放大器的级间反馈方式，常用的有两级电流并联负反馈放大器和两级电压串联负反馈放大器。

（三）放大电路的噪声

噪声的种类很多，有的是从器件外部窜扰进来的，称为外部噪声；有的是器件内部产生的，称为内部噪声。内部噪声主要有电阻热噪声和晶体管噪声两种。这里我们介绍放大器的内部噪声。

1. 电阻热噪声

电阻热噪声是由电阻内部自由电子的热运动而产生的。自由电子的热运动在导体内会形成非常微弱的电流，这种电流呈杂乱起伏的状态，称为起伏噪声电流。起伏噪声电流流过电阻本身就会在其两端产生起伏噪声电压。

2. 晶体管噪声

晶体管噪声主要包括以下三部分：由体电阻及引线电阻产生的热噪声，由单位时间内通过 PN 结的载流子数目随机起伏产生的散弹噪声，由于晶体管表面清洁处理不好或有缺陷造成的闪烁噪声。

三、练一练

1. 填　空

（1）*LC* 并联谐振回路中，_______越小，频带越宽，选择性越差。

（2）矩形系数 $K_{0.1}$ 定义为单位谐振曲线 $N(f)$ 值下降到__________ 时的频带范围与通频带之比。

（3）在单调谐放大器中，矩形系数越接近于__________，其选择性越好；在单调谐的多级放大器中，级数越多，通频带越__________，其矩形系数越 __________。

（4）常用的集中滤波器主要有__________、__________、__________。

（5）放大器的设计是要在满足_________和选择性的前提下尽可能提高电压增益。

2. 选　择

（1）并联谐振回路外加信号频率等于回路谐振频率时回路呈________。

（A）感性　（B）容性　（C）阻性　（D）容性或感性

（2）并联谐振回路的矩形系数________。

（A）接近于 10　（B）与 *Q* 值有关　（C）与谐振频率有关

（3）高频小信号调谐放大器主要工作在________状态。

（A）甲类　（B）乙类　（C）甲乙类　（D）丙类

（4）在调谐放大器的 LC 回路两端并联一个电阻 R，可以________。

（A）提高回路的 Q 值　（B）提高谐振频率

（C）加宽通频带　（D）减小通频带

（5）小信号谐振放大器的主要技术指标不包含________。

（A）谐振电压增益　（B）失真系数

（C）通频带　（D）选择性

（6）多级单调谐小信号放大器级联，将使________。

（A）总增益减小，总通频带增大　（B）总增益增大，总通频带减小

（C）总增益增大，总通频带增大　（D）总增益减小，总通频带减小

（7）不具有压电效应的滤波器是________。

（A）石英晶体滤波器　（B）LC 带通滤波器　（C）陶瓷滤波器

（8）集中选频放大器采用________和________相结合的方式来实现。

（A）非线性放大器，集中选频放大器　（B）非线性放大器，LC 谐振回路

（C）集成宽带放大器，集中选频放大器　（D）集成线性放大器，LC 谐振回路

（9）高频小信号谐振放大器性能不稳定的主要原因是________。

（A）增益太大　（B）通频带太宽

（C）晶体管集电结电容的反馈作用　（D）谐振曲线太尖锐

（10）为了提高高频小信号谐振放大器的稳定性，通常采用的方法是________。

（A）中和法　（B）失配法　（C）负反馈方法

3. 分析与计算

（1）已知并联谐振回路的 $L=1\ \mu H$，$C=20\ pF$，$Q=100$。试求该并联回路的谐振频率 f_0、谐振电阻 R_P 及通频带 $BW_{0.7}$。

（2）并联谐振回路如图 1.5.4 所示，已知 $C=300\ pF$，$L=390\ \mu H$，$Q=100$，信号源内阻 $R_s=100\ k\Omega$，负载电阻 $R_L=200\ k\Omega$。试求该回路的谐振频率、谐振电阻、通频带。

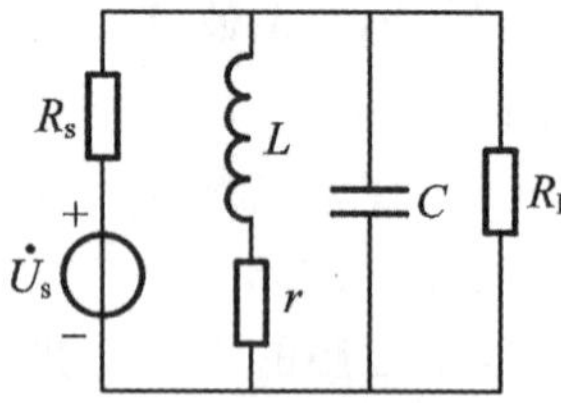

图 1.5.4　并联谐振回路

（3）已知并联谐振回路的 $f_0=10\ MHz$，$C=50\ pF$，$BW_{0.7}=150\ kHz$。试求：① 回路的 L 和 Q；② 如将通频带加宽为 300 kHz，应在回路两端并接一个多大的电阻？

（4）若如图 1.1.5（a）所示谐振回路的谐振频率 $f_0=10.7\ MHz$，回路总电容 $C_e=56\ pF$，通频带 $BW_{0.7}=120\ kHz$。试求：① 电感 L 和有载品质因数 Q_e；② 为了把通频带 $BW_{0.7}$ 调整为 180 kHz，在回路两端应并联多大电阻？

（5）单调谐放大器如图 1.5.5 所示，试问：① LC 回路应调谐在什么频率上？② 为什么直流电源要接在电感 L 的中心抽头上？③ 电容 C_1、C_3 的作用分别是什么？④ 接入电阻 R_4 的目的是什么？

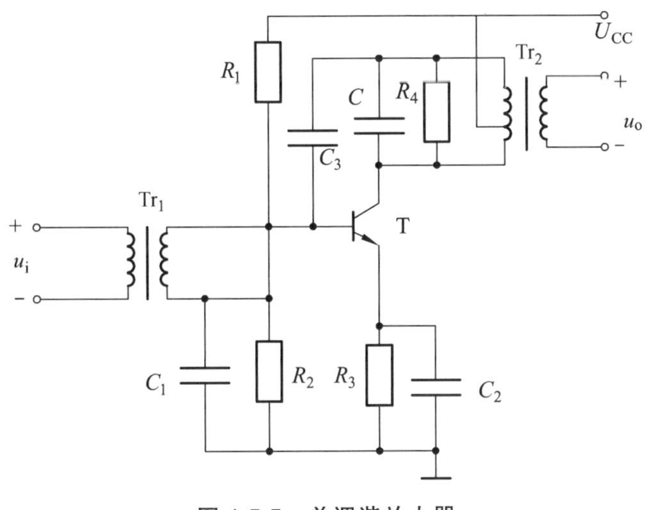

图 1.5.5　单调谐放大器

四、试一试

（1）利用 Multisim 11 软件绘制出如图 1.5.6 所示的高频小信号谐振放大器仿真电路。

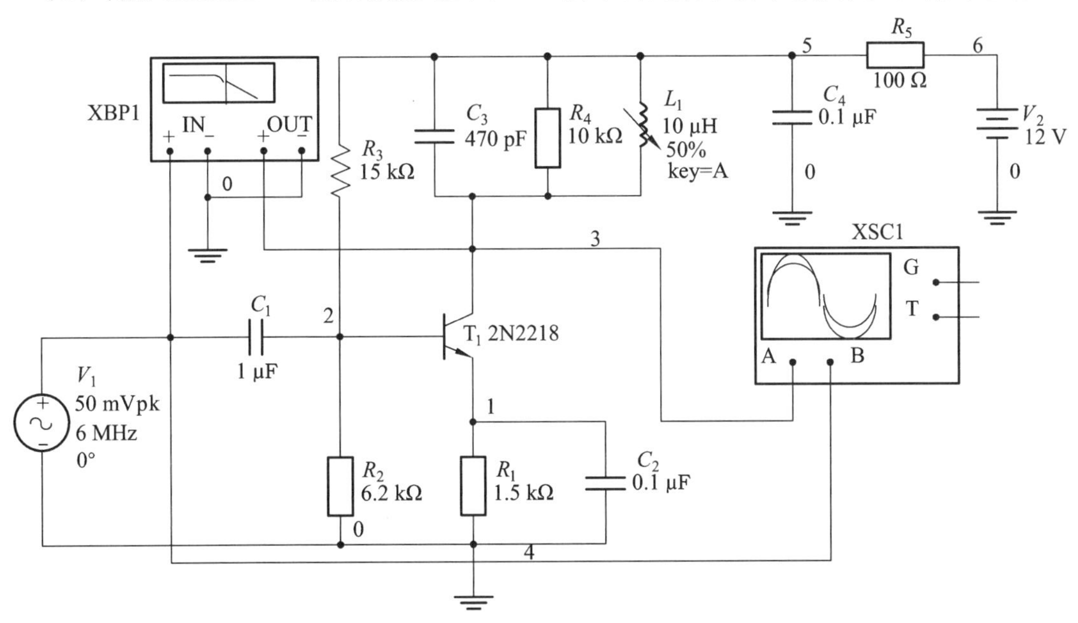

图 1.5.6　高频小信号谐振放大器仿真电路

（2）按图 1.5.6 设置 V_1、V_2 和元件参数，开启仿真电源开关，双击示波器，调整适当的时基及 A 、B 通道的灵敏度，观察输入、输出波形。

（3）观察并对比输入与输出波形，估算此电路的电压增益。

（4）双击波特图仪，适当选择垂直坐标与水平坐标的起点、终点值，观察高频小信号谐振放大器的幅频特性曲线。从波特图仪上的幅频特性曲线分析此电路的带宽与矩形系数。

（5）改变电阻 R_4 的阻值，观察频带宽度的变化。

学习情境 2

小功率等幅波发射机的制作

情境资讯

【情境任务单】

学习情景	小功率等幅波发射机的制作			参考学时	20
班　　级		小组编号		成员名单	
情境描述	小功率等幅波发射机主要由本机振荡器、缓冲放大隔离级和丙类谐振功率放大器组成。振荡器产生的高频等幅正弦波，通过缓冲级隔离后，送入谐振功率放大器进行高效率功率放大，以输出足够大的功率供给负载（天线）。 该小功率等幅波发射机采用 12 V 直流电源供电，工作频率为 1.2 MHz。对于 50 Ω 负载电阻（天线），发射功率可达到 500 mV。				
情境目标	支撑知识	① 反馈式振荡器的工作原理； ② 三点式正弦波振荡器和石英晶体振荡器的电路分析； ③ 丙类谐振功率放大器的工作原理； ④ 丙类谐振功率放大器电路的分析。			
	专业技能	① *LC* 正弦波振荡器和丙类谐振功率放大器电路的仿真； ② 小功率等幅波发射机电路图的识读； ③ 小功率等幅波发射机产品的制作； ④ 小功率等幅波发射机制作报告的撰写。			
	职业素养	① 安全、文明、环保意识； ② 勤于思考、善于发现学习中的问题和困难； ③ 主动与人合作，对工作实施中的问题和困难与人协商解决； ④ 能阐述工作任务，条理清楚，逻辑清晰。			
工作任务	制作一小信号等幅波发射机，电路如图 2.1.1 所示。 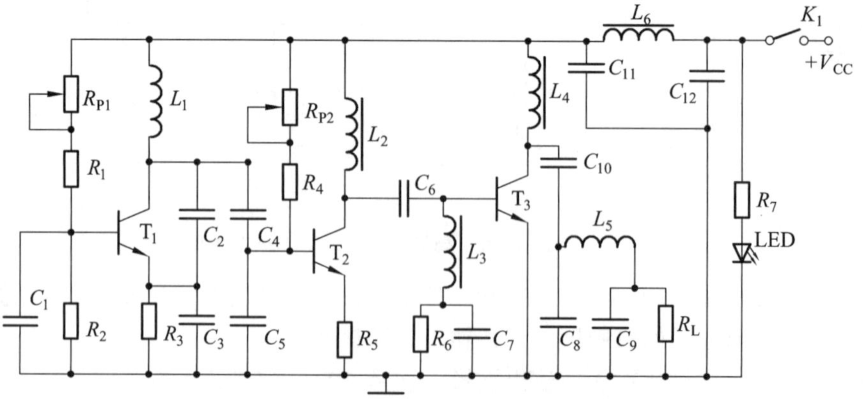 **图 2.1.1　小功率等幅波发射机的制作电路**				
提交成果	① 制作产品； ② 技术文档（具体内容参见资料归档）。				
完成时间及签名					

【资讯引导文】

一、LC正弦波振荡器

振荡器是一种不需要外加输入信号控制，就能自动地将直流电能转换为所需的交变信号能量的电路，若产生的交变信号为正弦波，则称为正弦波振荡器。

正弦波振荡器广泛用于各种电子设备中，例如，在无线电发射机中用来产生载波信号，在接收设备中用来产生本振信号。对这类振荡器的主要要求是，振荡频率和振荡幅度的准确性及稳定性较高，其中，频率的准确性和稳定度最为重要。正弦波振荡器也可作为高频加热设备和医用电疗仪器中的正弦交变能源。对这类振荡器的主要要求是能高效率地产生足够大的正弦交变功率，而对振荡频率的准确性和稳定性一般不作苛求。

正弦波振荡器按工作原理不同可分为两大类：一类是利用反馈原理构成的反馈振荡器。它是目前应用最广的一类振荡器；另一类是负阻振荡器，它是将负阻抗元件直接连接到谐振回路中，利用负阻器件的负阻抗效应去抵消回路中的损耗，从而产生出正弦波振荡，这类振荡器主要工作在微波频段。

正弦波振荡器按照选频网络的不同可分为 *LC* 振荡器、*RC* 振荡器和石英晶体振荡器。不同类型振荡器的工作频段如图 2.1.2 所示。

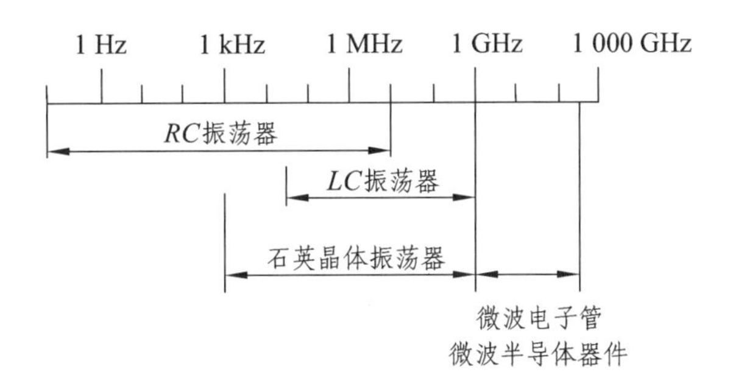

图 2.1.2　不同类型振荡器工作频段

（一）反馈振荡器的工作原理

1. 电路组成

反馈振荡器实质是建立在放大和反馈基础上的振荡器，是由反馈放大器演变而来的，如图 2.1.3 所示。其中，图 2.1.3（a）所示为单调谐放大器，*LC* 回路调谐在所需的信号频率上。图 2.1.3（b）所示为变压器反馈式振荡器，与图 2.1.3（a）相比，只是多了一根反馈线，将输出信号正反馈至输入端，如果电路满足一定条件，不需外加输入信号，也会自动产生输出信号，便成为一个振荡器。

由此可以看出，一个反馈振荡器应由基本放大器、反馈网络和选频网络组成，其组成框图如图 2.1.4 所示。此外，为了稳定输出信号，有的振荡器还包含了稳幅环节。

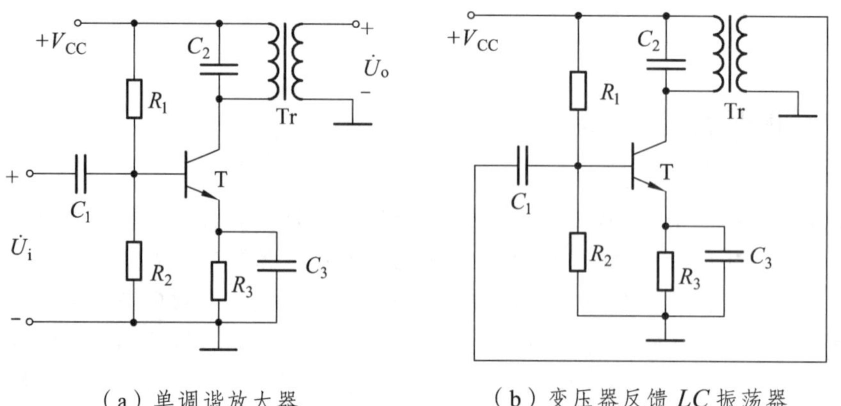

图 2.1.3　调谐放大器与反馈振荡器比较

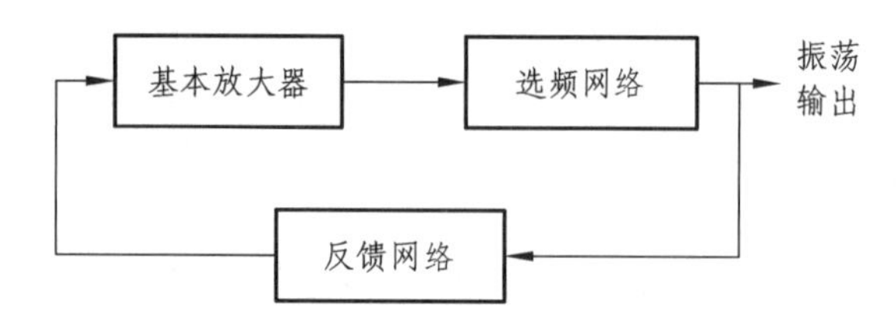

图 2.1.4　反馈型振荡器组成框图

基本放大器用于对反馈信号进行放大，选频网络的作用是从放大后的信号中选出特定频率的信号输出，振荡器的输出频率为选频网络的谐振频率，反馈网络的作用是将全部或部分输出信号反馈到基本放大器的输入端。

2. 基本原理

反馈振荡器原理框图如图 2.1.5 所示。由图可知，当开关 S 在“1”位置时，信号源输入信号 $\dot{U}_i$ 经放大器放大后输出信号 $\dot{U}_o$，经过反馈网络后在反馈网络的输出端得到反馈信号 $\dot{U}_f$。若 $\dot{U}_f$ 与 $\dot{U}_i$ 不仅大小相等，而且相位也相同，可除去外加信号源，将开关 S 由“1”位置转到“2”位置，即用 $\dot{U}_f$ 取代 $\dot{U}_i$，使放大器和反馈网络构成一个闭合的正反馈回路。此时，电路没有外加输入信号，输出端仍维持一定幅度的电压 $\dot{U}_o$ 输出，即产生了自激振荡。

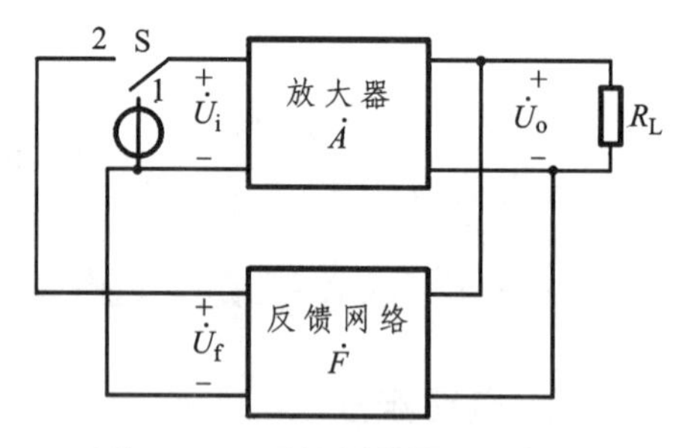

图 2.1.5　反馈振荡器原理框图

3. 振荡条件

（1）平衡条件

由反馈振荡器产生振荡的基本原理可知，当反馈电压 $\dot{U}_f$ 等于放大器输入电压 $\dot{U}_i$ 时，振荡器就能维持等幅振荡，有稳定的输出信号，此时的电路状态称为平衡状态，把 $\dot{U}_f=\dot{U}_i$ 称为振荡的平衡条件。

由图 2.1.5 可知

$$\dot{U}_{\mathrm{f}}=\dot{F}\dot{U}_{\mathrm{o}}=\dot{F}\dot{A}\dot{U}_{\mathrm{i}} \tag{2.1.1}$$

式中，$\dot{F}$ 为反馈网络的反馈系数，$\dot{A}$ 为基本放大器的电压放大倍数。

由 $\dot{U}_{\mathrm{f}}=\dot{U}_{\mathrm{i}}$ 可得振荡的平衡条件为

$$\dot{A}\dot{F}=1 \tag{2.1.2}$$

由于

$$\dot{A}\dot{F}=\left|\dot{A}\dot{F}\right|\underline{/(\varphi_{\mathrm{A}}+\varphi_{\mathrm{F}})}$$

其中，$\left|\dot{A}\right|$、φ_{A} 为放大倍数 $\dot{A}$ 的模和相角，$\left|\dot{F}\right|$、φ_{F} 为反馈系数 $\dot{F}$ 的模和相角。所以，振荡的平衡条件可分解为振幅平衡条件和相位平衡条件。

① 相位平衡条件

$$\varphi_{\mathrm{A}}+\varphi_{\mathrm{F}}=2n\pi \quad (n=0,1,2,\cdots) \tag{2.1.3}$$

由式（2.1.3）可知，相位平衡条件实质是要求振荡器在振荡频率处的反馈为正反馈。

② 振幅平衡条件

$$\left|\dot{A}\dot{F}\right|=1 \tag{2.1.4}$$

由式（2.1.4）可知，振幅平衡条件实质是要求振荡器在振荡频率处的反馈电压与输入电压的振幅相等。

反馈振荡器要输出一个具有稳定幅值和固定频率的信号，相位平衡条件和振幅平衡条件必须同时满足，利用相位平衡条件可以确定振荡频率，利用振幅平衡条件可以确定振荡器输出信号的幅度。

（2）起振条件

为了使振荡器在接通电源后能够产生自激振荡，要求在振荡刚开始（称为起振）时，反馈电压与输入电压同相，且反馈电压幅值大于输入电压的幅值，即

$$\left|\dot{A}\dot{F}\right|>1 \tag{2.1.5}$$

$$\varphi_{\mathrm{A}}+\varphi_{\mathrm{F}}=2n\pi \quad (n=0,1,2,\cdots) \tag{2.1.6}$$

式（2.1.5）称为振幅起振条件，式（2.1.6）称为相位起振条件。

反馈振荡器既要满足起振条件，又要满足平衡条件，相位条件是构成振荡电路的关键，即振荡闭合环路必须是正反馈。如果电路不能满足正反馈要求，则肯定不会振荡，至于振幅条件，可以在满足相位条件后，调节电路的有关参数（如放大器的增益、反馈系数）来达到。

为了使振荡器能够产生自激振荡，开始振荡即起振时，放大器工作在线性状态，放大电压倍数较高，满足 $\left|\dot{A}\dot{F}\right|>1$，形成增幅振荡。随着振荡幅度增大，放大器由线性状态进入到非

线性状态，放大倍数逐渐减小，直到满足$|\dot{A}\dot{F}|=1$，其增幅不在增大，振荡器进入平衡稳定状态，形成等幅振荡。

4. 自激振荡建立过程

自激振荡器振荡过程如图 2.1.6 所示，通电瞬间由于电压、电流、噪声等变化形成宽频域的电扰动，经过谐振网络谐振选出其频率f_0分量，滤除其他频率成分，经过线性放大器进行线性放大后，再经过正反馈网络送入放大器进行信号放大，形成增幅振荡。在此过程中，放大器始终工作在线性放大状态，满足振荡器振荡的起振条件，形成增幅振荡。随着$\dot{U}_o$振幅逐渐增加，其反馈量$\dot{U}_f$也增大，使得其放大器净输入量增大到某一幅值时，放大器进入到非线性状态（饱和区、截止区），$\dot{U}_o$和$\dot{U}_f$不再继续增大，放大器净输入量维持不变，振荡器进入等幅振荡，满足振荡器振荡的平衡条件。

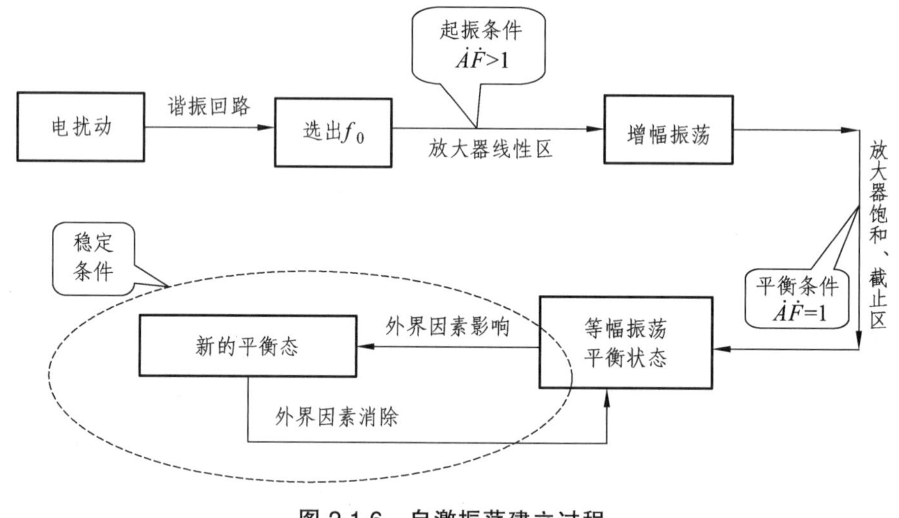

图 2.1.6　自激振荡建立过程

（二）LC 正弦波振荡器

选频网络采用LC谐振回路的反馈式正弦波振荡器，称为LC正弦波振荡器，简称LC振荡器，常用于产生几十千赫兹到 1 000 兆赫兹的高频信号。按照反馈耦合网络的不同，LC振荡器可分为变压器反馈式振荡器和三点式振荡器。三点式振荡器应用最为广泛，其频率稳定度比变压器反馈式振荡器高，且电路比较简单，易于制作。

1. 三点式振荡器的组成原则

三点式振荡器的基本结构如图 2.1.7 所示。图中，X_1、X_2、X_3三个电抗元件组成并联谐振回路。此谐振回路不仅作为选频网络决定振荡频率，同时也构成正反馈所需的反馈网络。振荡回路的三个引出端点分别与振荡管的三个电极相连接，故称为三点式振荡器。下面分析三点式振荡器要产生自激振荡，电路元件的组成原则。

为分析简便起见，设X_1、X_2、X_3均为纯电抗元件。由图 2.1.7 可知，反馈电压为

$$\dot{U}_f = \frac{jX_2}{j(X_2+X_3)}\dot{U}_o \tag{2.1.7}$$

当 X_1、X_2、X_3 组成的并联谐振回路发生谐振时，回路等效阻抗为纯电阻，即

$$X_1 + X_2 + X_3 = 0 \tag{2.1.8}$$

利用式（2.1.8），则式（2.1.7）可以写成

$$\dot{U}_f = -\frac{X_2}{X_1}\dot{U}_o \tag{2.1.9}$$

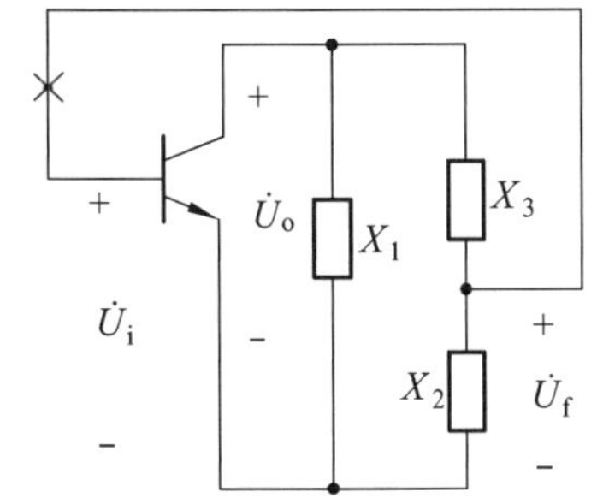

图 2.1.7　三点式振荡器的基本结构

振荡器电路的反馈系数为

$$\dot{F} = \frac{\dot{U}_f}{\dot{U}_o} = -\frac{X_2}{X_1} \tag{2.1.10}$$

要使振荡器要产生自激振荡，应首先满足相位平衡条件，即电路应构成正反馈，$\dot{U}_o$ 与 $\dot{U}_i$ 反相，亦即 $\dot{U}_o$ 与 $\dot{U}_f$ 同相。由式（2.1.9）可知，X_1 与 X_2 为同性电抗，再由式（2.1.8）可知，X_3 与 X_1、X_2 为异性电抗。

综上分析可知，三点式振荡器的组成法则（或满足相位平衡条件的准则）是 X_1 与 X_2 为同性电抗，X_3 与 X_1、X_2 为异性电抗，即“射同集反”。

根据三点式振荡器的组成法则，三点式振荡器有电感三点式和电容三点式两种基本形式，如图 2.1.8 所示。图 2.1.8（a）所示为电感三点式振荡器，与三极管发射极相连接的是同性电感（电感 L_1、L_2），与三极管集电极相连接的是异性电抗元件（电容 C、电感 L_1）；图 2.1.8（b）所示为电容三点式振荡器，与三极管发射极相连接的是同性电容（电容 C_1、C_2），与三极管集电极相连接的是异性电抗元件（电容 C_1、电感 L）。

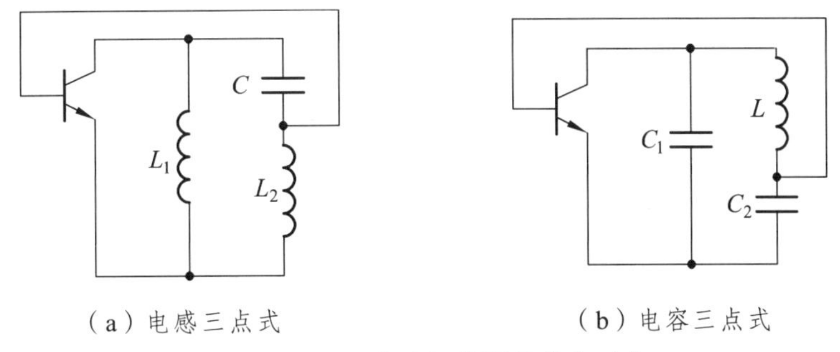

图 2.1.8　三点式振荡器的基本形式

2. 电容三点式振荡器（考毕兹振荡器）

（1）电路结构

电容三点式振荡器又称考毕兹（Colpitts）振荡器，如图 2.1.9（a）所示。图中 R_{B1}、R_{B2} 组成分压偏置电路，C_E 为射极交流旁路电容，C_B 为隔直流电容，R_C 为集电极直流馈电电阻，L、C_1、C_2 组成振荡电路。图 2.1.9（b）所示是它的交流等效电路，谐振回路的三个端点 1、

2、3 分别与三极管三个电极相连，三极管发射极连接的是同性电容元件，故称为电容三点式振荡器。由于反馈电压 $\dot{U}_{\mathrm{f}}$ 取自电容 C_2 两端，故又称为电容反馈式振荡器。

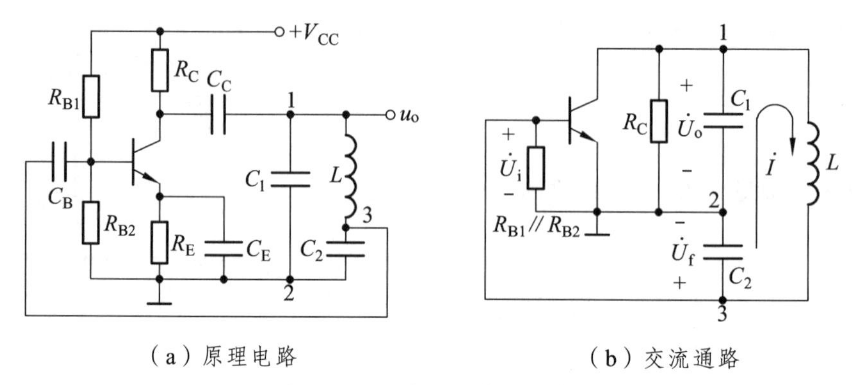

（a）原理电路　　　　　　（b）交流通路

图 2.1.9　电容三点式振荡器

（2）工作原理

由图 2.1.9（b）可以看出，该电路满足三点式振荡器的组成法则，即满足振荡的相位平衡条件条件，其振荡频率近似为谐振回路的谐振频率，即

$$f_0 \approx f_{\mathrm{p}} = \frac{1}{2\pi\sqrt{LC}} \tag{2.1.11}$$

式中，C 为谐振回路串联总电容，且 $C = C_1C_2/(C_1+C_2)$。

根据式（2.1.10）可得振荡器的反馈系数为

$$\dot{F} = -\frac{X_2}{X_1} = -\frac{C_1}{C_2} \tag{2.1.12}$$

由式（2.1.12）可知，C_1、C_2 决定其反馈系数，如果 C_1/C_2 增大，则反馈系数 $\dot{F}$ 增大，有利于电路起振和提升振荡信号输出幅度，但它会使晶体管的输入阻抗影响增大，使得谐振回路的等效品质因数下降，同时波形失真也会加重。所以，C_1/C_2 也不能太大，一般可取 $C_1/C_2 = 0.1 \sim 0.5$ 或通过实际电路调试决定。

（3）电路特点

① 振荡的波形好。

反馈支路是电容元件，对振荡信号的高次谐波是低阻抗，所以由于振荡管非线性所产生的高次谐波分量被减弱，使振荡波形更加接近正弦波。

② 加大回路电容可提高频率稳定度。

由于电路中的不稳定电容，如振荡管的输出、输入电容都和回路电容 C_1、C_2 相并联，因此，适当加大回路的电容量，就可以减小不稳定因素对振荡频率的影响，从而提高了频率稳定度。当工作频率较高时，有时可直接利用振荡管的输出、输入电容作为回路的振荡电容，但频率稳定度受到影响。

③ 振荡频率较高。

可以选择较小的电容 C_1、C_2，使振荡频率可以较高，一般在几百兆赫兹甚至上千兆赫兹。

④ 频率调节不方便。

改变 C_1 或 C_2 来调节振荡频率时，会使反馈系数 $\dot{F}$ 发生变化，可能破坏电路的起振条件，容易造成停振。

3. 改进型电容三点式振荡器

在考毕兹振荡器中，由于晶体管极间存在寄生电容，它们均与谐振回路并联参与电路谐振，使振荡器振荡频率发生偏移，而且晶体管极间电容的大小会随着晶体管的工作状态而发生改变，这将引起振荡电路振荡频率不稳定。通过电路改进，减小极间电容的影响，可使其振荡频率稳定度从 10^{-3} 数量级提升到 $10^{-5}\sim10^{-4}$ 数量级。改进型电容三点式振荡器有克拉泼（Clapp）振荡器和西勒（Seiler）振荡器两种类型。

（1）克拉泼振荡器

图 2.1.10 所示为克拉泼振荡器原理电路及交流通路。该电路是在考毕兹振荡器的基础上加入一个与电感 L 串联的电容 C_3 而形成的。为了减小晶体管极间存在寄生电容对振荡的影响，在电容取值上应满足

$$C_3 \ll C_1,\quad C_3 \ll C_2$$

由图 2.1.10（b）所示交流等效电路可知，C_{ce}、C_{be}、C_{cb} 为三极管极间等效电容，C_{ce} 并联 C_1，C_{be} 并联 C_2，三极管极间等效电容与 C_3 无关。因此，由图可知谐振回路的总电容容量为

$$C = \frac{1}{\dfrac{1}{C_1 + C_{ce}} + \dfrac{1}{C_2 + C_{be}} + \dfrac{1}{C_3}} \approx C_3 \tag{2.1.13}$$

该振荡器的振荡频率 f_0 为

$$f_0 \approx \frac{1}{2\pi\sqrt{LC_3}} \tag{2.1.14}$$

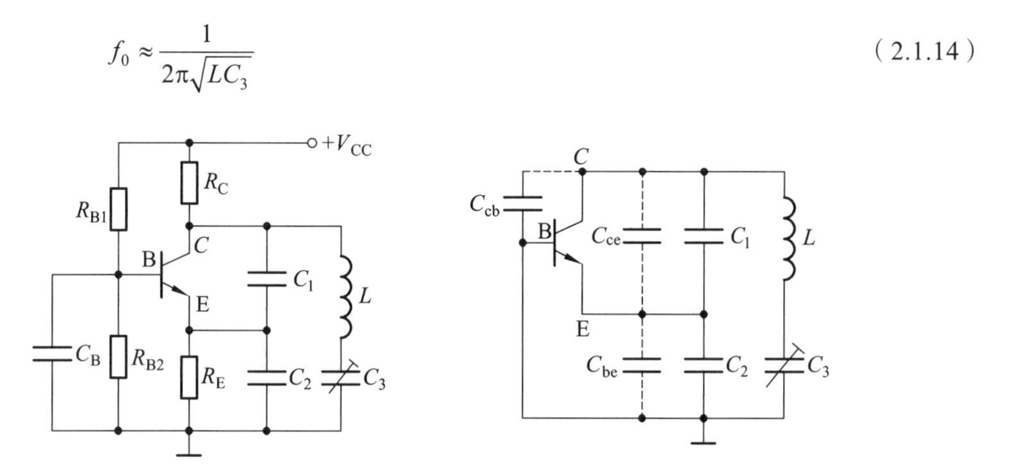

（a）原理电路　　（b）交流通路

图 2.1.10　克拉泼振荡器

由式（2.1.14）可见，振荡器频率主要由 C_3 和 L 决定，即 C_1 和 C_2 对频率的影响大大减小。同理，与 C_1 和 C_2 并联的晶体管极间电容对振荡频率也将显著减小，这时 C_1 和 C_2 的大

小主要用来决定反馈系数的数值，谐振回路对晶体管呈现的等效负载为

$$R_e \approx \left(\frac{C_2C_3/(C_2+C_3)}{C_1+C_2C_3/(C_2+C_3)}\right)^2 R_P \approx \left(\frac{C_3}{C_1}\right)^2 R_P \tag{2.1.15}$$

由式（2.1.15）可知，C_3越小，C_1越大，R_e越小，放大器的增益也越小，即环路增益越小。这样，利用 C_3进行频率调节时，就会出现频率越高，振荡器振幅越小的现象，若 C_3进一步减小，就可能使电路不满足振幅条件而出现停振的现象。从上分析可知，克拉泼振荡器主要适用于产生固定频率的场合。

（2）西勒振荡器

为了克服克拉泼振荡器的缺点，可采用西勒振荡器，其原理电路及交流通路如图 2.1.11 所示。西勒振荡器是在原有克拉泼振荡器的基础上，在电感 L 上并联一个电容 C_4。一般情况下，电容 C_4为可变电容，其容量大小与固定电容 C_3为同一个数量级，其主要作用是调整振荡频率。C_3的容量选取应满足

$$C_3 \ll C_1,\quad C_3 \ll C_2$$

所以其振荡频率近似为

$$f_0 \approx \frac{1}{2\pi\sqrt{L(C_3+C_4)}} \tag{2.1.16}$$

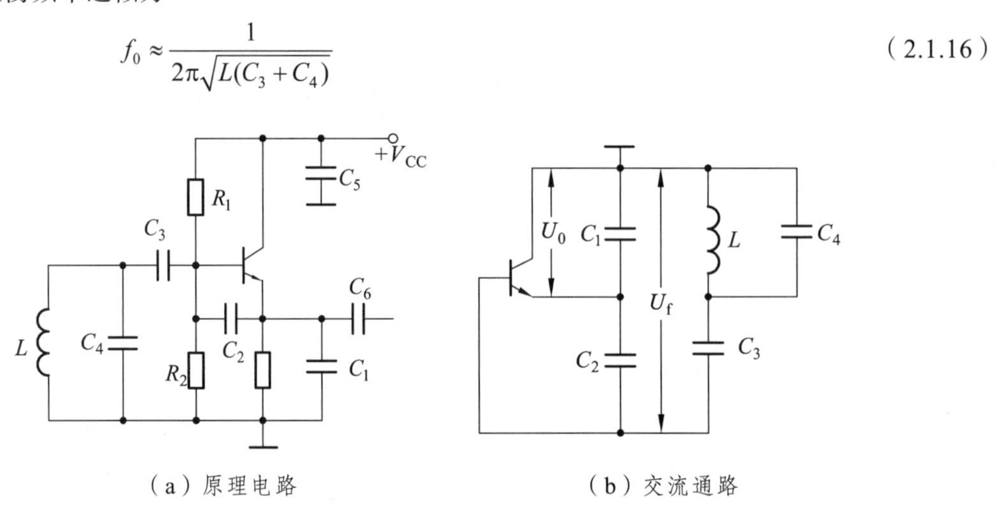

（a）原理电路　　　　（b）交流通路

图 2.1.11　西勒振荡器

在西勒振荡器中，调节 C_4可改变振荡频率。由于在实际应用电路中电容 C_3不变，所以谐振回路反馈到晶体管输出端的等效负载变化很缓慢，故调节 C_4对放大器增益的影响不大，从而可以保证振荡幅度的稳定，所以，其频率覆盖范围较大。

4. 电感三点式振荡器

（1）电路结构

电感三点式振荡器又称为哈特莱（Hartley）振荡器，其原理图如图 2.1.12（a）所示。图中，R_{B1}、R_{B2}组成分压偏置电路，C_E为射极交流旁路电容，C_B为隔直流电容，电容 C 与电感 L_1、L_2构成谐振回路。图 2.1.14（b）所示为其交流等效电路，谐振回路的三个端点分别与

三极管三个电极相连，与三极管发射极连接的是同性电感元件，故称为电感三点式振荡器。因反馈信号取自电感 L_2，又称电感反馈式振荡器。

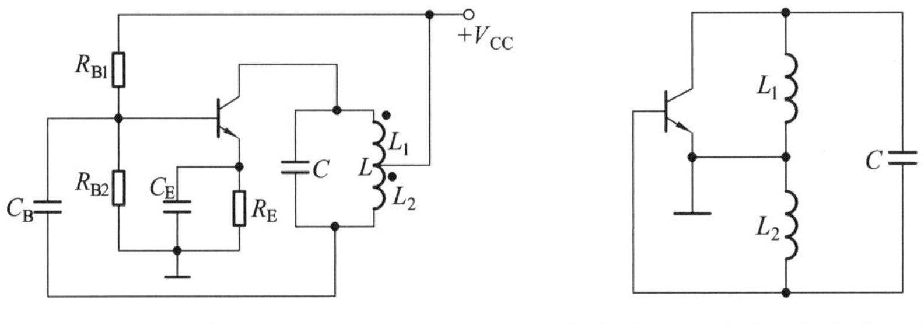

（a）原理电路　　（b）交流通路（不包括偏置电阻）

图 2.1.12　电感三点式振荡器

（2）工作原理

由图 2.1.12（b）可以看出，该电路满足三点式振荡器的组成法则，即满足振荡的相位平衡条件条件，其振荡频率近似为谐振回路的谐振频率，即

$$f_0 \approx f_p = \frac{1}{2\pi\sqrt{(L_1 + L_2 + 2M)C}} \tag{2.1.17}$$

式中，L_1 为线圈上半部的电感，L_2 为线圈下半部的电感，M 为两部分电感之间的互感系数。

根据式（2.1.10）可得振荡器的反馈系数为

$$\dot{F} = -\frac{X_2}{X_1} = -\frac{L_2 + M}{L_1 + M} \tag{2.1.18}$$

可见，只要调节 L_1 和 L_2 的大小，就可以使振荡器起振。

（3）电路特点

① 振荡波形较差。

其原因是反馈支路为感性元件，对振荡信号的高次谐波呈高阻抗，所以 LC 回路中高次谐波的分量较强，使波形失真增大。

② 振荡频率不够高。

频率高时，电感量就小，L_1 和 L_2 的匝数就少，其中 L_2 的匝数会更少，当线圈匝数小于 1 匝后，不仅工艺上不可行，且由于 Q 值太低，频率稳定度也不高。工作频率一般在几十兆兹以下。

③ 容易起振。

因起振的相位条件和振幅条件容易满足，故容易起振。

④ 频率调节方便。

调整电容值 C 的大小可改变振荡频率，而且 C 的改变基本上不影响电路的反馈系数。

（三）石英晶体振荡器

在 LC 振荡电路中，频率稳定度一般为 $10^{-2} \sim 10^{-4}$，并且 Q 值还不是很高，一般在几十到一百的范围内，很少在两百以上。这样的性能指标难以满足某些通信设备的要求。

石英晶体振荡器是用石英晶体谐振器作为选频网络构成的振荡器，其频率稳定度随所采用的石英晶体谐振器、电路形式以及稳频措施的不同而不同，一般在$10^{-4}\sim10^{-11}$。它是目前电子设备中应用最为广泛的振荡器。

1. 石英晶体谐振器基本特性

石英晶体谐振器（即石英晶体滤波器）简称晶体，其内部结构如图 2.1.13 所示，主要由支架、晶片、镀银电极（软连接）、屏蔽外壳四个部分组成。石英晶体谐振器与陶瓷滤波器一样，也具有压电效应，当交变电压频率等于固有频率时，石英晶片共振，振幅最大，产生的交变电流最大，类似串联谐振。

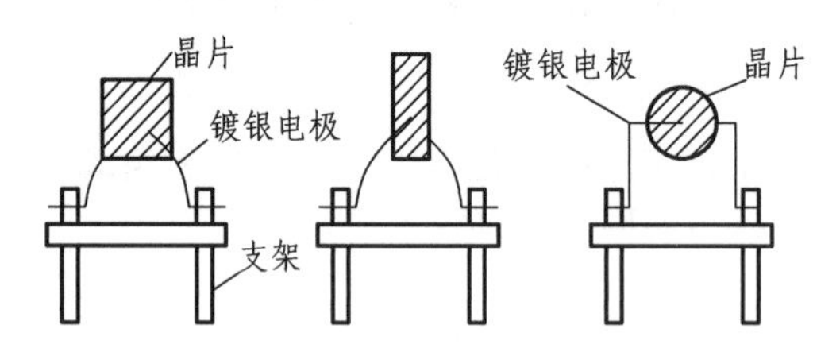

图 2.1.13　石英晶体谐振器内部结构

（1）*石英晶体谐振器的等效电路*

石英晶体谐振器的电路符号如图 2.1.14（a）所示，其等效电路如图 2.1.14（b）、（c）所示。其中，C_0是晶片工作时的静态电容，它的大小与晶片的几何尺寸和电极的面积有关，一般为 1 ~ 10 pF；L_q是晶片振动时的等效动态电感，它的值很大，一般为$10^{-3}\sim10^{2}$ H；C_q是晶片振动时的等效动态电容，它的值很小，一般为$10^{-4}\sim10^{-1}$ pF；r_q是晶片振动时的摩擦损耗，它的值较小，一般为几十欧到几百欧。可见，石英晶片的品质因数 Q 值很高，一般在10^5数量级以上，具有较高的频率稳定度。

石英晶体的振动模式存在着多谐性，也就是说，除了基频振动外，还会产生奇次谐波的泛音振动，泛音振动的频率接近于基频的整数倍，但不是严格整数倍。对于一个石英谐振器，既可以利用其基频振动，也可以利用其泛音振动。前者称为基频晶体，后者称为泛音晶体。泛音晶体大部分应用 3 次和 5 次的泛音振动，很少用 7 次以上的泛音振动。因为泛音次数较高时，振荡器因高次泛音的振幅小而不易起振，抑制低次泛音振动也较困难。

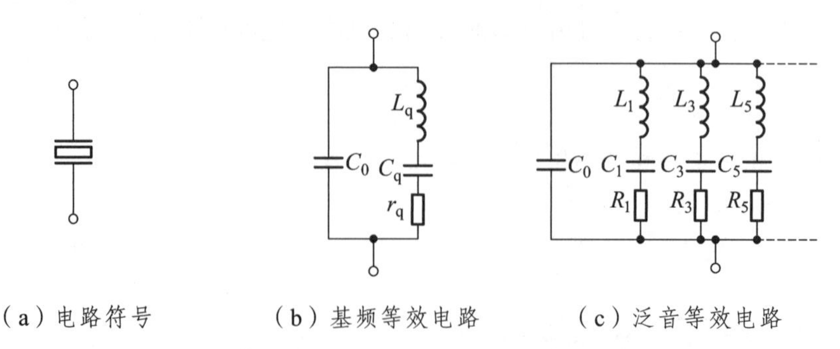

图 2.1.14　石英晶体谐振器电路符号及其等效电路图

（2）石英晶体谐振器的电抗特性

图 2.1.15 所示是石英晶体谐振器的阻抗-频率特性曲线，其基本特性与陶瓷滤波器基本相同，只是特性曲线变得更为陡峭。

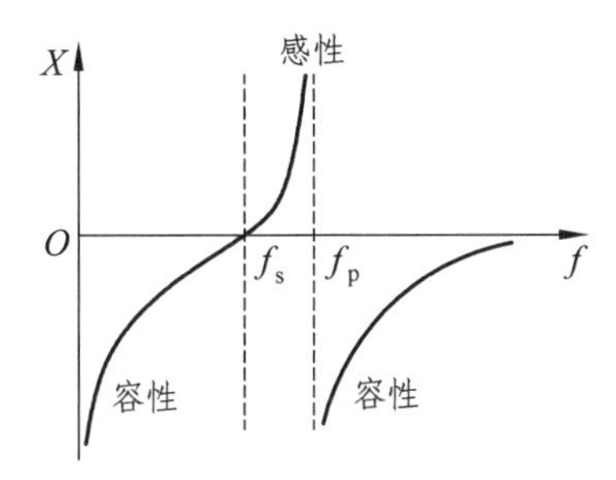

图 2.1.15　石英晶体谐振器阻抗频率特性曲线

由图可知，石英晶体谐振器的串联谐振频率为

$$f_s = \frac{1}{2\pi\sqrt{L_q C_q}} \tag{2.1.19}$$

石英晶体谐振器的并联谐振频率为

$$f_p = \frac{1}{2\pi\sqrt{L_q \frac{C_0 C_q}{C_0 + C_q}}} = f_s\sqrt{1+\frac{C_q}{C_0}} \tag{2.1.20}$$

通常 $C_q \ll C_0$，所以 f_s 与 f_p 很接近，即石英晶体谐振器串联与并联振荡频率近似相等。

石英晶体谐振器只在 f_s 和 f_p 之间的很窄频率范围内呈感性，且感抗曲线很陡，故当工作于该区域时，具有很强的稳频作用。作为振荡器时，一般使晶振工作在此区域。当中心频率大于 f_p 或小于 f_s 时，晶振呈现容性，特性曲线变化相对平缓，稳频效果较差，因此实际应用中很少工作在电容区。

（3）石英晶体谐振器的使用注意事项

① 要接一定的负载电容 C_L（微调），以达到标称频率。高频晶体 C_L 通常为 30 pF 或标为∞。

② 要有合适的激励电平。过大会影响频率稳定度，振坏晶片；过小会使噪声影响大，输出减小，甚至停振。

2. 石英晶体振荡器的分类

按石英晶体在振荡器中的应用方式不同，石英晶体振荡器有两类：一类是工作在石英晶体的并联谐振频率上，作为高 Q 电感元件，与电路中的其他元件并联构成谐振回路，称为并联型晶体振荡器；另一类是工作在石英晶体的串联谐振频率上，作为高选择性短路元件，称为串联型晶体振荡器。

（1）并联型晶体振荡器

并联型晶体振荡器又称皮尔斯晶体振荡器，如图 2.1.16（a）所示。图 2.1.16（b）所示为振荡器的交流通路。石英晶体振荡器作为高 Q 电感元件，与外部电容一起构成并联谐振回路。电容 C_1、C_2、C_3 串联组成石英晶体的负载电容 C_L，因 $C_L \approx C_3$，故电容 C_3 用来微调振荡器的振荡频率，使振荡器振荡在石英晶体的标称频率上。

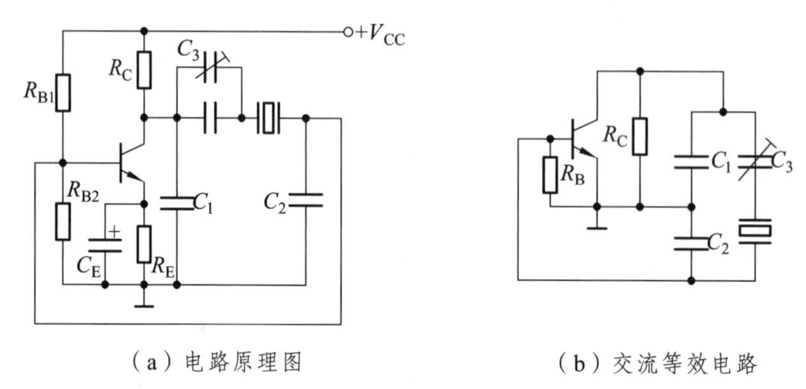

（a）电路原理图　　（b）交流等效电路

图 2.1.16　并联型石英晶体振荡器

（2）串联型晶体振荡器

串联型晶体振荡器如图 2.1.17（a）所示。由图 2.1.17（b）所示交流通路可知，石英晶体串接在正反馈支路，只有当频率等于石英晶体串联谐振频率时，石英晶体的阻抗最小，它作为一高选择性短路元件，才满足相位条件而产生振荡。由于振荡器的振荡频率取决于石英晶体的串联谐振频率，所以振荡器具有很高的频率稳定性。电路中的 L 和 C_1、C_2 组成的并联回路应调谐在石英晶体的串联谐振频率上。

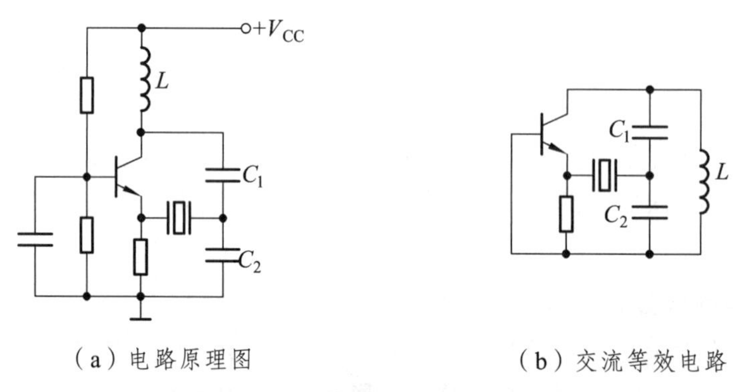

（a）电路原理图　　（b）交流等效电路

图 2.1.17　串联型石英晶体振荡器

二、丙类谐振功率放大器

在高频范围内，为了获得较大的高频输出功率，必须采用高频功率放大器。高频功率放大器的负载为谐振网络，所以高频功率放大器也称谐振功率放大器。高频功率放大电路主要用于发射机的末级和中间级，它将振荡器产生的信号加以放大，获得足够的高频功率后再送到天线上辐射出去。

（一）功率放大器的分类

高频功率放大器有多种工作方式，根据晶体管集电极电流导通时间的长短不同，一般分为甲（A）类、乙（B）类、甲乙（AB）类、丙类（C）和丁（D）类等。

1. 甲类功放（A 类功放）

甲类功放输出级中晶体管永远处于导通状态，即线性放大状态，也就是说，不管有无信号输入，它们在静态偏置电路作用下都保持传导电流，在线性工作区域内，使输入信号放大并流入负载。

在对称甲类功率放大器中，当无信号时，两个晶体管各流通等量的电流，因此在输出中心点上没有不平衡的电流或电压，故无电流流入负载，如扬声器。当信号趋向正极，线路上方的输出晶体管容许流入较多的电流，下方的输出晶体管则相对减少电流。由于电流开始不平衡，于是流入负载，如流入扬声器且推动扬声器发声。

甲类功放的工作方式具有最佳的线性，每个输出晶体管均放大信号全波，完全不存在交越失真（switching distortion），即使不加负反馈，它的开环失真仍十分低，因此被称为是声音最理想的放大线路设计。但这种设计有利有弊，其最大的缺点是效率低，因为无信号时仍有满电流流入，电能全部转为高热量。当信号电平增加时，有些功率可进入负载，但许多仍转变为热量。

2. 乙类功放（B 类功放）

乙类功放的工作方式是：当无信号输入时，输出晶体管不导电，所以不消耗功率；当有信号输入时，每对输出管各放大一半波形，彼此一开一关轮流工作，完成一个全波放大。在两个输出晶体管轮换工作时会发生交越失真，因此乙类功放会形成非线性失真。纯乙类功放较少，因为在信号非常低时失真十分严重，所以交越失真令声音变得粗糙。乙类功放的效率平均约为 75%，产生的热量较甲类功放低，容许使用较小的散热器。

3. 甲乙类功放（AB 类功放）

与前两类功放相比，甲乙类功放可以说是在性能上的妥协。甲乙类功放通常有两个偏压，在无信号时也有少量电流通过输出晶体管。它在信号小时用甲类工作模式，获得最佳线性，当信号提高到某一电平时自动转为乙类工作模式，以获得较高的效率。普通 10 W 的甲乙类功放大约在 5 W 以内用甲类工作模式，由于聆听音乐时所需要的功率只有几瓦，因此甲乙类功放在大部分时间是甲类工作模式，只在出现音乐瞬态强音时才转为乙类工作模式。这种设计可以获得优良的音质，并提高效率、减少热量，是一种颇为合乎逻辑的设计。有些甲乙类功放将偏流调得很高，令其在更宽的功率范围内以甲类模式工作，使声音接近纯甲类机，但产生的热量也相对增加。

4. 丙类功放（C 类功放）

丙类功放输出效率较大，但失真也大。

5. 丁类功放（D 类功放）

这种设计也称为数码功放。丁类功放的晶体管一经开启即直接将其负载与供电器连接，电流流通但晶体管上无电压，因此无功率消耗。当输出晶体管关闭时，全部电源供应电压即出现在晶体管上，但没有电流，因此也不消耗功率，故理论上的效率为百分之百。丁类功放的优点是效率最高，供电器可以缩小，几乎不产生热量，因此无须大型散热器，机身体积与重量显著减小，理论上失真低、线性佳。

各类功率放大器特性比较如表 2.1.1 所示。表中，通常把一个信号周期内集电极电流导通角的一半称为半导通角，简称导电角或通角。

表 2.1.1　各类功率放大器特性比较

工作状态	导电角	理想效率	负载	应用
甲类	$\theta=180°$	$\eta=50\%$	电阻	低频
乙类	$\theta=90°$	$\eta=78.5\%$	电阻	低频，高频
甲乙类	$90°<\theta<180°$	$50\%<\eta<78.5\%$	电阻	低频
丙类	$\theta>90°$	$\eta>78.5\%$	选频回路	高频
丁类	开关状态	$\eta=90\%\sim100\%$	选频回路	高频

（二）丙类谐振功率放大器的工作原理

1. 电路组成

丙类功率放大器是指功放管工作于丙类状态的高频功率放大器，其原理电路如图 2.1.18 所示。图中，R_L 为外接负载；LC 谐振回路调谐于输入信号频率上，起到滤波和匹配双重作用，故又称为滤波匹配网络。基极直流电源电压 V_{BB} 应小于三极管的导通电压 $U_{BE(on)}$，其作用是确定合理的静态工作点，保证三极管工作于丙类状态。集电极直流电源电压 V_{CC} 的作用是为功率放大器提供直流能量。

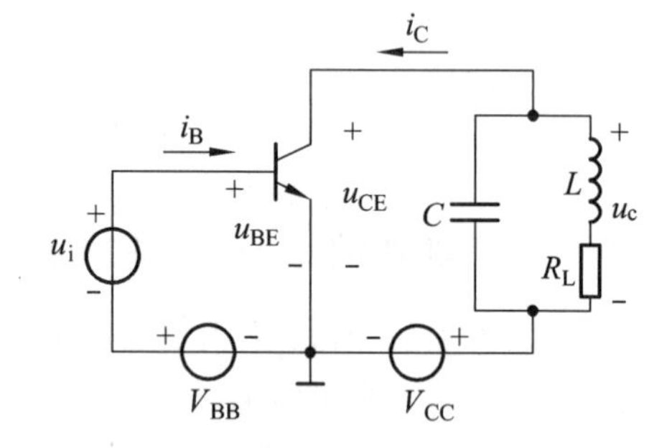

图 2.1.18　丙类功率放大器原理电路图

2. 工作原理

设输入信号 $u_i=U_{im}\cos\omega t$，则三极管发射结电压为

$$u_{BE}=V_{BB}+u_i=V_{BB}+U_{im}\cos\omega t \tag{2.1.21}$$

u_{BE} 的波形如图 2.1.19（a）所示。当 u_{BE} 的瞬时值大于三极管的导通电压 $U_{BE(on)}$ 时，三极管导通，产生基极脉冲电流 i_B，相应的集电极电流 i_C 也为脉冲电流，如图 2.1.19（b）所示。由图可见，三极管只在小半个周期内导通，在大半个周期内截止，故丙类谐振功率放大器的导电角小于 90°。

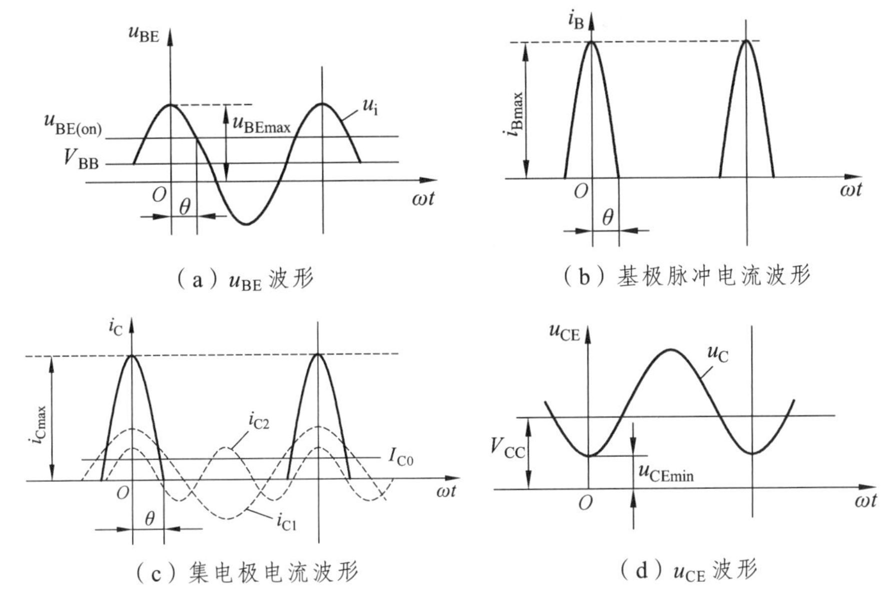

图 2.1.19　丙类功率放大器电流、电压波形图

集电极余弦脉冲电流 i_C 用傅里叶级数展开为

$$i_C = I_{C0} + I_{c1m}\cos\omega t + I_{c2m}\cos 2\omega t + \cdots + I_{cnm}\cos n\omega t \tag{2.1.22}$$

式中，I_{C0} 为 i_C 的直流分量，I_{c1m} 为 i_C 的基波分量振幅，I_{c2m} 为 i_C 的二次谐波分量振幅，I_{cnm} 为 i_C 的 n 次谐波分量振幅。应用数学中求傅里叶级数的方法可得到各个分量，它们都是 θ 的函数，它们的关系为

$$\begin{cases} I_{C0} = i_{Cmax}\alpha_0(\theta) \\ I_{c1m} = i_{Cmax}\alpha_1(\theta) \\ \cdots \\ I_{cnm} = i_{Cmax}\alpha_n(\theta) \end{cases} \tag{2.1.23}$$

式中，$\alpha_n(\theta)$ 为余弦脉冲电流分解系数，其大小是电导角 θ 的函数，如图 2.1.20 所示。也可通过查表的方法求得其值大小。

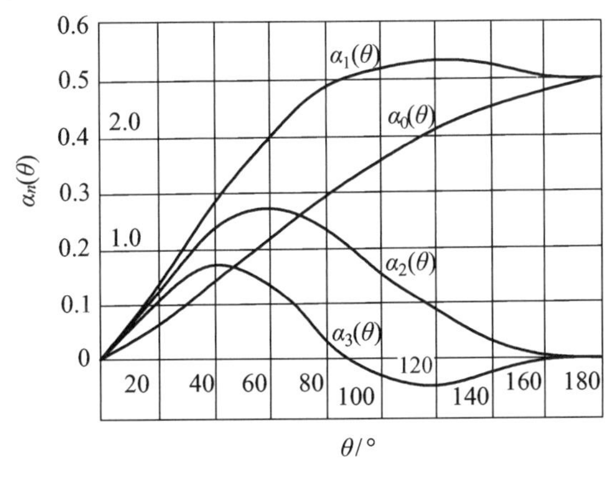

图 2.1.20　余弦脉冲电流分解系数

例如，$\theta = 60°$ 时，可查图 2.1.20 得 $\alpha_0(\theta) = 0.22$，$\alpha_1(\theta) = 0.39$，$\alpha_2(\theta) = 0.28$。

由于 LC 谐振回路调谐在输入信号频率上，故集电极电流 i_C 流经谐振回路时，只有基波分量电流产生压降，即 LC 谐振回路两端只有基波电压 u_c。设谐振回路谐振电阻为 R_e，则 u_c 为

$$u_c = I_{c1m} R_e \cos\omega t = U_{cm} \cos\omega t \tag{2.1.24}$$

式中，基波电压振幅 $U_{cm} = I_{c1m} R_e$。三极管集电极和发射极之间的电压为

$$u_{CE} = V_{CC} - u_c = V_{CC} - U_{cm} \cos\omega t \tag{2.1.25}$$

可以看出，谐振回路两端输出不失真的高频信号电压。u_c 和 u_{CE} 的波形如图 2.1.19（d）所示。

3. 功率关系

谐振放大器的输出功率 P_o 为集电极基波电流分量在谐振电阻 R_e 上的平均功率，即

$$P_o = \frac{1}{2} U_{cm} I_{c1m} = \frac{1}{2} I_{c1m}^2 R_e = \frac{1}{2} \frac{U_{cm}^2}{R_e} \tag{2.1.26}$$

集电极直流电源提供功率为

$$P_{DC} = V_{CC} I_{C0} \tag{2.1.27}$$

集电极耗散功率为

$$P_C = P_{DC} - P_o \tag{2.1.28}$$

放大器集电极效率为

$$\eta_C = \frac{P_o}{P_{DC}} = \frac{1}{2} \frac{U_{cm}}{V_{CC}} \frac{I_{c1m}}{I_{C0}} = \frac{1}{2} \xi g_1(\theta) \tag{2.1.29}$$

式中，$\xi = \dfrac{U_{cm}}{V_{CC}}$，称为集电极电压利用系数；$g_1(\theta) = \dfrac{I_{c1m}}{I_{C0}}$ 或 $g_1(\theta) = \dfrac{\alpha_1(\theta)}{\alpha_0(\theta)}$，称为集电极电流利用系数（波形系数）。

应当指出，θ 减小，$g_1(\theta)$ 增大，η_C 增大，但使用时需注意当 $\theta < 40°$ 后，$g_1(\theta)$ 随 θ 减小而增大不明显，而 $\alpha_1(\theta)$ 迅速减小，使功率过小。在丙类功率放大器中一般取 θ 为 $70°$。

例 2.1.1 图 2.1.18 所示谐振功率放大器中，已知 $V_{CC} = 24$ V，$P_o = 5$ W，$\theta = 70°$，$\xi = 0.9$，试求该功率放大器的 η_C、P_{DC}、P_C、i_{Cmax} 和谐振回路谐振电阻 R_e。

解： 由图 2.1.20 可查得 $\alpha_0(70°) = 0.25$，$\alpha_1(70°) = 0.44$，因此，由式（2.1.29）可得

$$\eta_C = \frac{1}{2} \xi g_1(\theta) = \frac{1}{2} \frac{\alpha_1(\theta)}{\alpha_0(\theta)} \xi = \frac{1}{2} \times \frac{0.44}{0.25} \times 0.9 = 79\%$$

由式（2.1.27）可得

$$P_{DC} = \frac{P_o}{\eta_C} = \frac{5}{0.79}\ \text{W} = 6.3\ \text{W}$$

由式（2.1.28）可得

$$P_C = P_{DC} - P_o = (6.3-5)\ \text{W} = 1.3\ \text{W}$$

由于

$$P_o = \frac{1}{2}U_{cm}I_{c1m} = \frac{1}{2}\alpha_1(\theta)i_{Cmax}\xi V_{CC}$$

所以，可得

$$i_{Cmax} = \frac{2P_o}{\alpha_1(\theta)\xi V_{CC}} = \frac{2\times5}{0.44\times0.9\times24}\ \text{A} = 1.05\ \text{A}$$

谐振回路的谐振电阻 R_e 等于

$$R_e = \frac{U_{cm}}{I_{c1m}} = \frac{\xi V_{CC}}{\alpha_1(\theta)i_{Cmax}} = \frac{0.9\times24}{0.44\times1.05}\ \Omega = 46.5\ \Omega$$

（三）丙类谐振功率放大器的特性

1. 工作状态

在一般放大器中，根据晶体管工作是否进入截止区和进入截止区的时间相对长短，将放大器分为甲类、甲乙类、乙类和丙类等工作状态。而对于丙类放大器，我们还要考虑晶体管是否进入饱和区，据此可将丙类谐振放大器分为欠压、临界和过压工作三种状态。

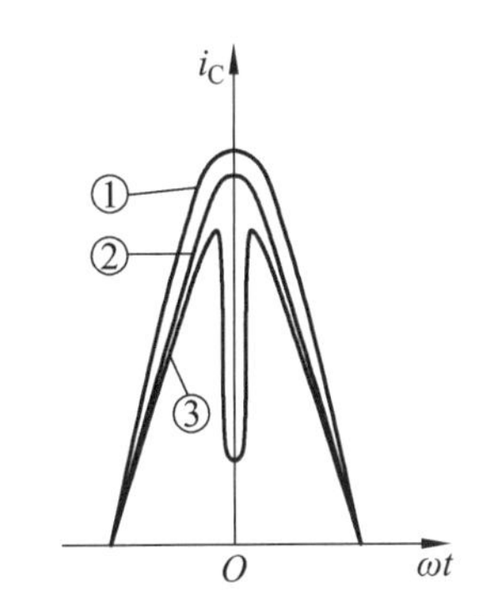

图 2.1.21　欠压、临界、过压状态集电极电流脉冲形状

所谓欠压状态，是指功放管导通后，工作点均处于放大区时放大器的工作状态。此时集电极电流脉冲形状如图 2.1.21 中①所示，i_C 为尖顶余弦脉冲。所谓临界状态是指功放管导通后，工作点达到临界饱和时放大器的工作状态。其集电极电流脉冲形状如图 2.1.21 中②所示，i_C 为顶端变化平缓的余弦脉冲。所谓过压状态是指功放管导通后，工作点进入饱和区时放大器的工作状态。其集电极电流脉冲形状如图 2.1.21 中③所示，i_C 为中间凹陷的余弦脉冲。

2. 负载特性

所谓负载特性是指当 V_{CC}、V_{BB}、U_{im} 不变时，放大器的电流、电压、功率和效率等随谐振电阻 R_e 变化的特性。

丙类谐振功率放大器负载特性如图 2.1.22 所示，可以看出：

① 随着 R_e 的增加，放大器将由欠压状态向临界状态、过压状态依次变化，即先后经历欠压、临界、过压状态。

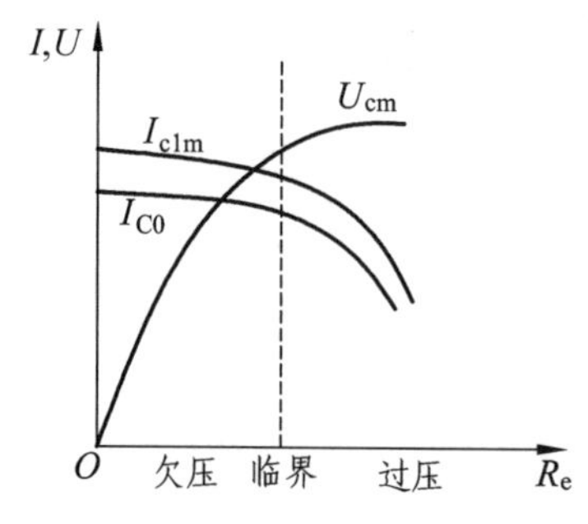

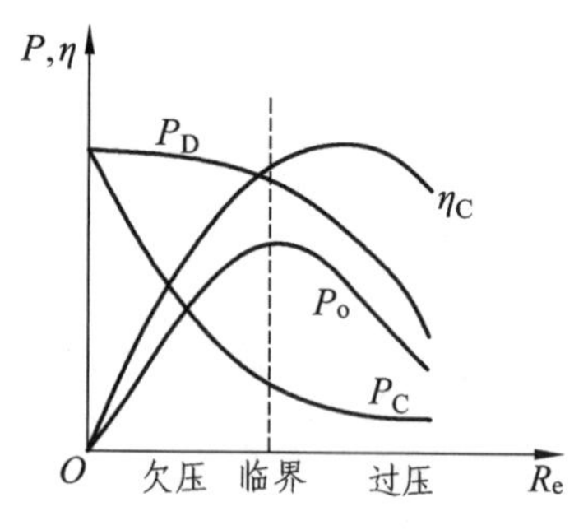

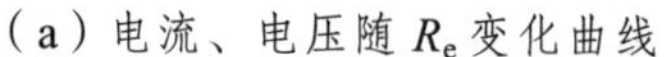

（a）电流、电压随 R_e 变化曲线　　（b）功率、效率 R_e 变化曲线

图 2.1.22　谐振功率放大器负载特性

② 当放大器处于临界状态时，放大器输出功率 P_o 最大，集电极功耗 P_C 较小，效率 η_C 比较高。故临界状态为谐振功率放大器的最佳工作状态，与之相应的 R_e 值称为谐振功率放大器的最佳负载或匹配负载，用 R_{eopt} 表示。工程上，R_{eopt} 可由下式确定：

$$R_{eopt}=\frac{1}{2}\frac{U_{cm}^2}{P_o}\approx\frac{1}{2}\frac{(V_{CC}-U_{CE(sat)})^2}{P_o} \tag{2.1.30}$$

3. 调制特性

（1）基极调制特性

所谓基极调制特性是指当 U_{im}、V_{CC} 和 R_e 一定时，放大器性能随 V_{BB} 变化的特性。

丙类谐振功率放大器基极调制特性如图 2.1.23（a）所示，可以看出：

① 随着 V_{BB} 由小变大，放大器将由欠压状态依次向临界状态、过压状态变化。

② 在欠压区，随着 V_{BB} 增加，I_{C0}、I_{c1m} 和 U_{cm} 迅速增加；在过压区，随着 V_{BB} 增加，I_{C0}、I_{c1m} 和 U_{cm} 只略有增加。因此，谐振功率放大器工作在欠压状态时，V_{BB} 的变化可以有效地控制集电极电压振幅 U_{cm} 的变化，利用这一特性可实现基极调幅作用。

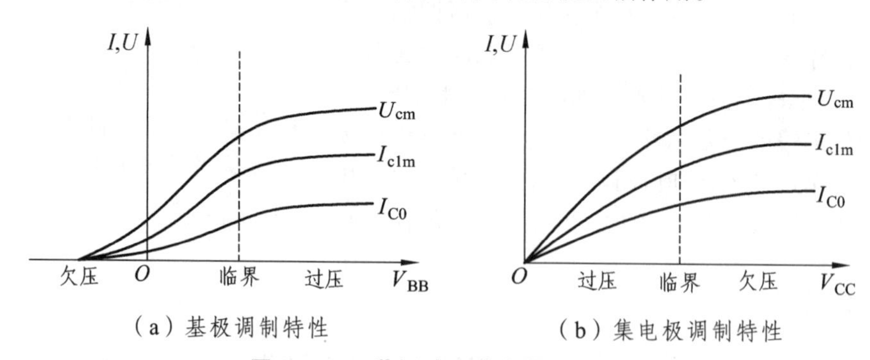

（a）基极调制特性　　（b）集电极调制特性

图 2.1.23　谐振功率放大器调制特性

（2）集电极调制特性

所谓集电极调制特性是指当 V_{BB}、U_{im} 和 R_e 一定时，放大器性能随 V_{CC} 变化的特性。

丙类谐振功率放大器集电极调制特性如图 2.1.23（b）所示，可以看出：

① 随着 V_{CC} 由小变大，放大器将由过压状态依次向临界状态、欠压状态变化。

② 在过压区，随着 V_{CC} 的增大，I_{C0}、I_{c1m} 和 U_{cm} 迅速增加。因此，谐振功率放大器工作在过压状态时，V_{CC} 的变化可以有效地控制集电极电压振幅 U_{cm} 的变化，利用这一特性可实现集电极调幅作用。

4. 放大特性

所谓放大特性是指当 V_{BB}、V_{CC} 和 R_e 一定时，放大器性能随 U_{im} 变化的特性。

丙类谐振功率放大器放大特性如图 2.1.24 所示，可以看出：

① 随着 U_{im} 由小变大，放大器将由欠压状态依次向临界状态、过压状态变化。

② 谐振功率放大器作为线性功率放大器，必须使 U_{im} 变化时，U_{cm} 有较大的变化。因此，放大器必须工作在欠压状态。在过压状态时，U_{im} 变化，U_{cm} 几乎不变，这时电路起限幅作用，可作为振幅限幅器。

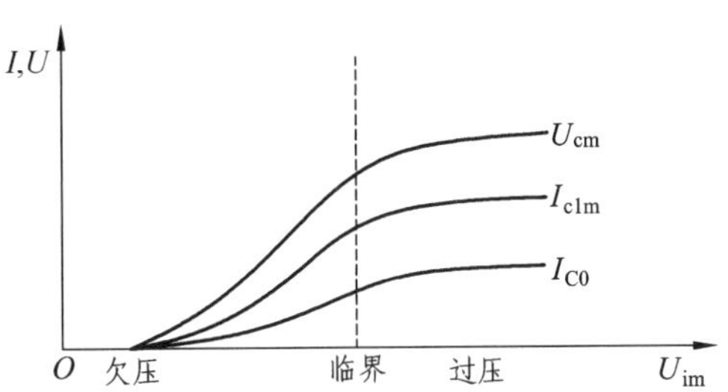

图 2.1.24 谐振功率放大器放大特性

（四）丙类谐振功率放大器电路

丙类谐振功率放大器电路由功率管直流馈电电路与滤波匹配网络组成。功率管的输入、输出回路都必须有直流通路，且尽量减小管外电路消耗直流电源功率。直流通路不能影响匹配网络的工作，匹配网络也不能影响直流通路的正常供电，同时应尽量避免高频信号及其谐波流入直流电源，并防止公共电源的寄生耦合。

1. 直流馈电电路

直流馈电电路是把直流电源馈送到功放管各极的电路，其作用是为功放管基极提供适当的偏压，为集电极提供电压源。它包括集电极馈电电路和基极馈电电路。无论是那一部分的馈电电路，都有串联馈电和并联馈电两种方式。

所谓串联馈电是指直流电源、匹配网络和功放管三者串联连接的一种馈电方式。所谓并联馈电是指直流电源、匹配网络和功放管三者并联连接的一种馈电方式。

（1）集电极馈电电路

由于集电极电流是脉冲电流，包括直流分量、基频分量及各次谐波分量，所以集电极馈电电路的构成原则是：应保证有效地将直流电压加在功放管的集电极与发射极之间，也应保证谐振回路两端仅有基波分量压降，以便将变换后的交流功率传送给负载；还应保证能有效地滤除集电极电流的高次谐波分量。

集电极馈电电路如图 2.1.25 所示。图中，L_C 为高频扼流圈，对直流短路，但对高频信号接近开路，因此对高频信号有抑制作用；C_{C1} 为高频旁路电容，对直流具有隔离作用，对高频信号有短路作用；C_{C1} 与 L_C 构成电源的滤波电路，防止高频信号及其谐波流入直流电源；C_{C2} 为隔直电容。

对于图 2.1.25（a）所示的串联馈电电路，交流通路与直流通路相重合，LC 谐振回路处于直流高电位，不能用手直接去触碰，故安装、调整不方便，但它们对地的分布电容不会影响回路的谐振频率。对于图 2.1.25（b）所示的并联馈电电路，交流通路与直流通路相分开，LC 谐振回路处于直流低电位，它们对地的分布电容直接影响回路的谐振频率，但谐振回路元件可接地，故安装、调整方便。

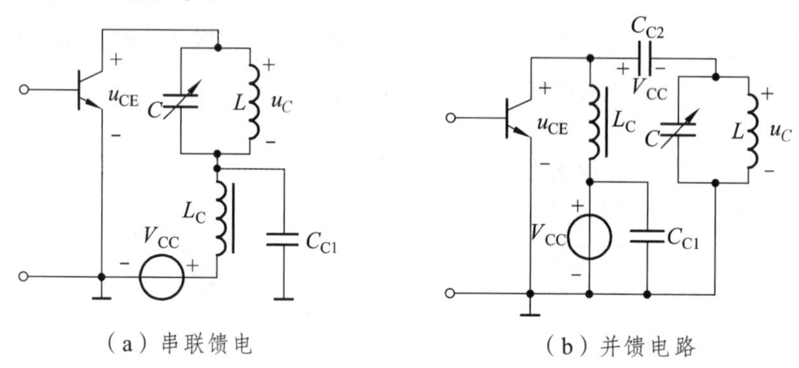

（a）串联馈电　　（b）并馈电路

图 2.1.25　集电极馈电电路

实际上，串联馈电和并联馈电只是电路结构形式不同，就电压关系而言，直流电压与交流电压总是串联叠加的，都满足 $u_{CE}=V_{CC}-U_{cm}\cos\omega t$ 的关系式。

（2）基极馈电电路

基极馈电电路为功放管的基极提供合适的偏置电压，使谐振功率放大器工作在丙类状态。它也有串联馈电与并联馈电两种形式，但对于丙类谐振功放，通常采用自给偏置电路，如图 2.1.26 所示。

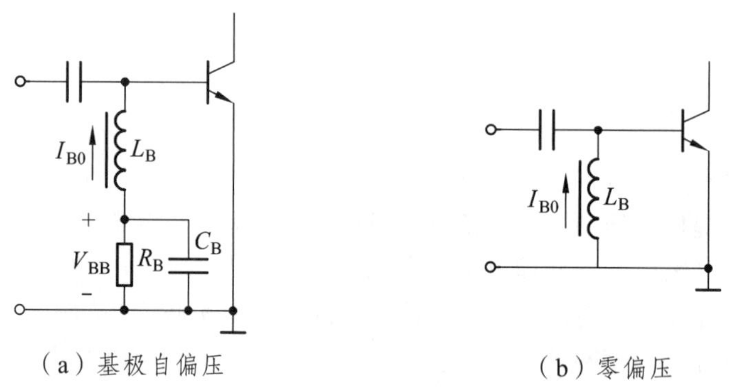

（a）基极自偏压　　（b）零偏压

图 2.1.26　自给偏置电路

图 2.1.26（a）所示为基极自偏压电路，它是利用基极电流脉冲 i_B 中的直流成分 I_{B0} 在电阻 R_B 产生的直流电压获得所需的反向偏置电压。图中，$V_{BB}=-I_{B0}R_B$，调节 R_B 阻值大小即可调节反偏电压大小。为了保证 R_B 上只有直流成分 I_{B0}，要求 C_B 的容量足够大，以便有效地短路基波及其各次谐波电流。

图 2.1.26（b）所示为零偏压电路，它是利用 i_B 中的直流成分 I_{B0} 在高频扼流圈 L_B 的直流电阻上来产生很小的电压作为反向偏置电压，可称为零偏压电路。

在自给偏置电路中，无输入信号时，$i_B=0$，因此偏置电压也为零。当输入信号幅度由小加大时，i_B 增大，其直流分量 I_{B0} 也增大，反向偏压随之增大。把这种偏置电压随输入信号幅度变化的现象称为自给偏置效应。

2. 滤波匹配网络

滤波匹配网络是指为了与前级放大器和后级实际负载相匹配，而在谐振功率放大器输入和输出端所接入的耦合电路（具有传输有用信号的作用）。接于放大器输入端的耦合电路，称为输入滤波匹配网络；接于末级放大器与实际负载之间的耦合电路，称为输出滤波匹配网络。输入和输出滤波匹配网络在谐振功率放大器中的连接如图 2.1.27 所示。

输入滤波匹配网络的作用是把放大器的输入阻抗变换为前级信号源所需的负载阻抗，使电路从前级信号源获得最大的激励功率。

对输出滤波匹配网络的主要要求是：

① 具有较强的滤波能力。即滤除不需要的高次谐波，使负载上只有基波电压。

② 能进行有效的阻抗变换。即把外接实际负载变换成谐振功放所要求的负载阻抗，使放大器工作在临界状态，以便高效率输出所需功率。

③ 具有较高的回路效率。即滤波匹配网络本身的固有损耗应尽可能地小。

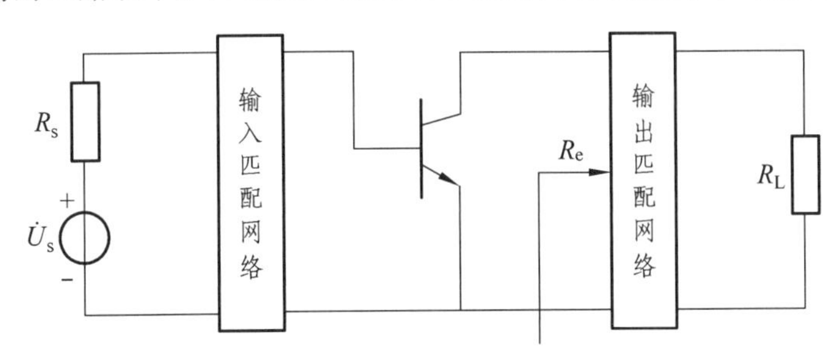

图 2.1.27　滤波匹配网络在电路中的位置

（1）串、并联电路阻抗转换

电抗、电阻的串联和并联电路如图 2.1.28（a）、（b）所示，它们之间可以互相等效转换。令两者的端导纳相等，就可以得到它们之间的等效转换关系。由图 2.1.28（a）可得

$$Y_s = \frac{1}{R_s + jX_s} = \frac{R_s}{R_s^2 + X_s^2} - j\frac{X_s}{R_s^2 + X_s^2}$$

由图 2.1.28（b）可得

$$Y_p = \frac{1}{R_p} + \frac{1}{jX_p} = \frac{1}{R_p} - j\frac{1}{X_p}$$

由此可得到串联阻抗转换为并联阻抗的关系为

$$R_p = \frac{R_s^2 + X_s^2}{R_s} = R_s\left(1 + \frac{X_s^2}{R_s^2}\right) = R_s\left(1 + Q_e^2\right) \tag{2.1.31}$$

$$X_p = \frac{R_s^2 + X_s^2}{X_s} = X_s\left(1 + \frac{R_s^2}{X_s^2}\right) = X_s\left(1 + \frac{1}{Q_e^2}\right) \tag{2.1.32}$$

$$Q_e = \frac{|X_s|}{R_s} \tag{2.1.33}$$

反之，可得到并联阻抗转换为串联阻抗的关系式为

$$R_{\mathrm{s}}=\frac{R_{\mathrm{p}}}{1+Q_{\mathrm{e}}^{2}} \tag{2.1.34}$$

$$X_{\mathrm{s}}=\frac{X_{\mathrm{p}}}{1+\dfrac{1}{Q_{\mathrm{e}}^{2}}} \tag{2.1.35}$$

$$Q_{\mathrm{e}}=\frac{R_{\mathrm{p}}}{\left|X_{\mathrm{p}}\right|} \tag{2.1.36}$$

式（2.1.36）与式（2.1.33）的 Q_{e} 值相等。

式（2.1.31）~式（2.1.36）说明，Q_{e} 值取定后，R_{s} 与 R_{p}、X_{s} 与 X_{p} 之间可以相互转换，且转换后的电抗性质不变。

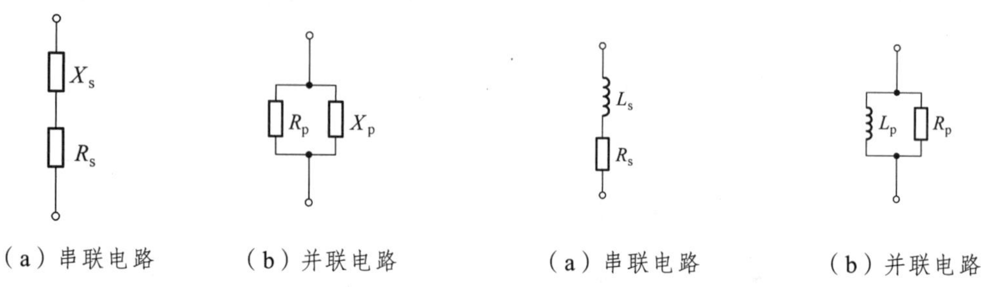

（a）串联电路　（b）并联电路

图 2.1.28　串、并联电路阻抗转换

（a）串联电路　（b）并联电路

图 2.1.29　电感、电阻的串联和并联电路阻抗转换

例题 2.1.2　将图 2.1.29（a）所示电感与电阻串联电路变换成图 2.1.29（b）所示并联电路。已知工作频率为 100 MHz，$L_{\mathrm{s}}=100$ nH，$R_{\mathrm{s}}=10\ \Omega$，求出 R_{p} 和 L_{p}。

解： 由式（2.1.33）可得

$$Q_{\mathrm{e}}=\frac{\left|X_{\mathrm{s}}\right|}{R_{\mathrm{s}}}=\frac{\omega L_{\mathrm{s}}}{R_{\mathrm{s}}}=\frac{2\pi\times100\times10^{6}\times100\times10^{-9}}{10}=6.28$$

因此，由式（2.1.31）和式（2.1.32）分别得

$$R_{\mathrm{p}}=R_{\mathrm{s}}\left(1+Q_{\mathrm{e}}^{2}\right)=10\times(1+6.28^{2})\ \Omega=404\ \Omega$$

$$L_{\mathrm{p}}=L_{\mathrm{s}}\left(1+\frac{1}{Q_{\mathrm{e}}^{2}}\right)=100\times\left(1+\frac{1}{6.28^{2}}\right)\ \mathrm{nH}=102.5\ \mathrm{nH}$$

由上述计算结果可见，当 $Q_{\mathrm{e}}\gg1$ 时，L_{p} 与 L_{s} 的值相差不大。这就是说，将电抗与电阻串联电路变换成并联电路时，其中电抗元件参数可近似不变，即 $L_{\mathrm{p}}\approx L_{\mathrm{s}}$，但电阻值发生了较大的变化，与电抗串联的小电阻 R_{s} 可变换成与电抗并联的一大电阻 R_{p}。反之亦然。

滤波匹配网络根据它的电路结构可分为分 L 形滤波匹配网络、T 形滤波匹配网络和 Π 形滤波匹配网络。

（2）L 形滤波匹配网络

由串、并联电路阻抗转换关系可推导得到 L 形滤波匹配网络变化关系。

L 形滤波匹配网络是由两个异性电抗元件接成 L 形结构的阻抗变换电路。

图 2.1.30（a）所示为低阻变高阻 L 形滤波匹配网络。图中，并联臂的电容 C 为高频损耗很小的电容，串联臂的电感 L 为 Q 值较高的电感线圈，R_L 为外接负载电阻，R_e 为放大器处于临界状态时所需的等效谐振电阻。由理论分析可知，图 2.1.30（a）所示网络参数计算关系式为

$$R_e = R_L(1+Q_e^2) \tag{2.1.37}$$

$$Q_e = \sqrt{\frac{R_e}{R_L} - 1} \tag{2.1.38}$$

$$L = \frac{Q_e R_L}{\omega} \tag{2.1.39}$$

$$C = \frac{Q_e}{\omega R_e} \tag{2.1.40}$$

由式（2.1.37）可知，$R_e > R_L$，即图 2.1.30（a）所示 L 形网络实现低电阻变高电阻的变换作用，可用在实际外接负载 R_L 比较小，而放大器要求的负载电阻 R_e 较大的场合。

当实际外接负载 R_L 比较大，而放大器要求的负载电阻 R_e 较小时，可采用图 2.1.30（b）所示的高阻变低阻 L 形滤波匹配网络。由理论分析可知，该网络参数计算关系式为

$$R_e = \frac{R_L}{1+Q_e^2} \tag{2.1.41}$$

$$Q_e = \sqrt{\frac{R_L}{R_e} - 1} \tag{2.1.42}$$

$$C = \frac{Q_e}{\omega R_L} \tag{2.1.43}$$

$$L = \frac{Q_e R_e}{\omega} \tag{2.1.44}$$

由式（2.1.41）可知，$R_e < R_L$，即图 2.1.30（b）所示 L 形网络实现高电阻变低电阻的变换作用。

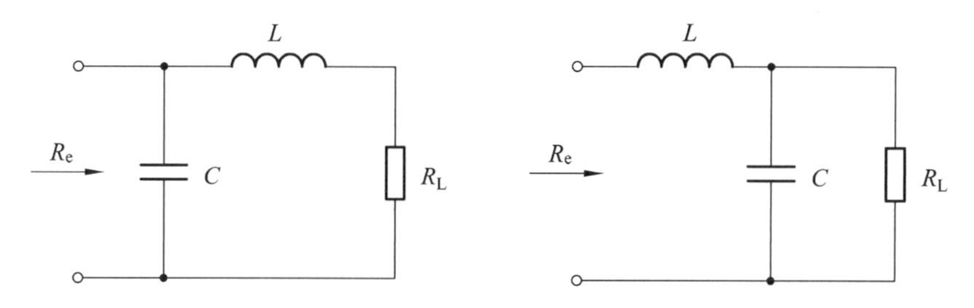

（a）低阻变高阻 L 形滤波匹配网络　　（b）高阻变低阻 L 形滤波匹配网络

图 2.1.30　L 形滤波匹配网络

（3）T 形和 Π 形滤波匹配网络

在 L 形网络中，$Q_e = \sqrt{\frac{R_e}{R_L} - 1}$ 或 $Q_e = \sqrt{\frac{R_L}{R_e} - 1}$，当 R_e 与 R_L 相差不大时，Q_e 很小，会使滤

波性能很差，这时可采用 T 形和Π形滤波匹配网络，如图 2.1.31 所示。

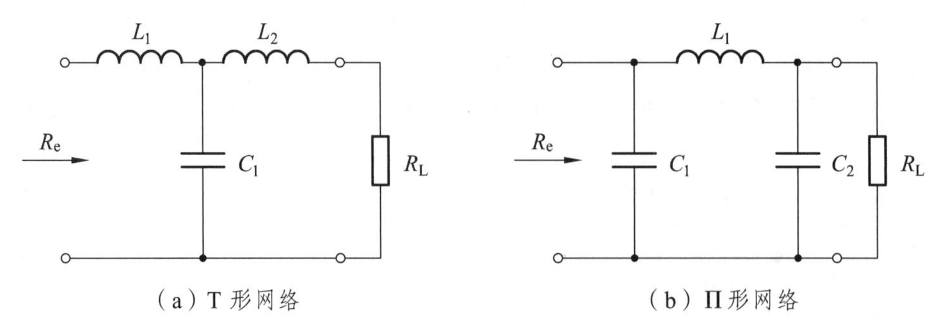

图 2.1.31　T 形和Π形滤波匹配网络

T 形和Π形匹配网络，都可以分解成两个 L 形网络。例如，图 2.1.31（b）所示的Π形匹配网络，可分成如图 2.1.32 所示的两个串接的 L 形网络。图中，$L_1 = L_{11} + L_{12}$，Ⅰ部分为低阻变高阻的 L 形网络，Ⅱ部分为高阻变低阻的 L 形网络。利用 L 形网络的计算关系式，可以导出Π形网络相应的计算公式，这里不再介绍了。

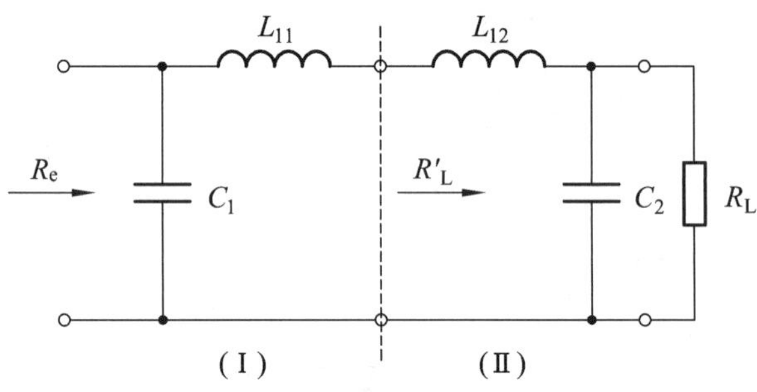

图 2.1.32　Π形网络拆成 L 形网络

3. 谐振功率放大器的实际电路

图 2.1.33 所示是工作频率为 160 MHz 的谐振功率放大器，外接负载为 50 Ω，输出功率为 13 W，功率增益达 9 dB。图中，基极采用自给偏置电路，集电极采用并联馈电电路，高频扼流圈 L_C 和旁路电容 C_C 组成直流电源滤波电路；C_1、C_2 和 L_1 构成 T 形输入滤波匹配网络，调节 C_1 和 C_2 使放大器的输入阻抗在工作频率上变换为前级所要求的 50 Ω 匹配电阻；L_2、C_3 和 C_4 组成 L 形输出滤波匹配网络，调节 C_3 和 C_4 使 50 Ω 的外接负载电阻在工作频率上变换为放大器所要求的匹配电阻。

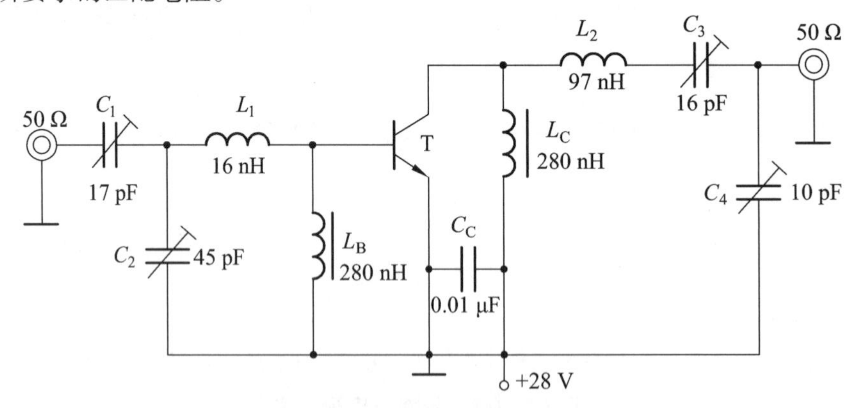

图 2.1.33　160MHz 谐振功率放大器

小功率等幅波发射机采用 12 V 直流电源供电，工作频率为 1.2 MHz，对于 50 Ω 负载电

阻（天线），发射功率可达到 500 mW。其组成框图如图 2.2.1 所示，主要由本机振荡器、缓冲放大级、谐振功率放大器三部分组成。各组成部分的作用和要求如下：

本机振荡器是 *LC* 正弦波振荡器，用来产生频率为 1.2 MHz 的高频振荡信号。由于整个发射机的频率稳定度由它决定，因此要求其有较高的频率稳定度，同时也有一定的振荡功率（或电压），且其输出波形失真要小。

缓冲放大级将本机振荡器与功率放大级进行隔离，以减小功率放大级对振荡器的影响。因为功率放大级输出信号较大，工作状态的变化会影响振荡器的频率稳定度，或波形失真，或输出电压减小。为减小级间相互影响，通常在中间插入缓冲隔离级。缓冲隔离级通常采用射级输出器电路。

功率放大级将从缓冲放大器送来的信号进行高效率功率放大，以输出足够大的功率供给负载（天线）。功率放大级应设有输出滤波匹配网络。由于功率放大级往往工作于效率高的丙类工作状态，其输出波形不可避免产生了失真，为滤除谐波，输出网络应有滤波性能。另外，输出网络还应在负载（天线）与功率放大级之间实现阻抗匹配。

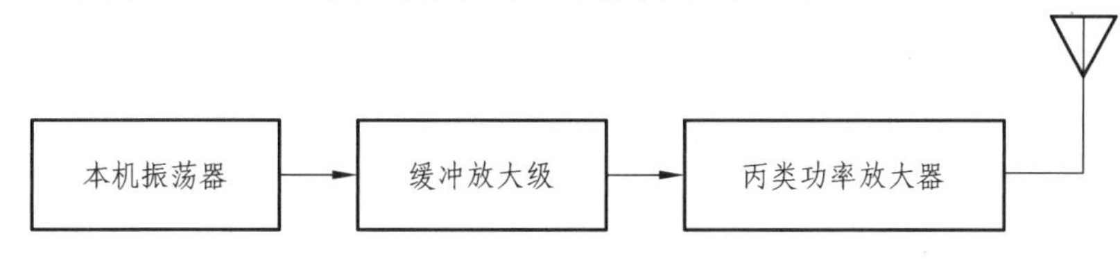

图 2.2.1　小功率等幅波发射机组成框图

一、工作任务电路分析

（一）电路结构

小功率等幅波发射机的制作电路如图 2.2.2 所示，由 *LC* 三点式振荡器、缓冲放大器、丙类谐振功率放大器组成。振荡器产生的高频等幅正弦波，通过缓冲级隔离后，送入谐振功率放大器进行高效率功率放大，以输出足够大的功率供给负载（天线）。

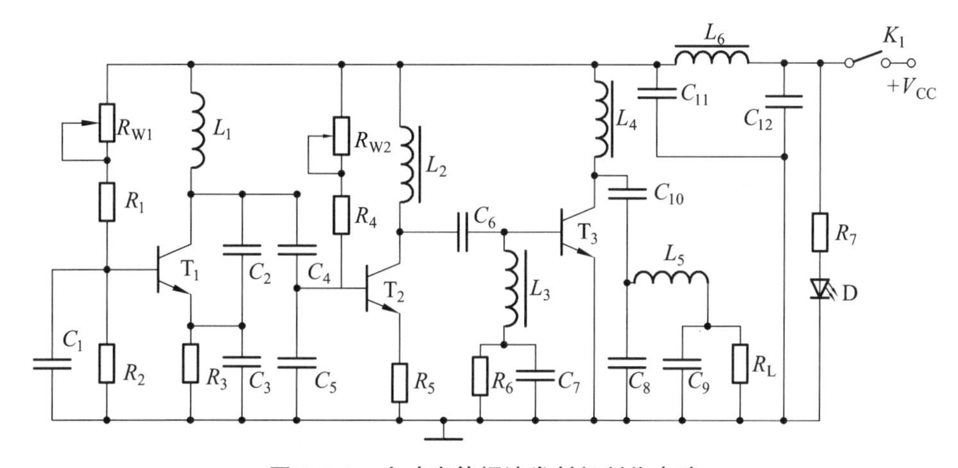

图 2.2.2　小功率等幅波发射机制作电路

（二）电路参数计算

1. 匹配电路的选择

选定电路临界工作状态时，$P_{omax} = 0.5$ W>$2P_o$。再考虑匹配电路的传输效率，设定晶体管最大输出功率 $P_o = 0.5$ W，临界时

$$U_{Cmax} = V_{CC} - U_{ces} = (12-1)\ \text{V} = 11\ \text{V} \quad （取\ U_{ces} = 1\ \text{V}）$$

则

$$R_e = \frac{U_{cm}^2}{2P_{omax}} = 100\ \Omega$$

由于负载电阻 $R_L = 50\ \Omega$，谐振电阻 $R_e = 100\ \Omega$，所以需要采用匹配电路，将 R_L 转换为晶体管所需的负载 R_e。匹配电路还应具有滤波作用。选用匹配电路形式如图 2.2.3 所示。

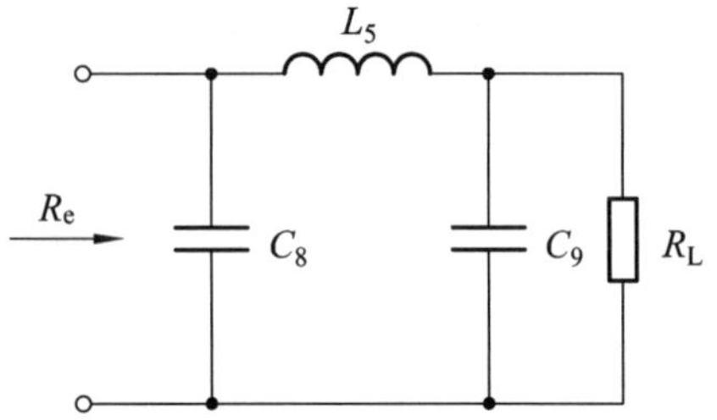

网络参数计算公式如下

$$C_8 = \frac{Q_{e1}}{\omega_0 R_e} \tag{2.2.1}$$

$$C_9 = \frac{Q_{e2}}{\omega_0 R_L} \tag{2.2.2}$$

$$L = \frac{R_e(Q_{e1}+Q_{e2})}{\omega_0(1+Q_{e1}^2)} \tag{2.2.3}$$

图 2.2.3　匹配电路

任务要求工作频率为 $f_o = 1.2$ MHz，$R_L = 50\ \Omega$，$R_e = 100\ \Omega$。选 $Q_{e1} = 2$，则有

$$Q_{e2} = \sqrt{(1+Q_{e1}^2)\frac{R_L}{R_e} - 1} \tag{2.2.4}$$

$$Q_{e2} = \sqrt{(1+Q_{e1}^2)\frac{R_L}{R_e} - 1} = \sqrt{(1+2^2)\frac{50}{100} - 1} = 1.5$$

$$C_8 = \frac{Q_{e1}}{\omega_0 R_e} = \frac{2}{2\pi \times 1.2 \times 10^6 \times 100}\ \text{F} = 2\ 653.93\ \text{pF}$$

$$C_9 = \frac{Q_{e2}}{\omega_0 R_L} = \frac{1.5}{2\pi \times 1.2 \times 10^6 \times 50}\ \text{F} = 3\ 980.89\ \text{pF}$$

$$L_5 = \frac{R_e(Q_{e1}+Q_{e2})}{\omega_0(1+Q_{e1}^2)} = \frac{100(2+1.5)}{2\pi \times 1.2 \times 10^6(1+2^2)}\ \text{H} = 9.29\ \mu\text{H}$$

所以，$C_8 = 2\ 653.93$ pF（因 2 653.93 pF 为非标称容量，工程实际取值大于 2 653.93 pF，取 2 700 pF），$C_9 = 3\ 980.89$ pF（因 3 980.89 pF 为非标称容量，工程实际取值大于 3 980.89 pF，取 4 000 pF），$L_5 = 9.29$ μH（因 9.29 μH 为非标称量，工程实际取值大于 9.29 μH，取 10 μH）。

2. 馈电电路的选择

由于集电极电流是脉冲形状，包括直流、基频及各次谐波分量，所以集电极馈电电路除

了应有效地将直流电压加在晶体管的集电极与发射极之间外，还应使基频分量流过负载回路产生输出功率，同时有效地滤除高次谐波分量。

该电路采用并联馈电电路，交流通路与直流通路相分开。L、C不处于高频电位，它们对地的分布电容直接影响回路的谐振频率，但回路处于直流地电位，L、C元件可接地，故安装、调整方便。在本电路中L_4扼流圈选 4.7 mH 或 5.6 mH 均可。

3. 功放电路的选择

η_C若按 60%计算，则临界时，$P_o=\frac{1}{2}I_{c1m}^2\times R_e$，输出功率$P_{omax}\geqslant 0.25\ \text{W}$，分析计算选取$P_o=0.5\ \text{W}$，则有

$$P_C=\frac{1-\eta_C}{\eta_C}P_{omax}=\frac{1-0.6}{0.6}\times 0.5\ \text{W}=0.33\ \text{W}=333\ \text{mW}$$

功放管极限参数分析计算为

$$I_{c1m}=\sqrt{\frac{2P_o}{R_e}}=\sqrt{\frac{2\times 0.5}{100}}\ \text{A}=10\ \text{mA}$$

$$I_{C0}=\frac{P_{DC}}{V_{CC}}=\frac{P_C+P_o}{V_{CC}}=\frac{0.33+0.5}{12}\ \text{A}=69\ \text{mA}$$

为使功放三极管可靠工作，工程计算一般留 1.5～3 倍余量，选取 $I_{cmax}=2I_{C0}=138\ \text{mA}$。取$\beta=50$，则

$$I_{bmax}=\frac{I_{cmax}}{\beta}=\frac{138\times 10^{-3}}{50}\ \text{A}=2.76\ \text{mA}$$

$$U_{CEmax}=2V_{CC}=24\ \text{V}$$

选用高频三极管 3DG12C，其极限参数为$f_T=300\ \text{MHz}$，$P_{CM}=700\ \text{mW}$，$I_{CM}=300\ \text{mA}$，$BU_{CEO}>30\text{V}$。根据工程应用经验，R_6取值为 50 Ω，C_7取值为 10 nF，L_3取值为 100 μH。

4. 缓冲放大级的计算

缓冲放大级参考电路如图 2.2.4 所示，晶体管的静态工作点应选在交流负载线的中点。在工程近似计算中，一般取晶体管 1 V 的饱和压降，取 $U_{CEQ}=7\ \text{V}$。为得到一定的跟随范围，减小失真，可取静态工作点电流 $I_{CQ}=6\ \text{mA}$，则

$$R_5=\frac{V_{CC}-U_{CEQ}}{I_{CQ}}=\frac{12-7}{6\times 10^{-3}}\ \Omega=0.83\ \text{k}\Omega$$

工程实际取值大于 0.83 kΩ，取 1 kΩ。为便于调节，基极偏置电阻采用电位器 R_{W2}、R_4组合而成。

$$R_{W2}+R_4=\frac{V_{CC}-V_{EQ}}{I_{BQ}} \tag{2.2.5}$$

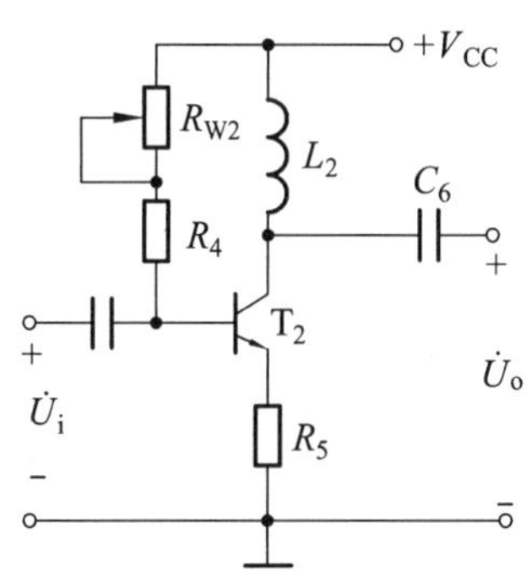

图 2.2.4　缓冲放大级参考电路

$$I_{BQ}=\frac{I_{CQ}}{\beta} \tag{2.2.6}$$

T_2选用高频三极管 9018，其极限参数为：$f_T = 600$ MHz，$P_{CM} = 200$ mW，$I_{CM} = 20$ mA，$BU_{CEO} > 30$ V，$\beta = 50 \sim 200$。工程计算取$\beta = 100$，则

$$I_{BQ}=\frac{I_{CQ}}{\beta}=\frac{6\times10^{-3}}{100}\ \text{A}=60\ \mu\text{A}$$

$$R_{W2}+R_4=\frac{V_{CC}-V_{EQ}}{I_{BQ}}=\frac{U_{CE}}{I_{BQ}}=\frac{7}{60\times10^{-6}}\ \Omega=116\ \text{k}\Omega$$

工程实际取值$R_4 = 90\ \text{k}\Omega$，$R_{W2} = 30\ \text{k}\Omega$。

5. 主振级的计算

主振级采用简单的电容三点式振荡电路，其原理电路如图 2.2.5 所示。图中，C_1为交流旁路电容，故晶体管 T_1 的基极交流接地，该电路可看成共基电路和反馈网络组成；C_4、C_5 构成分压电路，提供降压输出，减小了负载对振荡电路的影响。

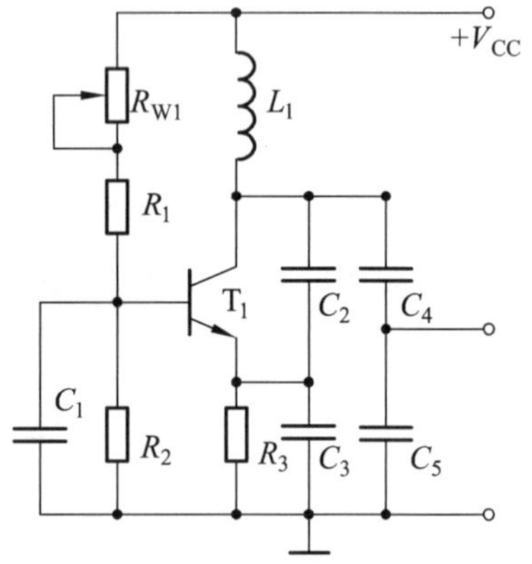

图 2.2.5 电容三点式振荡电路

主振级是小功率振荡管，选择一般小功率高频管即可。但从稳频和起振的角度出发，应选特征频率 f_T 较高的晶体管，因为 f_T 高，高频性能好，晶体管内部相移小，有利于稳频；在高频工作时，振荡器也因具有足够的增益而易于起振。通常 $f_T > (3\sim10)f_0$。另外，应选电流放大倍数β较大的晶体管，β大，易起振。为此，可选 3DG6、3DG8、9018 等常用的高频小功率管。本电路选取 9018 三极管。

振荡管的静态工作点电流对振荡器工作的稳定性及波形有较大的影响，因此，应合理选择工作点。振荡器振荡幅度稳定后，常工作在非线性区域，晶体管必然出现饱和与截止情况，晶体管在饱和时输出阻抗低，它并联在 LC 回路上使 Q 值大为降低，降低频率稳定度，波形也会失真，所以应把工作点选在偏向截止区一边，故工作点电流不能过大，应选小些。通常对于小功率振荡器，工作点电流应选 $I_{CQ} = 1 \sim 4$ mA。I_{CQ} 偏大，可使振荡幅度增加一些，但对其他指标不利，通常取 $I_{CQ} = 1$ mA，$R_3 = 2\ \text{k}\Omega$。

基极偏置电阻的确定：

取$I_1 = (5\sim10)I_{BQ}$，为便于计算，工程选取$\beta = 100$，则

$$R_2=\frac{U_{EQ}+U_{BEQ}}{I_1}=\frac{1\times10^{-3}\times2\times10^{3}+0.7}{(5\sim10)I_{CQ}/\beta}\ \Omega=54\ \text{k}\Omega$$

因 54 kΩ 为非标称阻值，工程实际取$R_2 = 56\ \text{k}\Omega$。

$$R_1+R_{W1}=\frac{V_{CC}-U_{BQ}}{I_1}=\frac{12-(0.7+2)}{(5\sim10)I_{CQ}/\beta}\ \Omega=186\ \text{k}\Omega$$

工程实际取 $R_1 = 150\ \text{k}\Omega$， $R_{W1} = 50\ \text{k}\Omega$ 。

振荡电路参数计算与选取：

为了便于参数计算，工程实际中电感一般选择 $L_1 = 10 \sim 12\ \mu\text{H}$，在本任务中取 $L_1 = 10\ \mu\text{H}$ 。振荡角频率为

$$\omega_0 = \frac{1}{\sqrt{LC_\Sigma}} \tag{2.2.7}$$

式中，等效电容 C_Σ 为

$$C_\Sigma = \frac{C_2C_3}{C_2+C_3} + \frac{C_4C_3}{C_4+C_3} \tag{2.2.8}$$

选反馈系数 $F = 1$，则 $C_2 = C_3$，取值为 510 pF，即 $C_2 = C_3 = 510$ pF。代入式（2.2.8），可得 $C_4 = 183$ pF。工程实际中选取 $C_4 = 180$ pF。

取输出接入系数 $p = \dfrac{C_4}{C_5 + C_4} = \dfrac{1}{3}$，则 $C_5 = 3C_4 - C_4 = (3\times180-180)\ \text{pF} = 360\ \text{pF}$ 。

C_1 为交流旁路电容，工程实际中选取 $C_1 = 0.1\ \mu$F。

6. 电源辅助电路参数选取

为增强电路工作的可靠性与稳定性，减小电路干扰，在电源 V_{CC} 上加入退耦滤波电路。该电路由 C_{12}、C_{11}、L_6 组成。根据工程经验，选取 $C_{12} = 10\ \mu$F、$C_{11} = 0.1\ \mu$F、$L_6 = 10\ \mu$H。

R_7、D 构成电源指示电路，选取 $R_7 = 1\ \text{k}\Omega$，D 为红色 $\phi3$ 发光二级管。K_1 为电源开关，搭建电路时可选用波段开关。

二、元器件参数及功能

根据小信号等幅波发射机的制作电路要求，电路元器件参数及功能如表 2.2.1 所示。

表 2.2.1　小功率等幅波发射机电路元器件参数及功能

序号	元器件代号	名称	型号及参数	功能
1	T_1	振荡三极管	9018	LC 电容三点式振荡器
2	R_{W1}	3296 精密电位器	1/8 W-50 kΩ	
3	R_1	碳膜电阻	1/8 W-150 kΩ	
4	R_2	碳膜电阻	1/8 W-56 kΩ	
5	R_3	碳膜电阻	1/8 W-2 kΩ	
6	L_1	空心电感	10 μH	
7	C_1	交流旁路电容	独石电容-0.1 μF	
8	C_2	高频电容器	高频瓷介-510 pF	
9	C_3	高频电容器	高频瓷介-510 pF	
10	C_4	高频电容器	高频瓷介-180 pF	

续表 2.2.1

序号	元器件代号	名称	型号及参数	功能
11	C_5	高频电容器	高频瓷介-360 pF	
12	T_2	缓冲放大管	9018	缓冲放大器静态偏置及其输出耦合
13	R_4	碳膜电阻	1/8 W-90 kΩ	
14	R_5	碳膜电阻	1/8 W-1 kΩ	
15	R_{W2}	电位器	碳膜电位器-30 kΩ	
16	C_6	电容器	独石电容-10 nF	
17	T_3	丙类功放三极管	3DG12C	丙类功放基极自偏压电路
18	L_3	电感器	自制，空心电感-100 μH	
19	C_7	电容器	独石电容-10 nF	
20	R_6	碳膜电阻	1/8 W-50 Ω	
21	L_4	扼流圈	自制，空心电感-5.6 mH	丙类功放集电极馈电电路
22	C_{10}	电容器	独石电容-10 nF	丙类功放输出耦合电容器
23	C_8	电容器	高频瓷介-2 700 pF	滤波电容、匹配网络
24	C_9	电容器	高频瓷介-4 000 pF	
25	L_5	线圈	10 μH	
26	L_6	电感	10 μH	电源退耦滤波
27	C_{11}	滤波电容器	独石电容-0.1 μF	
28	C_{12}	滤波电容器	电解电容-10 μF	
29	R_7	限流电阻	1/8 W-1kΩ	电源指示灯及电源开关
30	D	发光二极管	ϕ3 红	
31	K_1	电源开关	波段开关	

情境实施

小信号等幅波发射机制作电路如图 2.2.2 所示，制作实施过程主要包括电路安装、电路调试与测试、故障分析与排除等环节。

一、电路安装

（一）电路装配准备

1. 电路板设计与制作

利用 EDA 应用软件完成原理图的绘制及 PCB 的设计，在印刷电路板制作室完成 PCB 后期制作。

2. 装配工具与仪器设备

焊接工具：电烙铁、烙铁架、焊锡丝、松香。
加工工具：剪刀、剥线钳、尖嘴钳、螺丝刀、剪刀、镊子等。
仪器仪表：万用表、示波器等。

3. 元器件识别与检测

（1）电位器

电位器的内部结构与外形如图 2.3.1 所示。电位器的标称阻值是指两固定端间的阻值，任一定端和动端间的阻值可在标称阻值间连续可调。电位器有 E12、E6 系列，允许偏差有 ±20%、±10%、±5%、±2%、±1%、±0.1%等。

将万用表打到合适挡位，用两表笔接在两定端，观察阻值是否与标称值一致。若一致，再将其中一表笔接于动片，另一表笔仍在定端，慢慢旋转转轴或滑动动片，观察表头读数是否连续均匀变化，若出现跳跃变化或无穷大，电位器损坏。带开关的电位器还要检测开关好坏。

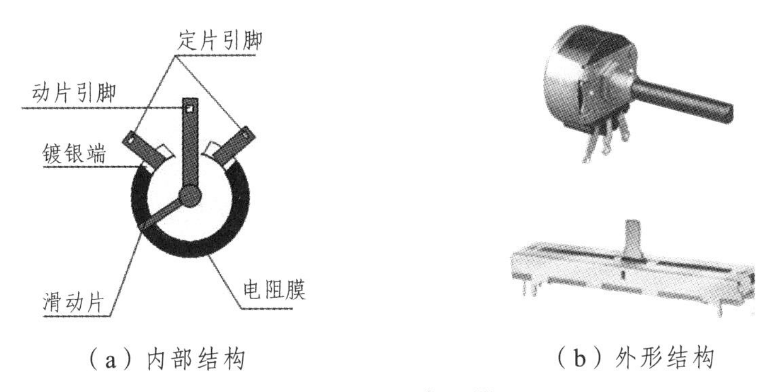

（a）内部结构　　（b）外形结构

图 2.3.1　电位器

（2）发射天线线圈的制作

用ϕ0.4 ~ 0.6 mm 漆包线在圆珠笔芯上绕 6 圈脱胎而成。空心线圈电感量的计算公式为

$$L=(0.08D^2N^2)/(3D+9W+10H)$$

式中　D——线圈直径，mm；
N——线圈匝数；
d——线径，mm；
H——线圈高度，mm；
W——线圈宽度，mm；
L——电感，mH。

（二）整机装配

1. 电路的装配与焊接

将经检验合格的元器件安装在电路板上，按照焊接工艺要求，完成电路元器件的焊接。

装配时应注意：

① 电阻器、二极管（发光二极管除外）均采用水平安装，并紧贴电路板，色环电阻的标志顺序方向应一致。

② 电容器、发光二极管和三极管采用垂直安装方式，底部距电路板 5 mm。

③ 发光二极管和三极管的引脚功能不同，安装焊接时不要搞错。

④ 电感线圈应采用水平安装，并保持线圈长度和形状不变，以免电感量误差过大。

⑤ 连接电池卡子时，将红色的绝缘导线焊牢在正极卡子上，将黑色的绝缘导线焊牢在负极卡子上。

⑥ 天线是一段绝缘导线，将其一端穿过电路板元件面的小孔后，焊牢在相应位置，另一端悬空。

2. 电路板的自检

检查焊接是否可靠，元器件有无错焊、漏焊、虚焊、短路等现象，元器件引脚留头长度是否小于 1 mm。

二、电路调试与测试

电路调试采用逐级分离检测法，电路的性能指标或功能的测试方法如下：

1. 主振级电路

依照图 2.2.2 所示电路安装完后，在输出端引出信号，接入示波器，观测是否有信号输出，并调节静态工作点，使输出波形达到最大且不失真，最后观测电路是否容易起振。

2. 缓冲级电路

依照图 2.2.2 所示电路安装完后，从信号发生器引出 1.2 MHz 的波形输入电路，观测输出波形并调节基极分压电阻，使输出波形最大且不失真。

3. 功放级电路

依照图 2.2.2 所示电路安装完后，从信号发生器引出 1.2 MHz 的波形输入电路，观测输出波形并调节基极自偏压供电电路参数，使输出波形最大且不失真。

4. 整个系统

待接好整个系统后，初步观测整个系统的工作状况。之后仅将主振级与缓冲级相连，用示波器观测主振级输出与缓冲级输出，合理选择级间耦合电容。再将主振级、缓冲级、功放级都连接起来，用示波器观测各级的输出，调节各级电位器，使输出波形达到最大且不失真。

三、故障分析与排除

在电路调试过程中，若电路出现故障，不能正常工作，则需要进行故障检查。故障检查时，要仔细观察故障现象，依据电路工作原理或通过测试仪器仪表分析故障原因，找出故障点，并加以排除。

注意仔细检查电路装配是否正确，有无焊接故障，包括错焊、漏焊、虚焊等。检查时可分块检查，例如，按照“电源电路→振荡电路→缓冲电路→功放电路”的顺序，逐一检查，直到排除故障为止。

情境评价

一、展示评价

展示评价内容包括：

① 小组展示制作产品；

② 教师根据小组展示汇报整体情况进行小组评价；

③ 在学生展示汇报中，教师可针对小组成员分工对个别成员进行提问，给出个人评价；

④ 组内成员自评与互评；

⑤ 评选制作之星。

学生的学习过程评价如表 2.4.1 所示。

表 2.4.1　学习情境 2 学习过程评价表

序号	评价指标	评价方式	评价标准		
			优	良	及格
1	资讯 （15%）	教师评价	积极主动查阅任务单、熟悉引导文，能正确分析工作任务电路，熟练运用知识解决任务中的问题	会查阅任务单，能借助引导文分析工作任务电路，基本能运用知识解决任务中的问题	查阅任务单和引导文，基本能分析工作任务电路，但运用知识解决任务中问题的效果不理想
2	决策 （15%）	教师评价+小组互评	能详细列出元器件、工具、耗材、仪表清单，制订详细的安装制作流程与测试步骤	能详细列出元器件、工具、耗材、仪表清单，制订基本的安装制作流程与测试步骤	能详细列出元器件、工具、耗材、仪表清单，制订大致的安装制作流程与测试步骤
3	实施 （30%）	教师评价+小组互评	正确操作相应仪器、工具，记录完整正确，产品制作质量好，圆满完成所有测试项目	正确操作相应仪器、工具等，书面记录较正确，产品制作质量好，完成所有测试项目	无重大操作损失，产品质量基本满足要求，完成部分测试项目

续表 2.4.1

<table>
<tr><th rowspan="2">序号</th><th rowspan="2" colspan="3">评价指标</th><th rowspan="2" colspan="2">评价方式</th><th colspan="5">评价标准</th></tr>
<tr><th colspan="2">优</th><th colspan="2">良</th><th>及格</th></tr>
<tr><td>4</td><td colspan="3">报告
（10%）</td><td colspan="2">教师评价</td><td colspan="2">格式标准，有完整详细的任务分析、实施、总结过程，并能提出一些新的建议</td><td colspan="2">格式标准，有完整的任务分析、实施、总结过程</td><td>格式基本符合标准，任务分析、实施、总结过程记录基本完整</td></tr>
<tr><td rowspan="4">5</td><td rowspan="4">职业素质</td><td colspan="2">职业操守
（10%）</td><td colspan="2">教师评价+自评+互评</td><td colspan="2">安全、文明、环保</td><td colspan="2">安全、文明</td><td>没出现违纪现象</td></tr>
<tr><td colspan="2">学习态度
（10%）</td><td colspan="2">教师评价</td><td colspan="2">善于思考、善于发现学习中的问题和困难</td><td colspan="2">学习积极性高</td><td>没有厌学现象</td></tr>
<tr><td colspan="2">团队协作
（5%）</td><td colspan="2">互评</td><td colspan="2">主动与人合作，对工作实施中的问题和困难与人协商解决</td><td colspan="2">能配合小组其他成员开展工作</td><td>与小组其他成员配合不理想</td></tr>
<tr><td colspan="2">语言表达
（5%）</td><td colspan="2">互评+教师评价</td><td colspan="2">能阐述工作任务，条理清楚，逻辑清晰</td><td colspan="2">能表达自己的观点</td><td>表达能力一般</td></tr>
<tr><td colspan="2">班级</td><td></td><td>姓名</td><td></td><td>成绩</td><td></td><td>教师签名</td><td></td><td>时间</td><td></td></tr>
</table>

二、资料归档

在完成情景任务后，需要撰写技术文档，技术文档中应包括：① 产品功能说明；② 电路整体结构图及其电路分析；③ 元器件清单；④ 装配线路板图；⑤ 装配工具、测试仪器仪表；⑥ 电路制作工艺流程说明；⑦ 测试结果；⑧ 总结。

技术文档的撰写必须符合国家相关标准要求。

总结提高

一、情景总结

通过小功率等幅波发射机的制作训练，学习了振荡电路和丙类功率放大器的基本知识。

1. 振荡器的分类及其组成

正弦波振荡器用于产生一定频率和幅度的正弦波信号。按照工作原理的不同可分为反馈振荡器和负阻振荡器，按照选频网络的不同可分为 *LC* 振荡器、*RC* 振荡器和石英晶体振荡器。一个反馈振荡器应由基本放大器、反馈网络和选频网络组成，为了稳定输出信号，有的振荡器还包含了稳幅环节。

2. 反馈型振荡器振荡条件

振荡的相位平衡条件是$\varphi_{\mathrm{A}}+\varphi_{\mathrm{F}}=2n\pi$（$n=0,1,2,\cdots$），利用相位平衡条件可以确定振荡频率；振幅平衡条件是$\left|\dot{A}\dot{F}\right|=1$，利用振幅平衡条件可以确定振荡器输出信号的幅度；振荡的起振条件为$\left|\dot{A}\dot{F}\right|>1$，$\varphi_{\mathrm{A}}+\varphi_{\mathrm{F}}=2n\pi$（$n=0,1,2,\cdots$）。

3. *LC* 正弦波振荡器

选频网络采用*LC*谐振回路的反馈式正弦波振荡器称为*LC*正弦波振荡器，简称*LC*振荡器，常用于产生几十千赫兹到一千兆赫兹的高频信号。按照反馈耦合网络的不同，*LC*振荡器可分为变压器反馈式振荡器和三点式振荡器。三点式振荡器有电感三点式和电容三点式两种基本电路形式。

4. 石英晶体振荡器

石英晶体振荡器是用石英晶体谐振器作为选频网络构成的振荡器，其振荡频率的准确性和稳定性较高。石英晶体振荡器有两类：一类是作为高Q电感元件与电路中的其他元件并联构成谐振回路，称为并联型晶体振荡器；另一类是工作在石英晶体的串联谐振频率上，作为高选择性短路元件，称为串联型晶体振荡器。

5. 丙类谐振功率放大器的功率关系

高频功率放大电路主要用于发射机的末级和中间级。高频功率放大器一般采用谐振网络作为负载，故也称谐振功率放大器，为了提高效率，工作在丙类状态。

输出功率

$$P_{\mathrm{o}}=\frac{1}{2}U_{\mathrm{cm}}I_{\mathrm{c1m}}=\frac{1}{2}I_{\mathrm{c1m}}^{2}R_{\mathrm{e}}=\frac{1}{2}\frac{U_{\mathrm{cm}}^{2}}{Re}$$

集电极直流电源提供功率

$$P_{\mathrm{DC}}=V_{\mathrm{CC}}I_{\mathrm{C0}}$$

集电极耗散功率

$$P_{\mathrm{C}}=P_{\mathrm{DC}}-P_{\mathrm{o}}$$

放大器集电极效率

$$\eta_{\mathrm{C}}=\frac{P_{\mathrm{o}}}{P_{\mathrm{DC}}}=\frac{1}{2}\frac{U_{\mathrm{cm}}}{V_{\mathrm{CC}}}\frac{I_{\mathrm{c1m}}}{I_{C0}}=\frac{1}{2}\xi g_{1}(\theta)$$

6. 丙类谐振功率放大器的特性

丙类谐振功率放大器有欠压、临界和过压三种工作状态。所谓欠压状态是指功放管导通后，工作点均处于放大区时放大器的工作状态；所谓临界状态是指功放管导通时，工作点达到临界饱和时放大器的工作状态；所谓过压状态是指功放管导通后，工作点进入饱和区时放大器的工作状态。

当放大器处于临界状态时，放大器输出功率最大，效率比较高；要实现基极调幅作用应工作在欠压状态，要实现集电极调幅作用应工作在过压状态；谐振功放作为线性功率放大器，必须工作在欠压状态，在过压状态时，可作为振幅限幅器。

7. 丙类谐振功率放大器电路

丙类谐振功率放大器电路由功率管直流馈电电路与滤波匹配网络组成。

直流馈电电路是指把直流电源馈送到功放管各极的电路，其作用是为功放管基极提供适当的偏压，为集电极提供电压源。它包括集电极馈电电路和基极馈电电路。无论是那一部分的馈电电路，都有串联馈电和并联馈电两种方式。

滤波匹配网络是指为了与前级放大器和后级实际负载相匹配，而在谐振功率放大器输入和输出端所接入的耦合电路。接于放大器输入端的耦合电路，称为输入滤波匹配网络；接于末级放大器与实际负载之间的耦合电路，称为输出滤波匹配网络。

输入滤波匹配网络的作用是把放大器的输入阻抗变换为前级信号源所需的负载阻抗，使电路从前级信号源获得最大的激励功率。

对输出滤波匹配网络的主要要求是具有较强的滤波能力、能进行有效的阻抗变换和具有较高的回路效率。

二、拓展学习

（一）振荡器的平衡稳定条件

振荡器产生等幅定频输出仅满足起振条件和平衡条件还不够，由于振荡器的工作环境是在变化的，当平衡条件受到破坏时就需要引入稳定环节，实现等幅定频输出。

稳定条件有两个，一个是幅度稳定条件，另一个是相位稳定条件，或称频率稳定条件。

1. 振幅平衡稳定条件

振幅稳定条件是指振荡系统中由于扰动暂时破坏了振幅平衡条件 $AF=1$，当扰动离去后，振荡器能否自动稳定在原有的平衡点。振幅平衡稳定条件可用图解法来分析。如图 2.5.1 所示，图中画出了振荡器的振荡特性和反馈特性。所谓振荡特性，是指放大器的输出电压 U_o 与输入电压 U_i 的关系曲线；所谓反馈特性，是指反馈网络的输出电压 U_f 与放大器输出电压 U_o 的关系曲线。振荡特性曲线上各点所对应的输出 U_o 与输入电压 U_i 之比值为放大器的增益 A。U_i 较小时，放大器工作在线性区，振荡特性基本上线性的；U_i 较大时，放大器工作在非线性区，A 下降，振荡特性变为弯曲，而反馈网络一般由线性元件组成，反馈系数 F 为一常数，所以反馈特性为一直线。

由图 2.5.1 可见，振荡特性与反馈特性相交于 A 点，它表示输出电压产生的反馈电压 U_f 与维持输出电压所需的输入电压 U_i 大小相等，即 A 点振荡器的闭环回路传输系数 $AF=1$，所以 A 点为振荡器的平衡点。

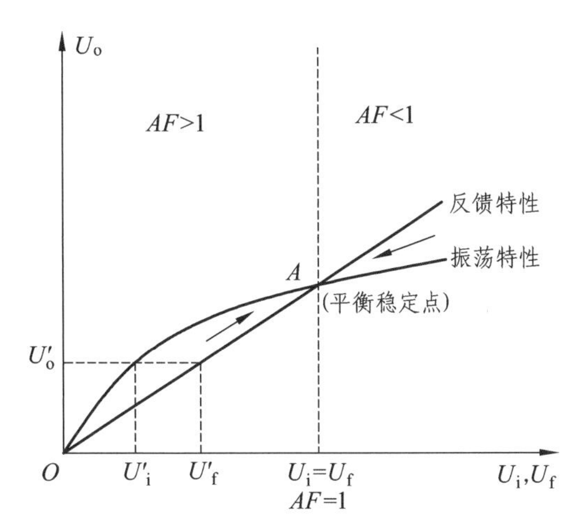

图 2.5.1 振荡器的振荡特性和反馈特性

当振荡器接通电源后，由于电路中电干扰，在放大器的输入端产生的输入电压 U'_i，经反馈产出反馈电压 U'_f。反馈电压 U'_f 大于输入电压 U'_i，电路满足 $AF=1$ 的起振条件。随着放大、反馈不断循环，U_o 不断增加，直到 A 点，振荡器进入平衡状态。在平衡点，假如 U_i 减小，经放大、反馈产生的 $U_f>U_i$，也就是 $AF>1$，再放大，再反馈，逐步回到 A 点，再次平衡；同理，当 U_i 增加，经放大、反馈产生的 $U_f<U_i$，即 $AF<1$，再经放大、反馈也将回到 A 点。可见 A 既是平衡点又是稳定点，称为稳定平衡点。由此可得平衡振幅稳定条件为：AF 对 U_i 的变化率为负值，即

$$\left.\frac{\partial AF}{\partial U_i}\right|_A<0 \tag{2.5.1}$$

通常反馈系数 F 为常数，所以式（2.5.1）可以简化为

$$\left.\frac{\partial A}{\partial U_i}\right|_A<0 \tag{2.5.2}$$

可见，振幅的稳定条件是靠放大器的非线性来实现的。当输入电压 U_i 减小时，三极管进入非线性区减少，A 增加；反之，输入电压 U_i 增加时，三极管将更进入非线性区，A 减少。所以，放大器增益 A 随振荡幅度的变化率为负值，其绝对值越大，振幅稳定性越好。

在实际电路中，常有两种方法实现振荡器的稳幅。一种称为内稳幅，是利用放大器的固有非线性的放大特性和自给偏压效应来实现稳幅；另一种称为外稳幅，是放大器工作在线性状态，而另外在振荡环路中插入非线性环节来实现稳幅。

2. 相位平衡稳定条件

相位平衡稳定条件是指相位平衡遭到破坏后，电路本身能重新建立起相位平衡条件。可以证明，要使振荡电路具有相位稳定条件，振荡电路必须能够在振荡频率发生变化时，产生一个新的、相反的相位变化，用以抵消由外界引起的相位变化。所以，振荡相位平衡稳定的条件为：相位对频率的变化率为负值，即

$$\left.\frac{\partial \varphi}{\partial f}\right|_{f0A}<0 \tag{2.5.3}$$

对于反馈式正弦波振荡器，其相位平衡稳定条件一般能满足。

（二）振荡频率的准确度和稳定度

一个振荡器除了它的输出信号要满足一定的频率和幅度外，还必须保证输出信号频率和幅度的稳定性，其中频率准确度和稳定度尤为重要。

1. 频率的准确度

频率的准确度又称频率精度，是指振荡器在规定的条件下，实际振荡频率 f 与要求的标称频率 f_0 之间的偏差（或频率误差，简称频差）。即

$$\Delta f = f - f_0 \tag{2.5.4}$$

式中，Δf 称为绝对频率准确度频（或绝对频差）。

振荡频率准确度也可用相对值来表示，即

$$\frac{\Delta f}{f_0} = \frac{f - f_0}{f_0} \tag{2.5.5}$$

式中，$\Delta f / f_0$ 称为相对频率准确度频（或相对频差）。

2. 频率的稳定度

频率的稳定度反映振荡器实际振荡频率偏离其标称频率的程度，它是指在一段时间内，振荡频率相对变化量的最大值，即频率稳定度可表示为

$$\frac{(\Delta f)_{max}}{f_0}/\text{时间间隔} \tag{2.5.6}$$

按经过时间的长短不同，频率稳定度可分为三种，一是长期频稳度，它是指一天以上乃至几个月内频率相对变化量，因元器件老化而引起；二是短期频稳度，它是指一天内频率相对变化量，因温度、电源电压等外界因素变化而引起；三是瞬时频稳度，它是指一秒或一毫秒时间间隔内频率相对变化量，由电路内部噪声引起。

提高频率稳定度的措施如下：

（1）提高振荡回路的标准性

提高回路电感和电容的标准性，主要影响因素是温度及温度的改变，导致电感、电容值改变。解决措施有：采用温度系数较小的电感和电容；用负温度系数的电容补偿正温度系数的电感的变化；将振荡器放在恒温槽中。

（2）提高回路的品质因数

Q 值越大，$\left|\frac{\partial \varphi_L}{\partial \omega}\right|$ 值越大，其相位稳定性越好。

（3）减少晶体管的影响

晶体管存在极间电容，在高频状态时，对电路性能影响较大，使电路可靠性与稳定性变差。解决措施是：尽可能减少晶体管和回路之间的耦合；选择 f_T 较高的晶体管，f_T 越高，晶

体管内部相移越小，高频性能越好，可以保证在工作频率范围内均有较高的跨导，电路易于起振。在选取时一般满足 $f_T>(3\sim10)f_{max}$。

（4）减少电源、负载等的影响

电源电压的波动，会使晶体管的工作点发生变化，从而改变晶体管的参数，降低频率稳定度。解决措施：振荡器电源应采取必要的稳压措施，加强电源滤波。

负载电阻并联在回路的两端，降低回路的品质因数，从而使振荡器的频率稳定度下降。解决措施：减小负载对回路的耦合。

（三）传输线变压器

随着通信技术的日益发展，功率合成与功率分配技术被应用到功率放大器中。在发射设备的各功率级，特别是中间级甚至末前级，都采用宽频带高频功率放大器，它不用调谐回路，这在中小功率级的功放中是很适用的。在大功率设备中，用宽带功放作为推动级同样也能节省调谐时间。

高频宽带功率放大器也称非谐振功率放大器，放大器的负载不是调谐回路，而是宽频带变压器。宽带变压器有以下两种。

① 高频变压器。它采用铁氧体作为磁芯，可工作在短波波段，上限频率可达几十兆赫兹。

② 传输线变压器。这是一种将传输线原理与变压器原理相结合的高频匹配网络，这种传输线变压器的上限截止频率最高可达上千兆赫兹，频率覆盖系数，即 f_H/f_L 可高达 10 000（从几百兆赫兹至 1 000 兆赫兹范围内）。

1. 传输线变压器的结构

传输线变压器是一种特殊的变压器，在许多电子设备中被广泛采用。实际上它是将传输线绕在磁环上，所用磁环是由镍锌高磁导率（$\mu=100\sim400$）的铁氧体制成的。传输线可以采用同轴电缆，也可以采用双绞线或带状线。图 2.5.2 所示是最简单的传输线变压器，即 1∶1 反相传输线变压器结构图。

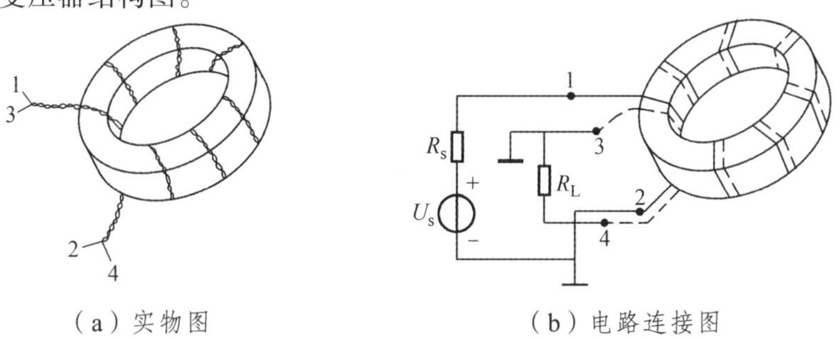

（a）实物图　　（b）电路连接图

图 2.5.2　传输线变压器及 1∶1 倒相器结构图

2. 阻抗变换电路

在用传输线变压器作阻抗变换时，由于受到结构上的限制，它只能完成某些特定阻抗比的转换，例如 4∶1、1∶4 等。图 2.5.3（a）和（b）所示分别是 R_i 与 R_L 的比值为 4∶1 和 1∶4

的阻抗变换电路。

对于图 2.5.3（a）所示电路，若设 R_L 上的电压为 U，信号源提供的电流为 I，则流过 R_L 的电流为 $2I$，信号源端呈现的电压为 $2U$。

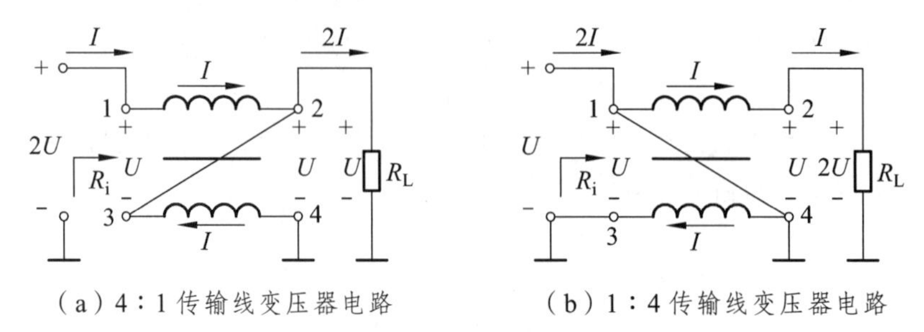

（a）4∶1 传输线变压器电路　　（b）1∶4 传输线变压器电路

图 2.5.3　阻抗变换电路

这使得信号源端呈现的输入阻抗为

$$R_i = \frac{2U}{I} = 4 \times \frac{U}{2I} = 4R_L \tag{2.5.7}$$

要求传输线的特性阻抗为

$$Z_C = \frac{U}{I} = 2 \times \frac{U}{2I} = 2R_L \tag{2.5.8}$$

对于图 2.5.3（b）所示电路，若设流过 R_L 的电流为 I，信号源端呈现的电压为 U，则在 R_L 上产生的电压为 $2U$，信号源提供的电流为 $2I$。因此，信号源端呈现的输入阻抗为

$$R_i = \frac{U}{2I} = \frac{1}{4} \times \frac{2U}{I} = \frac{1}{4} R_L \tag{2.5.9}$$

要求传输线的特性阻抗为

$$Z_C = \frac{U}{I} = \frac{1}{2} \times \frac{2U}{I} = \frac{1}{2} R_L \tag{2.5.10}$$

根据相同的工作原理，可以组成 9∶1、1∶9、16∶1 或者 1∶16 的传输线变压器电路。

三、练一练

1. 填　空

（1）反馈型正弦波振荡器的振荡频率由__________条件确定，振荡幅度由__________条件确定。

（2）反馈型正弦波振荡器的相位平衡条件是__________，振幅平衡条件是__________。

（3）石英晶体振荡器可分为__________和__________两种。

（4）根据选频网络的不同，LC 正弦波振荡器可以分为__________和__________。

（5）谐振功率放大器对滤波匹配网络的要求是__________、__________和良好的回路效率。

（6）谐振功率放大器电路由功率管__________和__________组成。

（7）谐振功率放大器滤波匹配网络的作用是__________和__________。

（8）谐振功率放大器通常工作在__________类，其导通角__________，故要求其基极偏压 V_{BB}__________；此类功率放大器的工作原理是当输入信号为余弦波时，其集电极电流为__________波，由于集电极负载的__________作用，输出的是与输入信号频率相同的__________波。

2. 选 择

（1）如图 2.5.4 所示电路是________振荡器电路。

（A）电感三点式

（B）电容三点式

（C）改进的电容三点式

（D）变压器耦合式

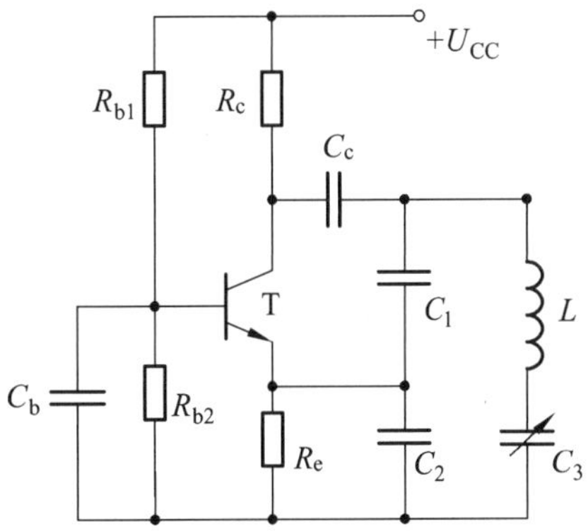

图 2.5.4 振荡器电路

（2）关于三点式振荡电路，下列说法正确的是__________。

（A）电感三点式振荡波形最好

（B）电容三点式改变频率最方便

（C）改进型电容三点式振荡频率稳定度最好

（3）正弦振荡器中选频网络的作用是__________。

（A）产生单一频率的正弦波

（B）提高输出信号的振幅

（C）保证电路起振

（4）石英晶体的串联谐振频率为 f_s，并联谐振频率为 f_p，其电抗等效为感性的频率范围是__________。

（A）$f<f_s$　　（B）$f_s<f<f_p$　　（C）$f_p<f$

（5）关于自激振荡电路，下列说法正确的是__________。

（A）LC 振荡器、RC 振荡器一定产生正弦波

（B）石英晶体振荡器不能产生正弦波

（C）电感三点式振荡器产生的正弦波失真较大

（D）电容三点式振荡器的振荡频率做不高。

（6）功率放大电路与电压放大电路的区别是__________。

（A）前者比后者电源电压高　　（B）前者比后者电压放大倍数大

（C）前者比后者效率高　　（D）前者比后者失真小

（7）谐振功率放大器主要用于无线通信系统的__________。

（A）发送设备　　（B）接收设备　　（C）发送设备和接收设备

（8）谐振功放工作在丙类的目的是提高放大器的__________。

（A）输出功率　　（B）效率　　（C）工作频率

3. 分析计算

（1）丙类谐振功率放大器如图 2.5.5 所示，已知 $V_{CC}=24$ V，$i_{Cmax}=1.2$ A，$\xi=0.9$，导通角 $\theta=70°$，$\alpha_1(70°)=0.44$，$\alpha_0(70°)=0.25$，求该功放的 η_C、P_o、P_{DC}。

（2）在丙类谐振功率放大器中，已知 $V_{CC}=24$ V，$\theta=70°$，$P_o=5$ W，$\xi=0.9$，$\alpha_0(70°)=0.25$，$\alpha_1(70°)=0.44$。试求：① 该功率放大器的 η_C、I_{CM}；② 谐振回路谐振电阻 R_p。

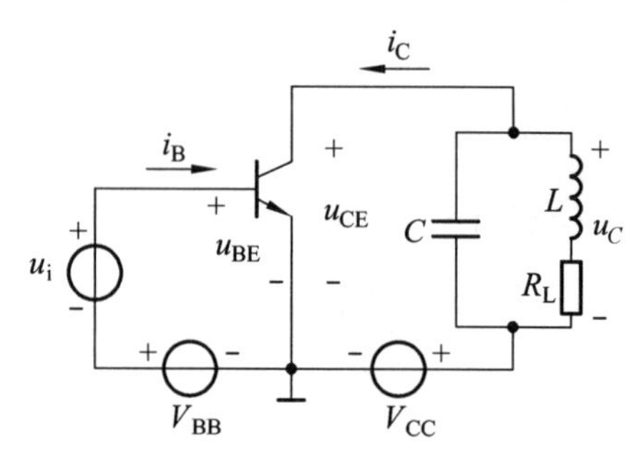

图 2.5.5　丙类谐振功率放大器

（3）在丙类谐振功率放大器中，已知 $V_{CC}=18$ V，导通角 $\theta=60°$，$i_{Cmax}=100$ mA，谐振电阻 $R_e=400\ \Omega$。试求：① 集电极电路基波分量表达式和回路两端电压表达式；② 该放大器的 P_o、P_{DC}、P_C 和 η_C。[已知 $\alpha_0(60°)=0.22$，$\alpha_1(60°)=0.4$]

（4）某收音机的本机振荡电路如图 2.5.6 所示。① 在振荡线圈的初、次级标出同名端，以满足相位起振条件；② 试计算当 $L_{13}=100$ μH，$C_4=10$ pF 时，在可变电容 C_5 的变化范围内，电路的振荡频率可调范围。

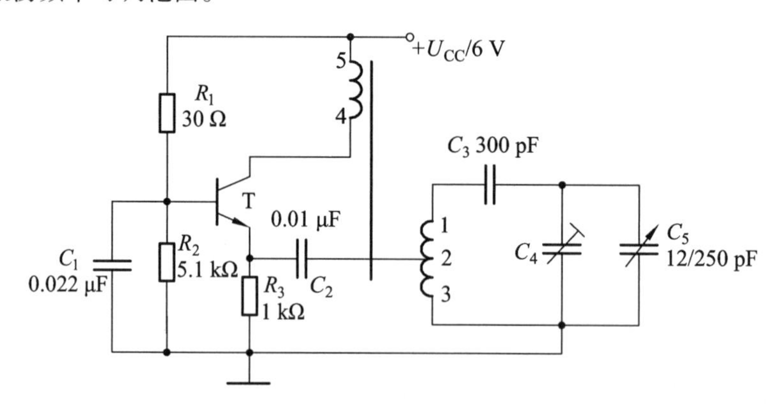

图 2.5.6　收音机本机振荡电路

（5）如图 2.5.7 所示的石英晶体振荡器。① 分析构成何种类型石英晶体振荡器，指出石英晶体在电路中的作用，并求其负载电容 C_L；② 画出交流等效电路，并判断是否满足相位平衡条件。

四、试一试

1. 振荡电路的仿真

（1）利用 Multisim 11 软件绘制如图 2.5.8 所示的仿真电路。

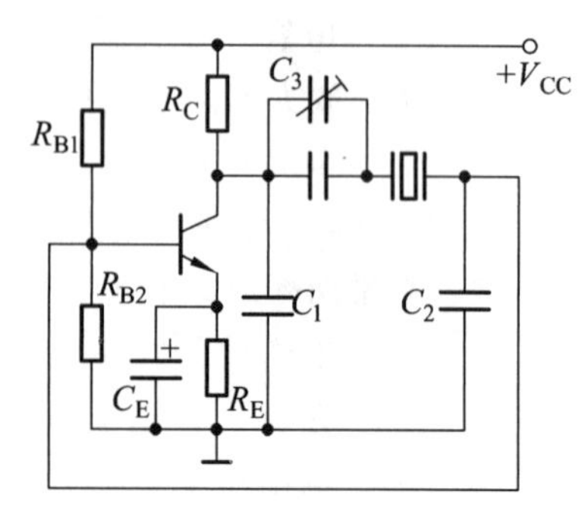

图 2.5.7　石英晶体振荡器

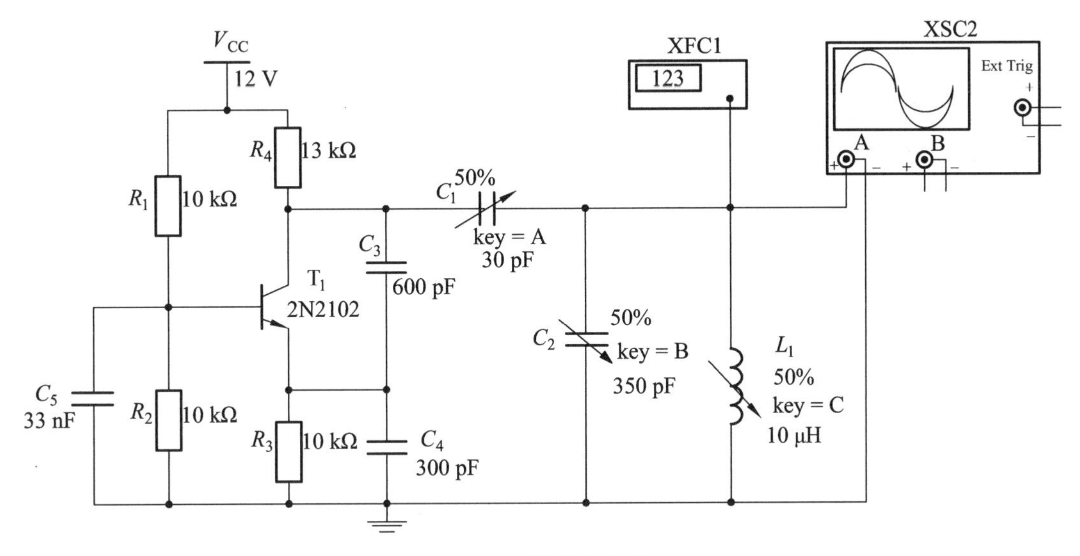

图 2.5.8 振荡电路仿真

（2）按图 2.5.8 设置 C_3、C_5、L_1 和电阻元件参数，开启仿真电源开关，从示波器上观察振荡电路波形。

（3）改变 C_3、C_5、L_1 参数值，观察过波形现象，并分析原因。

（4）分析电路工作原理，并与小型号等幅发射机振荡电路比较。

2. 丙类谐振功率放大电路的仿真

（1）利用 Multisim 11 软件绘制如图 2.5.9 所示的仿真电路。

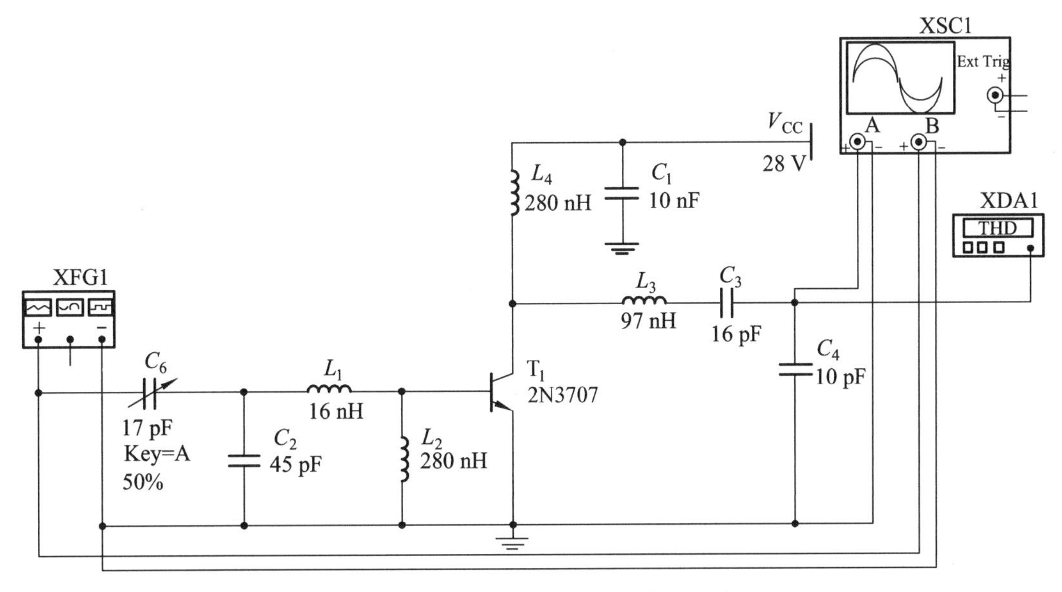

图 2.5.9 丙类谐振功率放大电路仿真

（2）信号源调节为 100 MHz 正弦波，调节电容 C_6，通过示波器观测输入、输出波形变化，分析其变化原因。

（3）设置失真度测试仪基频频率为 $f_0 = 100$ MHz，频率分辨率为 100 MHz，C_6 调到输出最大，输出示波器测试波形基本不失真状态，测试失真度。

（4）设计 P_o、P_{DC}、P_C 和 η_C 等参数测试方法，并完成测试。

学习情境 3

调频无线话筒的制作

情境资讯

【情境任务单】

<table>
<tr><td>学习情景</td><td colspan="3">调频无线话筒的制作</td><td>参考学时</td><td>22</td></tr>
<tr><td>班　　级</td><td></td><td>小组编号</td><td></td><td>成员名单</td><td></td></tr>
<tr><td>情境描述</td><td colspan="5">调频无线话筒可以将声波转换成 88～108 MHz 的无线电波发射出去，用普通调频收音机或者带收音功能的手机就可以接收。将音频信号调制到高频载波上，可以用调幅或调频方法。调频具有抗干扰能力强、信号传输保真度高等优点，适宜用于超短波波段。
该调频无线话筒具有使用电压低、受话灵敏、制作简易的特点，能拾取距话筒 5 m 以内轻微讲话声。如在驻极体话筒后加一音频放大器，有效距离可达 50 m 左右，可用作电话教学的无线电话筒等。</td></tr>
<tr><td rowspan="3">情境目标</td><td>支撑知识</td><td colspan="4">① 调幅信号的基本性质；
② 调幅电路的基本原理；
③ 调角信号的基本性质；
④ 调频电路的基本原理。</td></tr>
<tr><td>专业技能</td><td colspan="4">① 普通调幅电路、双边带调幅电路和变容二极管直接调频电路的仿真；
② 调频无线话筒电路图的识读；
③ 调频无线话筒产品的制作；
④ 调频无线话筒制作报告的撰写。</td></tr>
<tr><td>职业素养</td><td colspan="4">① 质量、安全、文明、环保意识。
② 勤于思考与探索，提出工作任务的新见解、新观点；
③ 主动了解其他成员情况，分工协作，共同编制技术文档；
④ 能清晰地讲述无线话筒的原理、功能、使用方法等。</td></tr>
<tr><td>工作任务</td><td colspan="5">制作一调频无线话筒，电路如图 3.1.1 所示。 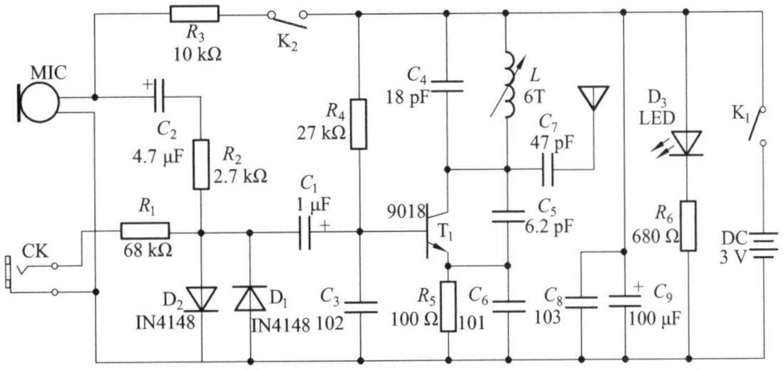
图 3.1.1　调频无线话筒的制作电路</td></tr>
<tr><td>提交成果</td><td colspan="5">① 制作产品；
② 技术文档（具体内容参见资料归档）。</td></tr>
<tr><td>完成时间及签名</td><td colspan="5"></td></tr>
</table>

【资讯引导文】

通常，把待传输的信号“装载”到高频信号上的过程称为调制。将携带有用信息的电信号称为调制信号；未经调制的高频信号好比“运载工具”，称为载波信号；经过调制后的高频信号称为已调信号。用调制信号对载波进行调制有调幅、调频和调相三种方式，调频和调相统称为调角。

一、调幅波基本性质

调幅是将低频调制信号“装载”到高频载波振幅上的过程，即高频载波振幅随调制信号线性变化，载波频率和相位不变。调幅获得的已调波称为调幅波。

按照调幅方式不同，调幅有普通调幅（用 AM 表示）、抑制载波的双边带调幅（用 DSB 表示）和单边带调幅（用 SSB 表示）等。其中普通调幅是最基本的，其他调幅信号都是由它演变而来的。

（一）普通调幅波基本性质

1. 数学表达式

设高频载波信号为高频余弦波，其表达式为

$$u_c(t)=U_{cm}\cos\omega_c t=U_{cm}\cos(2\pi f_c t) \tag{3.1.1}$$

式中，$\omega_c=2\pi f_c$，ω_c为载波角频率，f_c为载波频率（简称载频）。

对于单频调制而言，调制信号为单频余弦信号，其表达式为

$$u_\Omega(t)=U_{\Omega m}\cos\Omega t=U_{\Omega m}\cos(2\pi Ft) \tag{3.1.2}$$

式中，$\Omega=2\pi F$，Ω为调制信号角频率，F为调制信号频率，通常$F \ll f_c$。

根据调幅的定义，已调信号称为调幅信号，调幅信号的振幅随调制信号线性变化，故调幅信号的振幅为

$$U_{AM}(t)=U_{cm}+k_a u_\Omega(t)=U_{cm}+k_a U_{\Omega m}\cos\Omega t=U_{cm}\left(1+\frac{k_a U_{\Omega m}}{U_{cm}}\cos\Omega t\right)$$

即

$$U_{AM}(t)=U_{cm}(1+m_a\cos\Omega t) \tag{3.1.3}$$

$$m_a=k_a U_{\Omega m}/U_{cm} \tag{3.1.4}$$

式中，k_a是一个与调幅电路有关的比例系数，称为调制灵敏度。m_a称为调幅系数或调幅度，它表示载波振幅受调制信号控制的程度。调幅波振幅$U_{AM}(t)$在载波振幅U_{cm}上、下随调制信号规律变化，通常把这种调幅信号称为普通调幅信号，并用 AM 表示，把调幅波振幅变化规律，即$U_{AM}(t)=U_{cm}(1+m_a\cos\Omega t)$称为调幅波的包络。调幅波包络的最大值$U_{AMmax}=(1+m_a)U_{cm}$，

最小值$U_{\text{AMmin}}=(1-m_{\text{a}})U_{\text{cm}}$，则调幅系数 m_{a} 为

$$m_{\text{a}}=\frac{U_{\text{AMmax}}-U_{\text{AMmin}}}{U_{\text{AMmax}}+U_{\text{AMmin}}} \tag{3.1.5}$$

普通调幅波的数学表达式为

$$u_{\text{AM}}(t)=U_{\text{AM}}(t)\cos\omega_{\text{c}}t$$

将式（3.1.3）代入上式，即得单频调制时普通调幅波的数学表达式为

$$u_{\text{AM}}(t)=U_{\text{cm}}(1+m_{\text{a}}\cos\Omega t)\cos\omega_{\text{c}}t \tag{3.1.6}$$

2. 波　形

单频调制时普通调幅波的波形如图 3.1.2 所示。由图 3.1.2（c）可以看出，当 $m_{\text{a}}<1$ 时，普通调幅波的包络与调制信号的形状完全相同，说明调幅的作用反应在波形上就是将调制信号波形不失真地搬移到载波的振幅上。

由图 3.1.2（d）可见，当 $m_{\text{a}}>1$ 时，调幅波的包络已不能反映调制信号的变化规律，将产生严重的失真。将 $m_{\text{a}}>1$ 的调幅称为过调幅，此时调幅波产生的失真称为过调幅失真，为了避免出现过调幅失真，调幅系数 m_{a} 的取值范围只能是 $0<m_{\text{a}}\leqslant 1$，当 $m_{\text{a}}=1$ 时，为最大调幅状态。

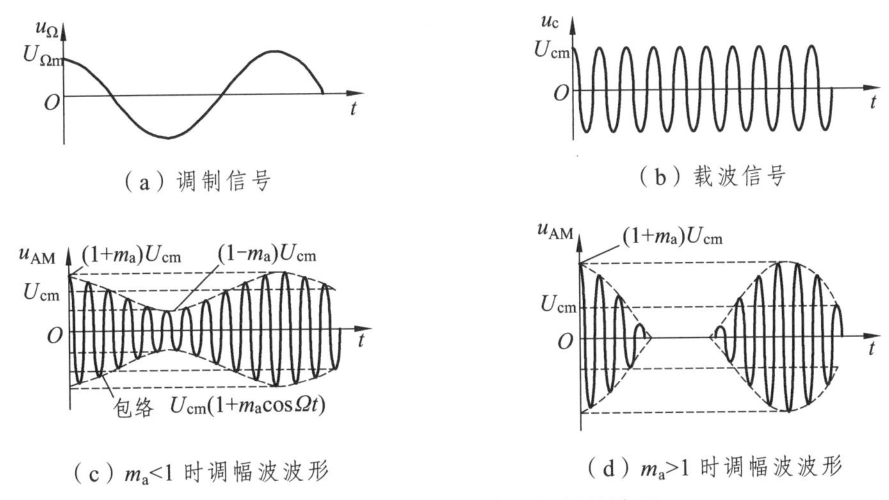

图 3.1.2　单频调制时普通调幅波波形

3. 频谱与带宽

将式（3.1.6）按三角函数公式展开，则得

$$u_{\text{AM}}(t)=U_{\text{cm}}\cos\omega_{\text{c}}t+\frac{1}{2}m_{\text{a}}U_{\text{cm}}\cos[(\omega_{\text{c}}+\Omega)t]+\frac{1}{2}m_{\text{a}}U_{\text{cm}}\cos[(\omega_{\text{c}}-\Omega)t] \tag{3.1.7}$$

由式（3.1.7）可见，单频调制后的调幅波，包含三个频率分量：第一项为载频分量，载频为 f_{c}；第二项称为上边频分量，频率为 $f_{\text{c}}+F$，振幅为 $m_{\text{a}}U_{\text{cm}}/2$；第三项称为下边频分量，

频率为 $f_c - F$ ，振幅为 $m_a U_{cm}/2$。显然，载频分量并不含有任何有用信息，要传输的信息只包含在两个边频分量中。

单频调制后的普通调幅波频谱如图 3.1.3 所示。由图可知，上、下边频分量对称排列在载频分量的两侧，这说明调幅的作用就是频谱的搬移，即把调制信号的频谱不失真地搬移到载频的两侧，原载波信号只是起到运载低频调制信号所包含的信息的作用。所以，调幅电路属于频谱搬移电路。调幅波所占据的频带宽度为

$$BW = (f_c + F) - (f_c - F) = 2F \tag{3.1.8}$$

实际工程中，调制信号一般不是单频信号，而是包含若干频率分量的复杂信号，例如语言信号频率为 300 ~ 3 000 Hz。设多频调制信号为

$$u_\Omega(t) = U_{\Omega m1}\cos(2\pi F_1 t) + U_{\Omega m2}\cos(2\pi F_2 t) + \cdots + U_{\Omega n}\cos(2\pi F_n t)$$

式中，调制信号最低频率 $F_{min} = F_1$，调制信号最高频率 $F_{max} = F_n$。多频调制后普通调幅波频谱如图 3.1.4 所示，调制后每一频率分量都将产生一对边频，即 $f_c \pm F_1$，$f_c \pm F_2$，…，$f_c \pm F_n$，这些上边频和下边频的集合形成上边带和下边带。该调幅波所占频带宽度为

$$BW = (f_c + F_n) - (f_c - F_n) = 2F_n = 2F_{max} \tag{3.1.9}$$

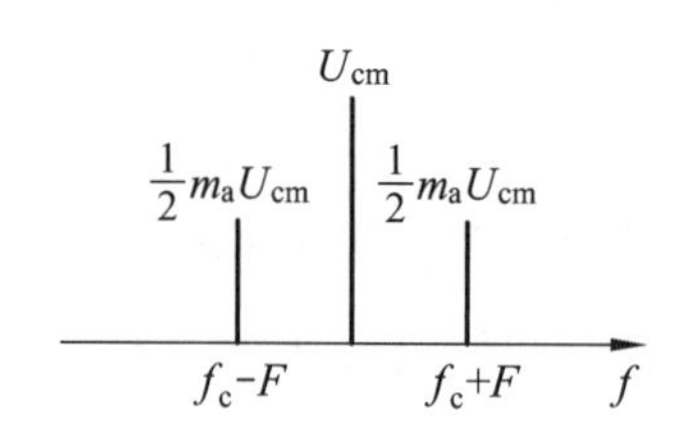

图 3.1.3 单频调制时普通调幅波频谱

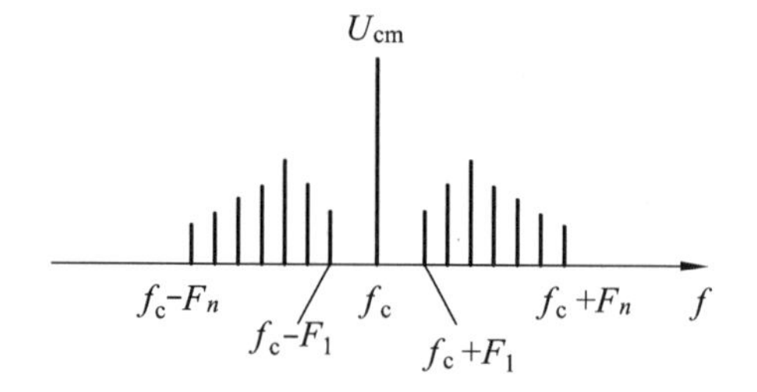

图 3.1.4 多频调制时普通调幅波频谱

4. 功率关系

对于单频调制而言，设负载电阻为 R_L，根据式（3.1.7）载频和边频的关系可知，R_L 上获得的功率包括三部分。

载波分量功率为

$$P_c = \frac{1}{2}\frac{U_{cm}^2}{R_L} \tag{3.1.10}$$

上边频分量（或下边频分量）功率为

$$P_{SB1} = P_{SB2} = \frac{1}{2R_L}\left(\frac{m_a U_{cm}}{2}\right)^2 = \frac{m_a^2 U_{cm}^2}{8R_L} = \frac{1}{4}m_a^2 P_c \tag{3.1.11}$$

上、下边频分量总功率为

$$P_{SB} = P_{SB1} + P_{SB2} = \frac{1}{2}m_a^2 P_c \tag{3.1.12}$$

调幅波的平均功率为

$$P_{\mathrm{AV}} = P_{\mathrm{c}} + P_{\mathrm{SB}} = \left(1 + \frac{1}{2}m_{\mathrm{a}}^2\right)P_{\mathrm{c}} \tag{3.1.13}$$

调幅波的最大功率（又称峰值包络功率）为

$$P_{\max} = \frac{1}{2R_{\mathrm{L}}}[(1+m_{\mathrm{a}})U_{\mathrm{cm}}]^2 = (1+m_{\mathrm{a}})^2 P_{\mathrm{c}} \tag{3.1.14}$$

由式（3.1.12）和式（3.1.13）可知，P_{AV} 和 P_{SB} 随 m_{a} 的增大而增加。当 $m_{\mathrm{a}} = 1$ 时，$P_{\mathrm{SB}} = 0.5P_{\mathrm{c}}$，$P_{\mathrm{AV}} = 1.5P_{\mathrm{c}}$，即携带有用信息的边频功率占整个调幅波平均功率的 1/3。实际运用时，m_{a} 平均值仅为 0.3，有用的边频功率所占整个调幅波平均功率的比例还要小，因此，从能量利用率角度看，发射普通调幅波是不经济的。但由于调制设备简单，又便于接收，所以它仍在某些领域如无线电中、短波广播中广泛使用。

例 3.1.1 已知调幅波表示式为 $u_{\mathrm{AM}} = [2+\cos(2\pi\times100)t]\cos(2\pi\times10^4 t)$ V。① 试画出调幅波频谱图，并求出频带宽度；② 计算单位电阻上消耗的边频功率和调幅波的平均功率。

解： ① 调幅波表达式变换为

$$u_{\mathrm{AM}} = 2[1+0.5\cos(2\pi\times100)t]\cos(2\pi\times10^4 t)\ \mathrm{V}$$

由此可知：$U_{\mathrm{cm}} = 2$ V，$m_{\mathrm{a}} = 0.5$，$F = 100$ Hz，$f_{\mathrm{c}} = 10$ kHz。调幅波频谱如图 3.1.5 所示，频带宽度为 $BW = 2F = 200$ Hz。

② 载波功率　$P_{\mathrm{c}} = \dfrac{U_{\mathrm{cm}}^2}{2R_{\mathrm{L}}} = \dfrac{2^2}{2\times1}\ \mathrm{W} = 2\ \mathrm{W}$

边频功率　$P_{\mathrm{SB}} = \dfrac{1}{2}m_{\mathrm{a}}^2 P_{\mathrm{c}} = \dfrac{1}{2}\times0.5^2\times2\ \mathrm{W} = 0.25\ \mathrm{W}$

平均功率　$P_{\mathrm{AV}} = P_{\mathrm{c}} + P_{\mathrm{SB}} = (2+0.25)\ \mathrm{W} = 2.25\ \mathrm{W}$

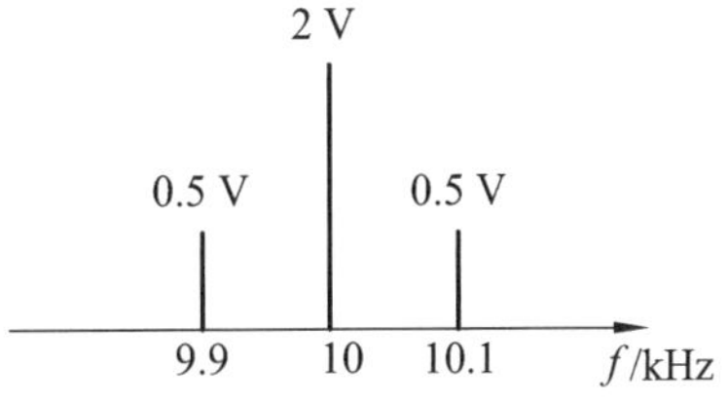

图 3.1.5　例 3.1.1 调幅波频谱

（二）双边带调幅波基本性质

为了节省发射功率，可以只发射含有有用信息的上、下边带，而不发射载波，这种调幅信号称为抑制载波的双边带调幅信号，简称双边带调幅信号，用 DSB 表示。

1. 数学表达式

对于单频调制而言，将式（3.1.7）中的载波分量去掉，便可得到双边带调幅波的数学表达式为

$$u_{\mathrm{DSB}}(t) = \frac{1}{2}m_{\mathrm{a}}U_{\mathrm{cm}}\cos[(\omega_{\mathrm{c}}+\Omega)t] + \frac{1}{2}m_{\mathrm{a}}U_{\mathrm{cm}}\cos[(\omega_{\mathrm{c}}-\Omega)t] \tag{3.1.15}$$

或

$$u_{\mathrm{DSB}}(t) = m_{\mathrm{a}}U_{\mathrm{cm}}\cos\Omega t\cos\omega_{\mathrm{c}}t \tag{3.1.16}$$

2. 波　形

双边带调幅信号波形如图 3.1.6 所示。由波形图可知，双边带调幅波的包络不再反映调

制信号的形状，而是与调制信号的绝对值成正比；在调制信号 $u_{\Omega}(t)$ 过零处，双边带调幅信号 $u_{\mathrm{DSB}}(t)$ 波形将发生 180°的相位突变。

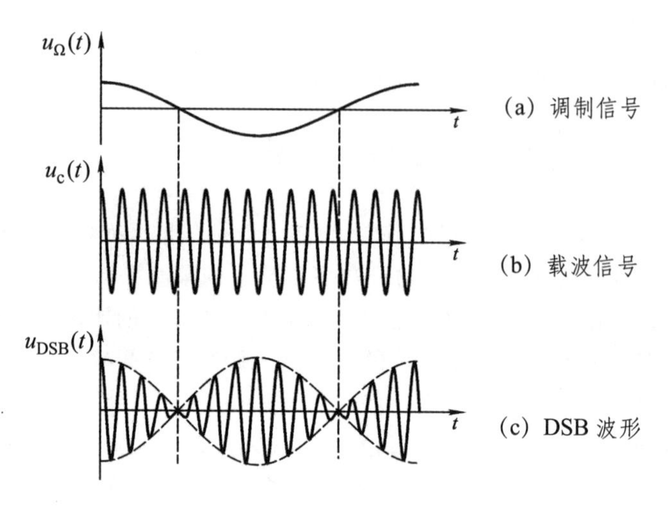

图 3.1.6　单频调制时双边带调幅波波形

3. 频谱与带宽

双边带调幅信号的频谱如图 3.1.7 所示。由图 3.1.7（a）可以看出，单频调制的双边带调幅信号中，只含有上、下边频分量，而无载频分量，频谱所占宽度为

$$BW = 2F \tag{3.1.17}$$

由图 3.1.7（b）可知，多频调制的双边带调幅信号中，只含有上、下边带分量，频谱所占带宽为

$$BW = 2F_n = 2F_{\max} \tag{3.1.18}$$

由此可见，双边带调幅的作用是把调制信号的频谱不失真地搬移到载频的两边，同时抑制了载波，所以，双边带调幅电路也是频谱搬移电路。

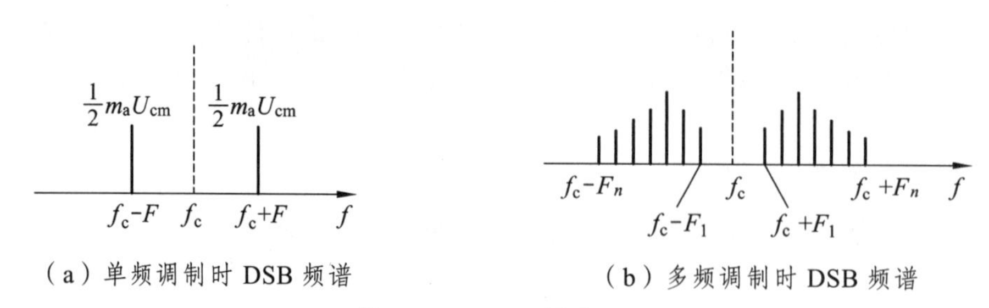

图 3.1.7　DSB 频谱

4. 功率关系

单频调制的双边带调幅信号的平均功率为

$$P_{\mathrm{AV}} = P_{\mathrm{SB}} = \frac{1}{2}m_a^2 P_c \tag{3.1.19}$$

式中，P_c仍由式（3.1.10）计算。

例 3.1.2 调幅波频谱如图 3.1.8 所示，已知 $U_{cm} = 2$ V。① 试指出该调幅波的基本性质，并求出频带宽度；② 写出调幅波的数学表达式。

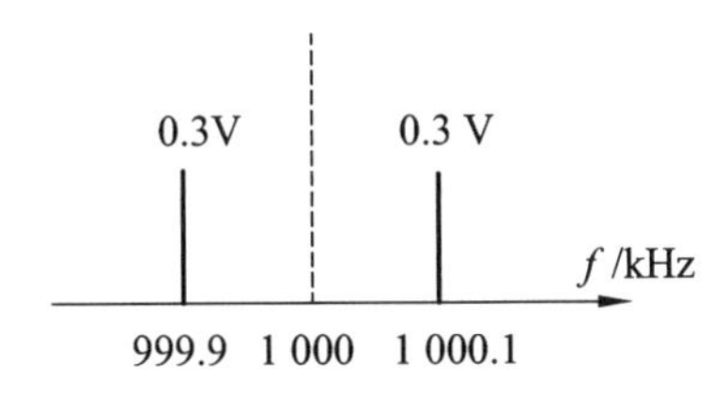

图 3.1.8 例 3.1.2 调幅波频谱

解： ① 该调幅波为双边带调幅波，调制信号频率为 $F = (1\,000.1 - 1\,000)$ kHz = 0.1 kHz = 100 Hz，频带宽度为

$$BW = 2F = 200 \text{ Hz}$$

② 由图 3.1.8 可知，$m_a U_{cm}/2 = 0.3$ V，即 $m_a = 0.3$，调幅波数学表达式为

$$u_{DSB}(t) = m_a U_{cm} \cos \Omega t \cos \omega_c t = 0.6 \cos(2\pi \times 10^2 t) \cos(2\pi \times 10^6 t) \text{ V}$$

（三）单边带调幅波基本性质

由于双边带调幅信号的上、下边带都包含了调制信号的全部信息，为了节省发射功率，减小频谱带宽，可以只发射一个边带（上边带或下边带），这种只传输一个边带的调幅方式称为单边带调幅，用 SSB 表示。

1. 数学表达式

对于单频调制而言，由式（3.1.15）可得到单边带调幅波的数学表达式为

$$u_{SSB}(t) = \frac{1}{2} m_a U_{cm} \cos[(\omega_c + \Omega)t] \tag{3.1.20}$$

或

$$u_{SSB}(t) = \frac{1}{2} m_a U_{cm} \cos[(\omega_c - \Omega)t] \tag{3.1.21}$$

2. 波 形

由式（3.1.20）或式（3.1.21）可知，单频调制时单边带调幅波为频率高于载频或低于载频的等幅波，如图 3.1.9 所示。

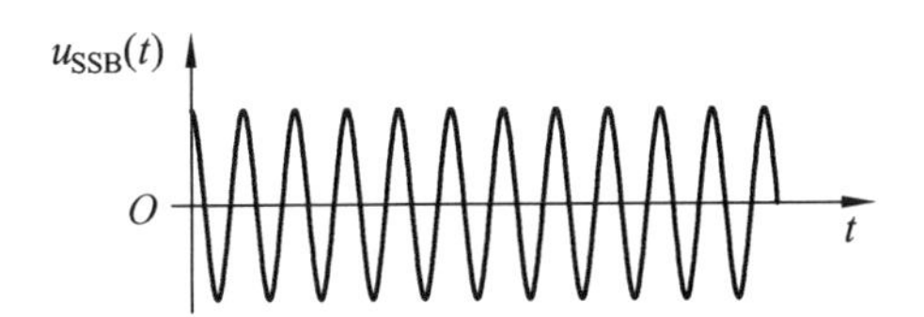

图 3.1.9 单频调制时单边带调幅波波形

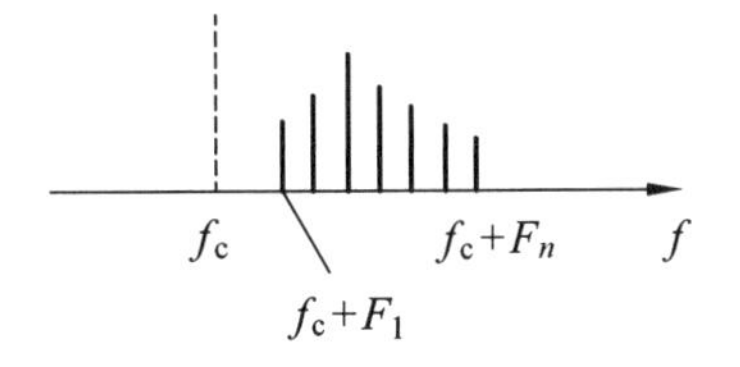

图 3.1.10 多频调制时单边带调幅波频谱（上边带）

3. 频谱与带宽

多频调制时单边带调幅波频谱如图 3.1.10 所示。图中为上边带调制，其频带宽度为

$$BW=(f_c+F_n)-(f_c+F_1)\approx F_n=F_{max} \tag{3.1.22}$$

由此可见，单边带调幅信号的频带宽度近似为普通调幅信号和双边带调幅信号频带宽度的一半，从而节约了频带。

4. 功率关系

单频调制时单边带调幅波的功率为

$$P_{AV}=P_{SB1}=P_{SB2}=\frac{1}{4}m_a^2P_c \tag{3.1.23}$$

式中，P_c 仍按式（3.1.10）计算。显然，单边带调制方式大大节省了发射机的功率，提高了接收机的信噪比，从而使通信距离大大增加，故在短波通信中广泛使用。

二、调幅电路

按照调幅方式不同，调幅电路分为普通调幅电路、双边带调幅电路和单边带调幅电路等；按输出功率的高低不同，调幅电路又可分为高电平调幅电路和低电平调幅电路。

（一）低电平调幅电路

低电平调幅电路是在发射机的低电平级实现，产生的已调波功率较小，必须经过线性的已调波功率放大，达到所需发射功率，主要用来实现双边带调幅和单边带调幅。

对低电平调幅电路的主要要求是具有良好的调制线性度和较强的载波抑制能力。目前广泛采用模拟相乘器调幅电路（工作频率一般在几百兆赫兹）和二极管平衡调幅电路（工作频率可达几吉赫兹）。

1. 模拟相乘器调幅电路

（1）模拟相乘器

模拟相乘器简称相乘器，是一种完成两个模拟信号相乘功能的电路。电路符号如图 3.1.11（a）所示，有两个输入端口（X 和 Y），输入信号分别为 u_X 和 u_Y，有一个输出端口，输出信号为 u_o。理想相乘器输出电压与输入电压的关系为

$$u_o=A_Mu_Xu_Y \tag{3.1.24}$$

式中，A_M 为相乘器的增益系数，单位为 V^{-1}。

集成模拟相乘器 MC1496 的内部结构如图 3.1.11（b）所示。图中，T_1、T_2，T_3、T_4 和 T_5、T_6 共同组成双差分对管模拟相乘器，T_8、T_9 作为 T_5、T_6 的电流源，提供恒值电流 $I_0/2$。

通常把 8、10 端称为 X 输入端，输入电压 u_1 用 u_X 表示，4、1 端称为 Y 输入端，输入电压 u_2 用 u_Y 表示；6、12 端为输出端，输出电压 u_o。虚线框外为外接元件，2 端与 3 端之间外接电阻 R_Y，用来扩大输入电压 u_Y 的动态范围；6 端与 12 端之间外接电阻 R_C 作为输出端负载电阻；5 端外接电阻 R_5 用来确定 T_7、T_8 的偏置电压。

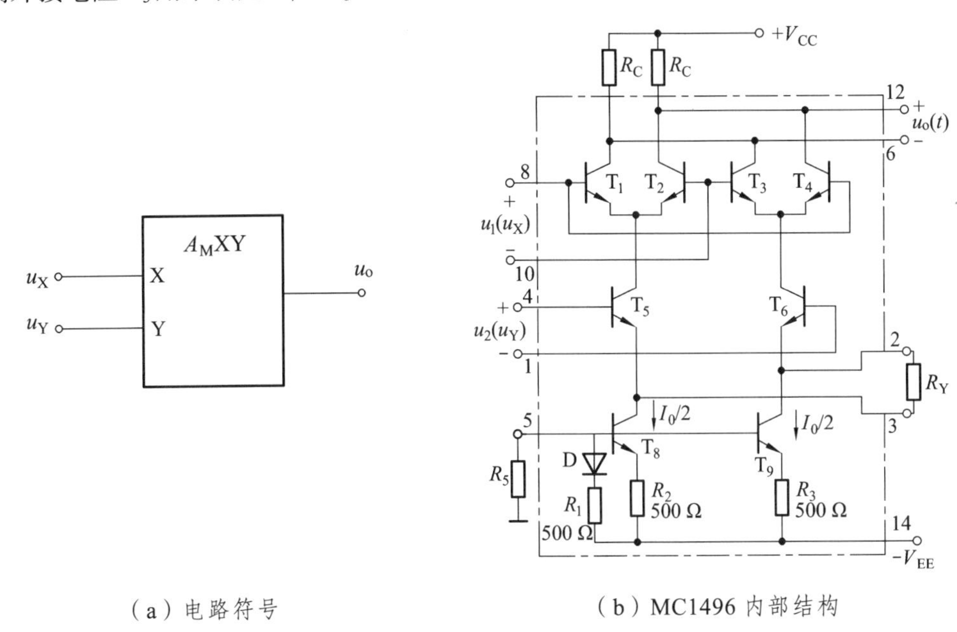

（a）电路符号　　（b）MC1496 内部结构

图 3.1.11　模拟相乘器

（2）相乘器调幅原理

普通调幅电路模型如图 3.1.12（a）所示。图中，单频调制信号 $u_\Omega(t)=U_{\Omega m}\cos\Omega t$，载波信号 $u_c(t)=U_{cm}\cos\omega_c t$，直流电压为 U_Q，则输出信号为

$$\begin{aligned}u_o(t)&=A_M U_{cm}(U_Q+U_{\Omega m}\cos\Omega t)\cos\omega_c t\\&=A_M U_Q U_{cm}\left(1+\frac{U_{\Omega m}}{U_Q}\cos\Omega t\right)\cos\omega_c t\\&=U_{m0}(1+m_a\cos\Omega t)\cos\omega_c t\end{aligned}\tag{3.1.25}$$

式中，$U_{m0}=A_M U_Q U_{cm}$，调幅系数 $m_a=U_{\Omega m}/U_Q$。为了避免出现过调幅失真，要求 $m_a\leqslant 1$，即 $U_Q\geqslant U_{\Omega m}$。

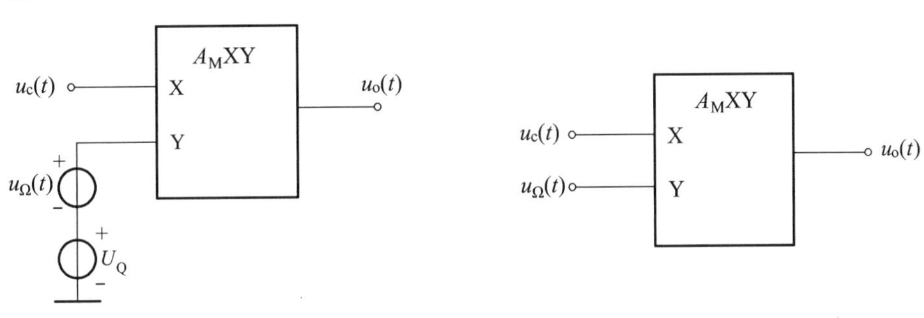

（a）普通调幅电路模型　　（b）双边带调幅电路模型

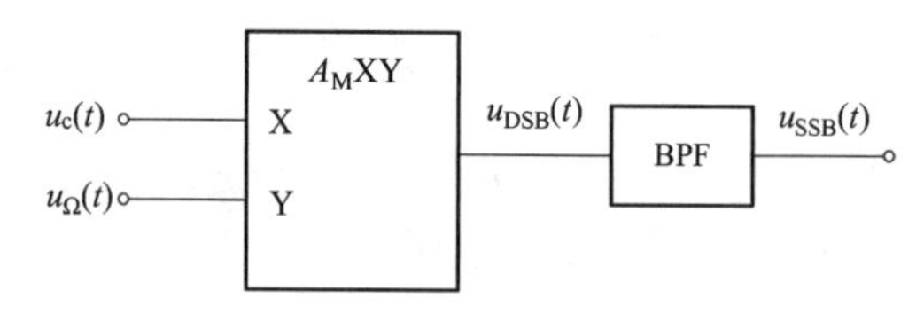

（c）单边带调幅电路模型

图 3.1.12　相乘器调幅电路模型

双边带调幅电路模型如图 3.1.12（b）所示。输出信号为

$$u_o(t) = A_M U_{cm} U_{\Omega m} \cos \Omega t \cos \omega_c t = U_{m0} \cos \Omega t \cos \omega_c t \tag{3.1.26}$$

采用滤波法实现单边带调幅的电路模型如图 3.1.12（c）所示。调制信号和载波信号经相乘器获得 DSB 信号，然后通过带通滤波器 BPF 滤除 DSB 信号中的一个边带，便可获得 SSB 信号。滤波法的关键是高频带通滤波器，它必须具备如下特性：对于要求滤除的边带信号应有很强的抑制能力，对于要求保留的边带信号应使其不失真地通过。

（3）相乘器调幅电路

集成模拟相乘器 MC1496 构成的调幅电路如图 3.1.13 所示。图中，采用双电源方式供电（+12 V，－8 V），电阻 R_7、R_8、R_9 和 R_C 为器件提供静态偏置电压。相乘器的 2、3 脚外接 $R_Y = 1\ \text{k}\Omega$ 负反馈电阻，扩大调制信号动态范围。相乘器 1 和 4 脚分别接电阻 R_3 和 R_4，用于与传输电缆特性阻抗匹配。R_1、R_2 和 R_W 组成平衡调节电路，调节 R_W 可以使相乘器实现普通调幅或双边带调幅。

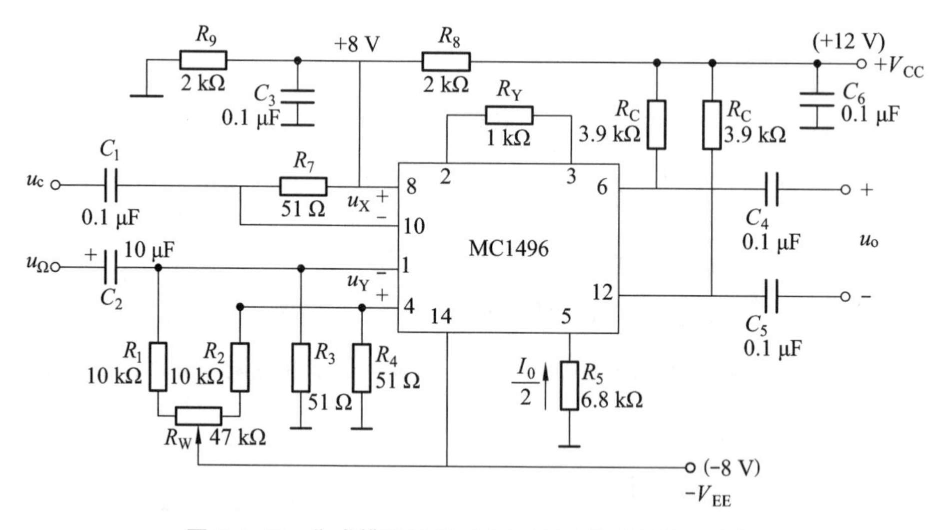

图 3.1.13　集成模拟相乘器 MC1496 构成的调幅电路

载波信号 $u_c(t)$经高频耦合电容 C_1、C_3 和 R_7 加到相乘器的输入端 8、10 脚，C_3 为高频旁路电容，使 8 脚交流接地。调制信号 $u_\Omega(t)$ 经低频耦合电容 C_2、R_3 和 R_4 加到相乘器输入端 1、4 脚。已调信号由相乘器 6、12 脚通过 C_4、C_5 单端输出或双端输出。

实现普通调幅时，调节 R_W，使 1 脚电位比 4 脚电位高 U_Q，其目的在于给输出端提供一个合适的载波分量，使调制信号达到最大时也不会出现过调幅失真。

实现双边带调幅时，为了减小载波信号输出，先令调制信号 $u_{\Omega}(t)=0$，即只有载波信号 $u_{c}(t)$输入时，调节 R_W使相乘器输出电压为零，但实际上模拟相乘器不可能完全对称，所以调节 R_W输出电压不可能为零，故只需使输出载波信号为最小（一般为毫伏级）。若载波输出电压过大，则说明该器件性能不好。为了滤除高次谐波，通常在输出端加设带通滤波器。

2. 二极管平衡调幅电路

二极管平衡调幅电路如图 3.1.14 所示。图中，二极管 D_1和 D_2性能一致，变压器 Tr_1和 Tr_2具有中心抽头，设两只变压器一次、二次线圈匝数均为 $N_1=N_2$，它们接成平衡式电路。调制信号 $u_{\Omega}(t)=U_{\Omega m}\cos\Omega t$ 由 Tr_1 输入，载波信号 $u_{c}(t)=U_{cm}\cos\omega_c t$ 加在 Tr_1、Tr_2 的两个中心点之间。

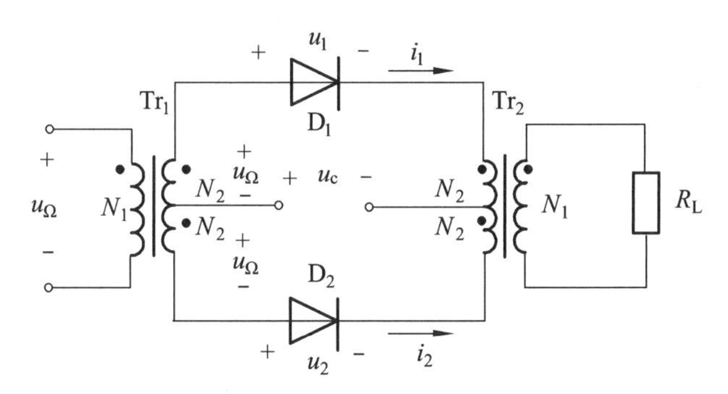

图 3.1.14　二极管平衡调幅电路

在小信号下工作时，二极管伏安特性可以用幂级数表示为

$$i_1=b_0+b_1u_1+b_2u_1^2+\cdots+b_nu_1^n$$
$$i_2=b_0+b_1u_2+b_2u_2^2+\cdots b_nu_2^n$$

当忽略输出电压的反作用时，$u_1=u_c+u_{\Omega}$，$u_2=u_c-u_{\Omega}$，则输出总电流为

$$i_o=i_1-i_2=2b_1u_{\Omega}+4b_2u_cu_{\Omega}+\cdots \tag{3.1.27}$$

忽略 3 次方以上各项，则式（3.1.27）变为

$$i_o\approx 2b_1u_{\Omega}+4b_2u_cu_{\Omega}=2b_1U_{\Omega m}\cos\Omega t+4b_2U_{cm}U_{\Omega m}\cos\Omega t\cos\omega_c t \tag{3.1.28}$$

由式（3.1.28）可知，输出信号中，不含载频分量，只含有低频分量和上、下边频分量。若在输出端接一个中心频率为 f_c、带宽为 $2F$ 的带通滤波器，即可实现双边带调幅。

（二）高电平调幅电路

高电平调幅电路是在发射机的高电平级实现，可以直接产生满足功率要求的已调波，无须再进行功率放大，一般用于产生普通调幅波。

通常，高电平调幅是在丙类谐振功率放大器中进行的，因此，对高电平调幅电路的主要要求是兼顾输出功率大、效率高、调制线性度好。根据调制信号所加的电极不同，高电平调幅电路有基极调幅和集电极调幅。

1. 基极调幅电路

基极调幅是用调制信号去改变丙类谐振功率放大器的基极电压，从而实现调幅，其电路如图 3.1.15 所示。图中，载波信号 $u_c(t)$通过变压器 Tr_1 和 L_1、C_1 构成的 L 形网络加到三极管的基极电路，调制信号 $u_\Omega(t)$ 通过变压器 Tr_2 加到三极管的基极电路。C_2 为高频旁路电容，为载波信号提供通路；C_3 为低频旁路电容，为调制信号提供通路；集电极谐振回路调谐在载频 f_c。由图可见，三极管基极电压为

$$u_{BE} = V_{BB} + u_\Omega(t) + u_c(t) \tag{3.1.29}$$

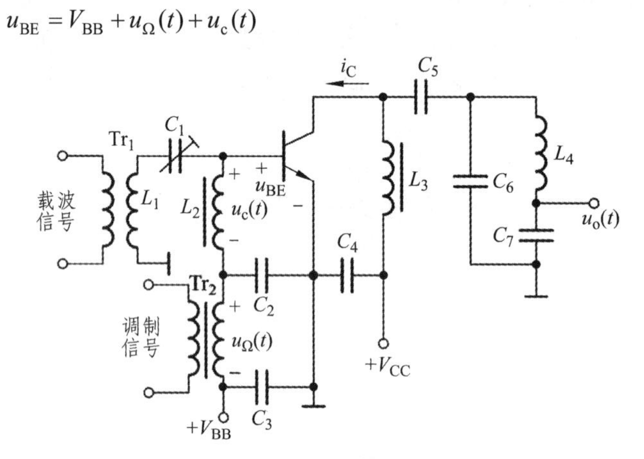

图 3.1.15　基极调幅电路

根据丙类谐振功率放大器的基极调制特性可知，当工作在欠压状态时，基极电压 $u_{BE}(t)$ 随调制信号变化而变化，如图 3.1.16（a）所示；集电极脉冲电流 $i_c(t)$也随调制信号规律变化，如图 3.1.16（b）所示；经过集电极 LC 谐振回路的选频作用，输出电压 $u_o(t)$为不失真的普通调幅波，如图 3.1.16（c）所示。

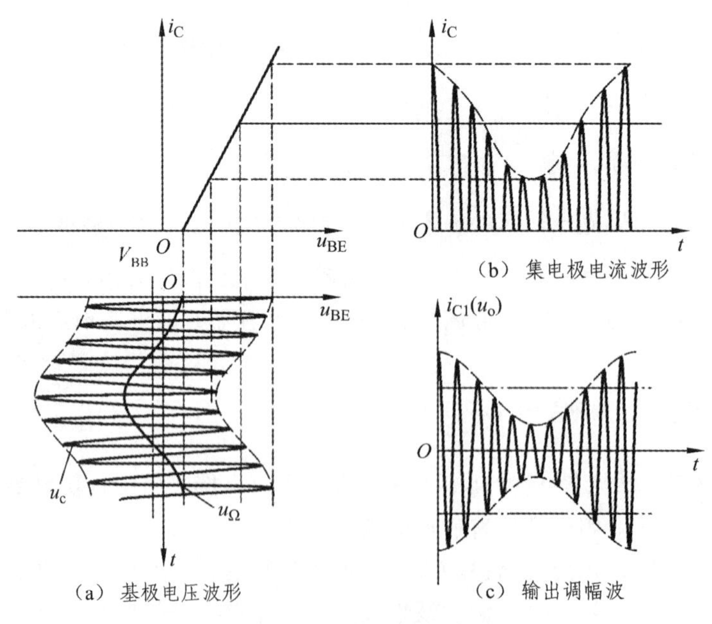

图 3.1.16　基极调幅波形

由此可知，基极调幅电路可看成是以载波为激励信号，基极电压受调制信号控制的丙类谐振功率放大器。由于工作在欠压状态，所以基极调幅电路效率低，但调制信号所需功率小，适用于小功率的调幅发射机。

2. 集电极调幅电路

集电极调幅电路是用调制信号去改变丙类谐振功率放大器的集电极电压，从而实现调幅，其电路如图 3.1.17 所示。图中，载波信号仍从三极管的基极加入，调制信号通过低频变压器 Tr_2 加到三极管的集电极电路中，并与直流电源 V_{CC} 串联，故三极管集电极电压为

$$u_{CC}(t) = V_{CC} + u_{\Omega}(t) \tag{3.1.30}$$

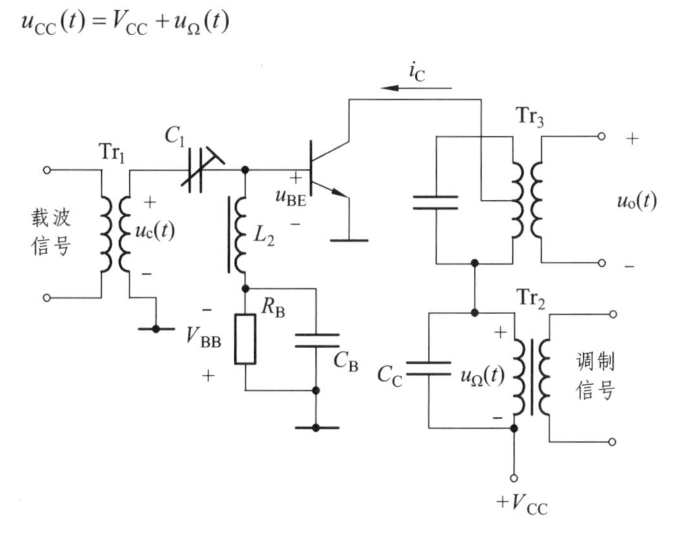

图 3.1.17　集电极调幅电路

根据丙类谐振功率放大器的集电极调制特性可知，当工作在过压状态时，集电极脉冲电流的基波振幅 I_{c1m} 随调制信号变化，经过 LC 谐振回路的选频作用，输出电压 $u_o(t)$为不失真的普通调幅波。图中采用基极自给偏压电路（R_BC_B），可减小调幅失真。

由此分析可知，集电极调幅电路可看成是以载波为激励信号，集电极电压受调制信号控制的丙类谐振功率放大器。由于工作在过压状态，所以基极调幅电路效率比较高，但调制信号所需的功率大，适用于较大功率的调幅发射机。

三、调角波基本性质

角度调制是用调制信号去控制载波信号的频率或相位而实现的调制。若载波信号的频率随调制信号线性变化，则称频率调制（简称调频 FM）；载波信号的相位随调制信号线性变化，则称相位调制（简称调相 PM）。调频和调相都表现为载波信号的幅度不变，瞬时相位受到调制，故称角度调制，简称调角。

角度调制属于频谱的非线性变换，即已调信号的频谱结构不再保持原调制信号的频谱内部结构，但其有较强的抗干扰能力，在通信系统特别是广播和移动通信领域广泛应用。

（一）调频波的数学表达式和波形

1. 数学表达式

设载波信号 $u_{\mathrm{c}}(t)=U_{\mathrm{cm}}\cos\omega_{\mathrm{c}}t$，单频调制信号 $u_{\Omega}(t)=U_{\Omega\mathrm{m}}\cos\Omega t$。调频是指载波频率不变，瞬时角频率随调制信号线性变化，即调频波的瞬时角频率为

$$\omega(t)=\omega_{\mathrm{c}}+k_{\mathrm{f}}u_{\Omega}(t)=\omega_{\mathrm{c}}+k_{\mathrm{f}}U_{\Omega\mathrm{m}}\cos\Omega t=\omega_{\mathrm{c}}+\Delta\omega_{\mathrm{m}}\cos\Omega t \tag{3.1.31}$$

$$\Delta\omega_{\mathrm{m}}=2\pi\Delta f_{\mathrm{m}}=k_{\mathrm{f}}U_{\Omega\mathrm{m}} \tag{3.1.32}$$

式中，k_{f} 称为调频灵敏度，单位为 rad/(s·V)；$\Delta\omega_{\mathrm{m}}$ 和 Δf_{m} 分别称为调频波最大角频偏和最大频偏，表示调频波频率摆动幅度，与调制信号振幅 $U_{\Omega\mathrm{m}}$ 成正比。

调频波的瞬时相位 $\varphi(t)=\int_0^t\omega(t)\mathrm{d}t+\varphi_0$，为了简化分析，令积分常数 $\varphi_0=0$，则有

$$\varphi(t)=\int_0^t\omega(t)\mathrm{d}t=\int_0^t(\omega_{\mathrm{c}}+\Delta\omega_{\mathrm{m}}\cos\Omega t)\mathrm{d}t=\omega_{\mathrm{c}}t+\frac{\Delta\omega_{\mathrm{m}}}{\Omega}\sin\Omega t$$

即

$$\varphi(t)=\omega_{\mathrm{c}}t+\Delta\varphi(t)=\omega_{\mathrm{c}}t+m_{\mathrm{f}}\sin\Omega t \tag{3.1.33}$$

$$m_{\mathrm{f}}=\frac{\Delta\omega_{\mathrm{m}}}{\Omega}=\frac{\Delta f_{\mathrm{m}}}{F} \tag{3.1.34}$$

$$\Delta\varphi(t)=m_{\mathrm{f}}\sin\Omega t \tag{3.1.35}$$

式中，$\Delta\varphi(t)$ 称为附加相位偏移；m_{f} 称为调频指数，它表示调频信号的最大相位偏移，单位为 rad。

调频波的数学表示式为

$$u_{\mathrm{FM}}(t)=U_{\mathrm{cm}}\cos\varphi(t)=U_{\mathrm{cm}}\cos(\omega_{\mathrm{c}}t+m_{\mathrm{f}}\sin\Omega t) \tag{3.1.36}$$

2. 波　形

调频信号波形如图 3.1.18（b）所示。由图可以看出，调频波的波形为等幅疏密波，当 $u_{\Omega}(t)$ 为波峰时，调频波形最密，当 $u_{\Omega}(t)$ 为波谷时，调频波形最疏。

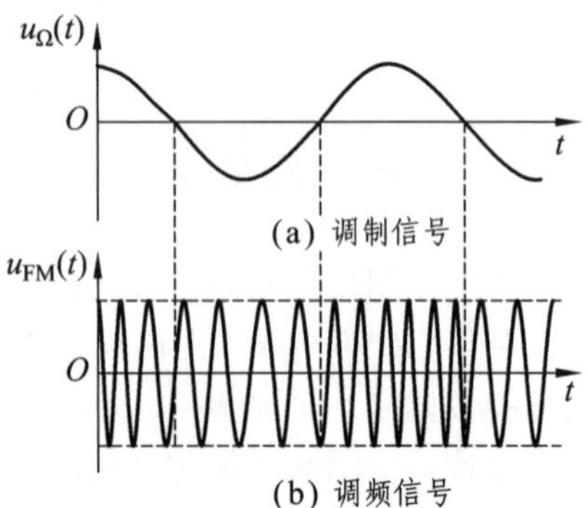

图 3.1.18　调频信号波形

（二）调相波的数学表达式和波形

1. 数学表达式

调相是指载波幅度不变，瞬时相位随调制信号线性变化，即调相波的瞬时相位为

$$\begin{aligned}\varphi(t)&=\omega_{\mathrm{c}}t+k_{\mathrm{p}}u_{\Omega}(t)=\omega_{\mathrm{c}}t+k_{\mathrm{p}}U_{\Omega\mathrm{m}}\cos\Omega t\\&=\omega_{\mathrm{c}}t+m_{\mathrm{p}}\cos\Omega t=\omega_{\mathrm{c}}t+\Delta\varphi(t)\end{aligned} \tag{3.1.37}$$

$$m_{\mathrm{p}}=k_{\mathrm{p}}U_{\Omega\mathrm{m}} \tag{3.1.38}$$

$$\Delta\varphi(t) = m_{\rm p}\cos\Omega t \tag{3.1.39}$$

式中，$k_{\rm p}$称为调相灵敏度，单位是 rad/V；$\Delta\varphi(t)$为调相信号的附加相位偏移；$m_{\rm p}$称为调相指数，即最大相位偏移，表示调相波相位摆动的幅度，单位为 rad。

调相波的瞬时角频率为

$$\omega = \frac{{\rm d}\varphi(t)}{{\rm d}t} = \omega_{\rm c} - m_{\rm p}\Omega\sin\Omega t = \omega_{\rm c} - \Delta\omega_{\rm m}\sin\Omega t \tag{3.1.40}$$

$$\Delta\omega_{\rm m} = m_{\rm p}\Omega \tag{3.1.41}$$

式中，$\Delta\omega_{\rm m}$为调相信号的最大角频偏，表示调相时瞬时角频率偏离载波角频率的最大值。

调相波的数学表达式为

$$u_{\rm PM}(t) = U_{\rm cm}\cos\varphi(t) = U_{\rm cm}\cos(\omega_{\rm c}t + m_{\rm p}\cos\Omega t) \tag{3.1.42}$$

2. 波　形

调相信号波形如图 3.1.19（b）所示，其中虚线表示载波，载波相位受到调制后就变成实线表示的波形。由图可以看出，调相波也是等幅波。

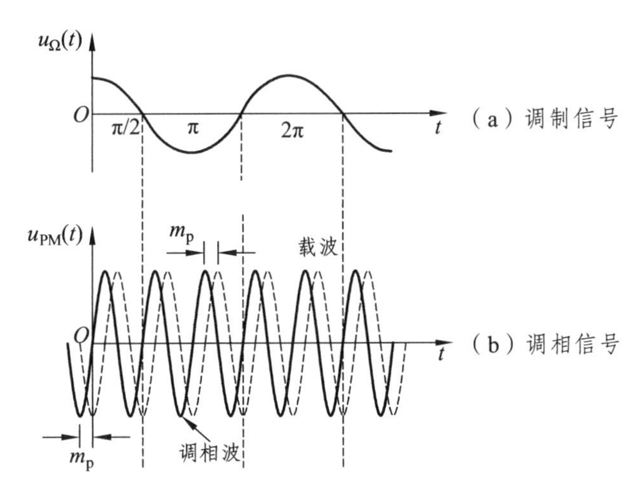

图 3.1.19　调相信号波形

（三）调频信号与调相信号的比较

调频信号和调相信号有关表达式的比较如表 3.1.1 所示。由表 3.1.1 可以看出：

① 调制前后载波振幅不变，调频信号和调相信号都是等幅波。

② 调频信号和调相信号的瞬时角频率、瞬时相位都是同时随时间发生变化，只是变化规律不同。

③ 无论调频还是调相，最大角频偏$\Delta\omega_{\rm m}$与调制指数$m(m_{\rm f}、m_{\rm p})$之间的关系都是相同的，即$\Delta\omega_{\rm m} = m\Omega$或$\Delta f_{\rm m} = mF$。

表 3.1.1　调频信号与调相信号的比较

调制信号 $u_{\Omega}(t)=U_{\Omega m}\cos\Omega t$　　载波信号 $u_{c}(t)=U_{cm}\cos\omega_{c}t$		
项　目	调频信号	调相信号
瞬时角频率	$\omega(t)=\omega_{c}+\Delta\omega_{m}\cos\Omega t$	$\omega(t)=\omega_{c}-\Delta\omega_{m}\sin\Omega t$
瞬时相位	$\varphi(t)=\omega_{c}t+m_{f}\sin\Omega t$	$\varphi(t)=\omega_{c}t+m_{p}\cos\Omega t$
最大角频偏	$\Delta\omega_{m}=k_{f}U_{\Omega m}=m_{f}\Omega$	$\Delta\omega_{m}=k_{p}U_{\Omega m}\Omega=m_{p}\Omega$
最大相位偏移（调制指数）	$m_{f}=\Delta\omega_{m}/\Omega=k_{f}U_{\Omega m}/\Omega$	$m_{p}=\Delta\omega_{m}/\Omega=k_{p}U_{\Omega m}$
数学表达式	$u_{FM}(t)=U_{cm}\cos(\omega_{c}t+m_{f}\sin\Omega t)$	$u_{PM}(t)=U_{cm}\cos(\omega_{c}t+m_{p}\cos\Omega t)$

④ 调频信号的最大角频偏 $\Delta\omega_{m}$ 与调制信号频率 Ω 无关，调频指数 m_{f} 与 Ω 成反比；调相信号的最大角频偏 $\Delta\omega_{m}$ 与调制信号频率 Ω 成正比，调相指数 m_{p} 与 Ω 无关。它们之间的关系曲线如图 3.1.20 所示。

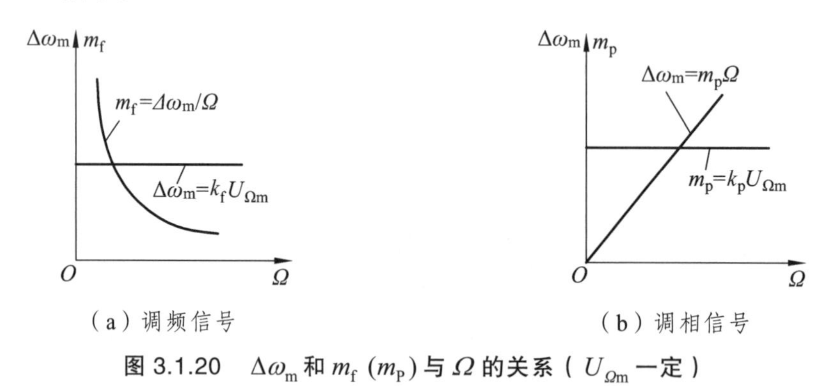

（a）调频信号　　（b）调相信号

图 3.1.20　$\Delta\omega_{m}$ 和 m_{f}（m_{p}）与 Ω 的关系（$U_{\Omega m}$ 一定）

例 3.1.3　已知调角信号表达式为 $u_{o}(t)=2\cos[2\pi\times10^{8}t+12\cos(4\pi\times10^{3}t)]\ \mathrm{V}$，调制信号 $u_{\Omega}(t)=6\cos(4\pi\times10^{3}t)\ \mathrm{V}$，试指出该调角信号是调频信号还是调相信号，以及调制指数、载波频率、振幅及最大频偏各是多少？

解：由调角信号表达式可知，瞬时相位为

$$\varphi(t)=2\pi\times10^{8}t+12\cos(4\pi\times10^{3}t)$$

瞬时相位随调制信号线性变化，故该调角信号为调相信号。又因调相信号数学表达式 $u_{PM}(t)=U_{cm}\cos(\omega_{c}t+m_{p}\cos\Omega t)$，所以调相指数 $m_{p}=12\ \mathrm{rad}$，载波频率 $f_{c}=10^{8}\ \mathrm{Hz}$，载波振幅 $U_{cm}=2\ \mathrm{V}$，最大频偏 $\Delta f_{m}=m_{p}F=12\times2\times10^{3}\,\mathrm{Hz}=24\ \mathrm{kHz}$。

（四）调角信号的频谱与带宽

1. 调角信号的频谱

FM 信号和 PM 信号数学表达式的差别仅仅在于附加相移的不同，当单频余弦调制时，前者的附加相移按正弦规律变化，而后者的附加相移按余弦规律变化。按正弦规律变化还是

余弦规律变化只是在相位上相差π/2 而已，所以这两种信号的频谱结构是类似的，分析时可用调制指数 m 代替相应的 m_f 或 m_p，调角信号表达式为

$$u_o(t)=U_{cm}\cos(\omega_c t+m\cos\Omega t) \tag{3.1.43}$$

利用三角函数公式将式（3.1.43）变为

$$u_o(t)=U_{cm}\cos(m\sin\Omega t)\cos\omega_c t-U_{cm}\sin(m\sin\Omega t)\sin\omega_c t \tag{3.1.44}$$

根据贝塞尔理论，可得下述关系式

$$\cos(m\sin\Omega t)=J_0(m)+2\sum_{n=1}^{\infty}J_{2n}(m)\cos 2n\Omega t$$

$$\sin(m\sin\Omega t)=2\sum_{n=0}^{\infty}J_{2n+1}(m)\sin[(2n+1)\Omega t]$$

式中，$J_n(m)$是以 m 为宗数的 n 阶第一类贝塞尔函数。将上述关系代入式（3.1.44），便得到调角信号表达式为

$$\begin{aligned}u_o(t)=&U_{cm}J_0(m)\cos\omega_c t+U_{cm}J_1(m)\{\cos[(\omega_c+\Omega)t]-\cos[(\omega_c-\Omega)t]\}+\\&U_{cm}J_2(m)\{\cos[(\omega_c+2\Omega)t]+\cos[(\omega_c-2\Omega)t]\}+\\&U_{cm}J_3(m)\{\cos[(\omega_c+3\Omega)t]-\cos[(\omega_c-3\Omega)t]\}+\\&U_{cm}J_4(m)\{\cos[(\omega_c+4\Omega)t]+\cos[(\omega_c-4\Omega)t]\}+\cdots\end{aligned} \tag{3.1.45}$$

由式（3.1.45）可以看出，对于单频调制，调角信号的频谱是由载频分量和无限对边频分量$(\omega_c\pm n\Omega)$组成，边频分量与载频分量的间隔为 Ω，其中 $n=1,2,3,\cdots$。当 n 为奇数时，上、下边频分量振幅相同，相位相反；当 n 为偶数时，上、下边频分量振幅相同，相位相同。载频分量振幅为 $U_{cm}J_0(m)$，边频分量振幅为 $U_{cm}J_n(m)$。

在 Ω 相同，载波相同，$m=1$，$m=2.4$ 和 $m=5$ 时调角信号的频谱如图 3.1.21 所示。由图可以看出，调制指数 m 越大，具有较大振幅的边频分量越多，且有些边频分量振幅超过载频分量振幅。对于某些 m 值，载频或某些边频分量幅度为零。

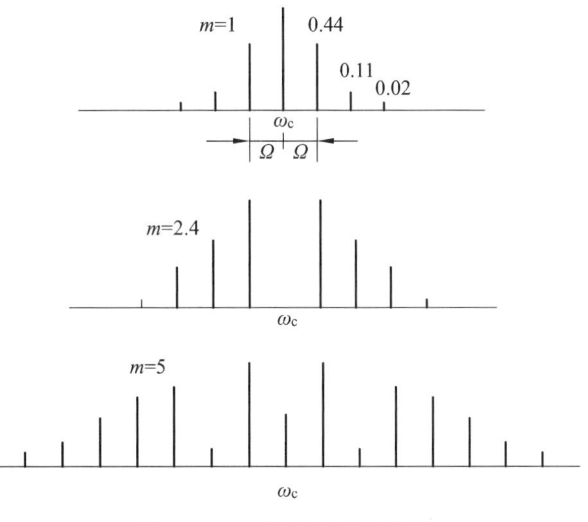

图 3.1.21 调角信号的频谱

2. 调角信号的带宽

由于调角波的频谱包含了无数对边频分量，因此理论上调角信号的频谱带宽是无限的。实际上，对于任一给定的 m 值，随着 n 的增加，距离载频较远的边频分量都很小，即使舍去这些边频分量，都不会对调角信号波形产生明显失真。因此，调角信号的频谱带宽实际上可以认为是有限的。

通常把振幅小于未调制载波振幅 10%的边频分量忽略不计，有效的上、下边频分量总数则为 2（m+1）个，所以调角信号的有效带宽为

$$BW = 2(m+1)F = 2(\Delta f_{\rm m} + F) \tag{3.1.46}$$

当 $m \ll 1$（工程上规定 $m<0.25$ rad）时，调角信号的有效带宽为 $BW \approx 2F$，其值相当于普通调幅信号的频谱带宽，通常把这种调角信号称为窄带调角信号。

当 $m \gg 1$ 时，调角信号的有效带宽为 $BW \approx 2mF = 2\Delta f_{\rm m}$，通常把这种调角信号称为宽带调角信号。

实践表明，对于复杂信号调制，大多数调频信号的有效带宽仍可用（3.1.46）表示，只需将其中的 F 用 $F_{\max}$ 取代，$\Delta f_{\rm m}$ 用 $(\Delta f_{\rm m})_{\max}$ 取代。例如，对于调频广播，按国家标准规定 $F_{\max}$ = 15 kHz，$(\Delta f_{\rm m})_{\max} = 75\ \text{kHz}$，调频信号的频带宽度为

$$BW = 2[(\Delta f_{\rm m})_{\max} + F_{\max}] = 2 \times (15 + 75)\ \text{kHz} = 180\ \text{kHz}$$

实际上选取的频带宽度为 200 kHz。

3. 调角信号的功率

对于单频调制，调角信号的平均功率等于载频分量功率和各边频分量功率之和，即

$$P_{\rm AV} = \frac{U_{\rm cm}^2}{2R_{\rm L}}\left\{J_0^2(m) + 2[J_1^2(m) + J_2^2(m) + \cdots J_n^2(m) + \cdots]\right\} = \frac{U_{\rm cm}^2}{2R_{\rm L}}\sum_{n=-\infty}^{\infty} J_n^2(m)$$

根据第一类贝塞尔函数的性质得到 $\sum\limits_{n=-\infty}^{\infty} J_n^2(m) = 1$，所以，调角信号的平均功率为

$$P_{\rm AV} = \frac{U_{\rm cm}^2}{2R_{\rm L}} \tag{3.1.47}$$

由式（3.1.47）可知，调角信号的平均功率等于未调制的载波功率，与调制指数 m 无关。这说明，角度调制的作用仅是将原来的载波功率重新分配到各个边频上，而总的功率不变。

调角信号具有抗干扰能力强和设备利用率高的显著优点，但是调角信号的有效带宽比调幅信号大得多，而且有效带宽与调制指数 m 的大小有关，这是角度调制的主要缺点，所以角度调制适合在频率范围很宽的超高频或微波段使用。

例 3.1.4 已知调频波表示式为 $u_{\rm FM} = 6\cos[2\pi \times 10^8 t + 12\sin(2\pi \times 200t)]\ \text{V}$，$k_{\rm f} = 2\pi \times 10^3\ \text{rad/(s·V)}$。试求：① 载波频率及振幅；② 最大相位偏移和最大频偏；③ 调制信号频率及振幅；④ 有效频谱带宽；⑤ 单位电阻上所消耗的功率。

解：① 载波频率

$$f_{\rm c} = 10^8\ \text{Hz}$$

载波振幅

$$U_{\rm cm} = 6\ \text{V}$$

② 最大相位偏移

$$m_{\rm f} = 12\ \text{rad}$$

最大频偏

$$\Delta f_{\mathrm{m}} = m_{\mathrm{f}} F = 12 \times 200\ \mathrm{Hz} = 2.4\ \mathrm{kHz}$$

③ 调制信号频率

$$F = 200\ \mathrm{Hz}$$

调制信号振幅

$$U_{\Omega\mathrm{m}} = \frac{m_{\mathrm{f}} \Omega}{k_{\mathrm{f}}} = \frac{12 \times 2\pi \times 200}{2\pi \times 10^3}\ \mathrm{V} = 2.4\ \mathrm{V}$$

④ 有效频谱带宽

$$BW = 2(m_{\mathrm{f}} + 1)F = 2 \times (12 + 1) \times 200\ \mathrm{Hz} = 5\ 200\ \mathrm{Hz} = 5.2\ \mathrm{kHz}$$

⑤ 单位电阻上所消耗的功率

$$P_{\mathrm{AV}} = \frac{U_{\mathrm{cm}}^2}{2R_{\mathrm{L}}} = \frac{6^2}{2 \times 1}\ \mathrm{W} = 18\ \mathrm{W}$$

四、调频电路

调频电路的主要性能指标有中心频率及其稳定度、最大频偏、调制特性和调制灵敏度等。

调频波的中心频率就是载波频率。为了保证接收机正常接收调频信号，要求调频电路的中心频率保持较高的稳定度。例如，调频广播发射机，要求中心频率漂移不超过 ± 2 kHz。

最大频偏是指在正常调制电压作用下所能产生的最大频率偏移。不同的调频系统要求有不同的最大频偏。例如，调频广播要求 $\Delta f_{\mathrm{m}} = 75\ \mathrm{kHz}$，移动通信的无线电话要求 $\Delta f_{\mathrm{m}} = 5\ \mathrm{kHz}$。

调制特性是指调频信号的频率偏移与调制电压的关系。调频电路要求具有线性调制特性，否则会产生非线性失真。

调制灵敏度是指单位调制电压变化所产生的频率偏移，提高调制灵敏度可提高调制信号的控制作用。

实现调频的方法有直接调频和间接调频两大类。

（一）直接调频电路

直接调频是指用调制信号直接控制振荡器振荡频率，使振荡频率随调制信号规律变化。常用的直接调频电路有变容二极管直接调频电路、晶体振荡器直接调频电路等。

1. 变容二极管直接调频电路

（1）基本原理

变容二极管直接调频电路是将变容二极管接入 LC 正弦波振荡器的谐振回路构成的调频振荡器，如图 3.1.22 所示。

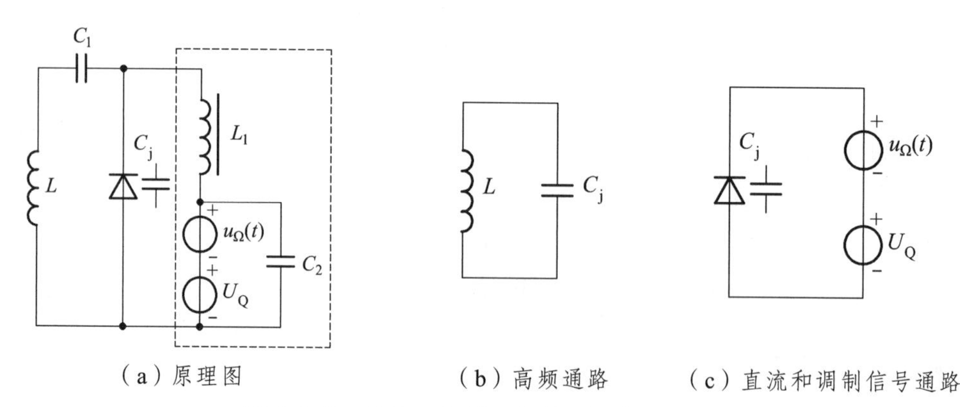

（a）原理图　　　　（b）高频通路　　　　（c）直流和调制信号通路

图 3.1.22　变容二极管全部接入振荡回路

图中，L 和变容二极管组成谐振回路，虚框内为变容二极管的控制电路。$u_\Omega(t)$ 为调制电压；直流电压 U_Q 用来提供变容二极管的反向偏压；C_1 为隔直电容，用来防止直流电压 U_Q 通过 L 短路；L_1 为高频扼流圈，它对高频视为开路，对调制信号视为短路；C_2 为高频滤波电容，对高频视为短路，对调制信号视为开路。

振荡器振荡回路如图 3.1.22（b）所示，由回路电感和变容二极管结电容 C_j 组成，其振荡角频率为

$$\omega = \frac{1}{\sqrt{LC_j}} \tag{3.1.48}$$

变容二极管的结电容 C_j 与反向偏压 u 的关系为

$$C_j = \frac{C_{j0}}{\left(1 - \dfrac{u}{U_B}\right)^{\gamma}} \tag{3.1.49}$$

式中，U_B 为 PN 结的势垒电容，C_{j0} 为 $u=0$ 的结电容，γ 为电容变化指数。

设调制电压 $u_\Omega(t) = U_{\Omega m}\cos\Omega t$，忽略高频振荡电压，直流和调制信号通路如图 3.1.22（c）所示，则变容二极管两端电压为

$$u = -[U_Q + u_\Omega(t)] = -(U_Q + U_{\Omega m}\cos\Omega t) \tag{3.1.50}$$

将式（3.1.50）代入式（3.1.49），则变容二极管结电容为

$$C_j = \frac{C_{j0}}{\left[1 + \dfrac{1}{U_B}(U_Q + U_{\Omega m}\cos\Omega t)\right]^{\gamma}} = \frac{C_{j0}}{(1 + m_c\cos\Omega t)^{\gamma}} \tag{3.1.51}$$

$$\begin{cases} C_{jQ} = \dfrac{C_{j0}}{\left(1 + \dfrac{U_Q}{U_B}\right)^{\gamma}} \\ m_c = \dfrac{U_{\Omega m}}{U_B + U_Q} \end{cases}$$

式中，C_{jQ} 为 $u(t) = U_Q$ 时变容二极管的结电容，m_c 称为变容二极管的电容调制度。由式（3.1.51）可知，变容二极管的结电容 C_j 随调制信号 $u_\Omega(t)$ 变化。

将式（3.1.51）代入式（3.1.48），则振荡器的振荡角频率为

$$\omega(t)=\frac{1}{\sqrt{LC_{jQ}}}(1+m_c\cos\Omega t)^{\gamma/2}=\omega_c(1+m_c\cos\Omega t)^{\gamma/2} \tag{3.1.52}$$

式中，$\omega_c=1/\sqrt{LC_{jQ}}$ 为 $u_\Omega(t)=0$ 时的振荡角频率，即调频信号的中心角频率。

当 $\gamma=2$ 时，则式（3.1.52）可以写成

$$\omega_c(t)=\omega_c(1+m_c\cos\Omega t)=\omega_c+\omega_c m_c\cos\Omega t=\omega_c+\Delta\omega_m\cos\Omega t \tag{3.1.53}$$

由式（3.1.53）可以看出，当 $\gamma=2$ 时，振荡角频率随调制信号线性变化，从而实现线性调频，且调频波的最大角频偏 $\Delta\omega_m=\omega_c m_c$。

应当指出，当 $\gamma\neq2$ 时，调制特性的非线性会造成调频失真和调频波的中心频率发生偏离。同时，温度或偏置电压变化对变容二极管结电容的影响，也会造成调频波中心频率的不稳定。所以，在实际应用中，常采用变容二极管部分接入振荡回路方式，如图 3.1.23 所示。图中，变容二极管与一个小电容 C_2 串联，同时在回路中并联一个电容 C_1。

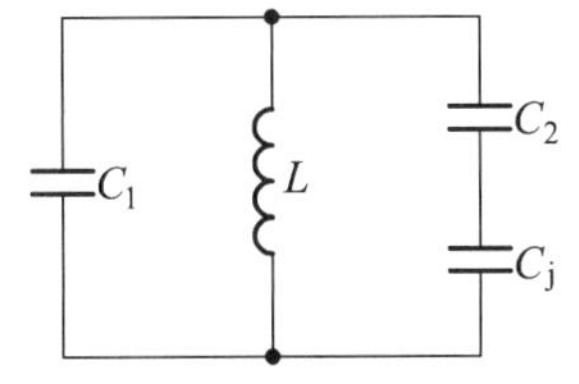

图 3.1.23　变容二极管部分接入振荡回路

（2）实际电路

变容二极管直接调频电路如图 3.1.24（a）所示，该调频电路的中心频率为 70 MHz，最大偏频为 6MHz。图 3.1.24（b）为振荡电路简化的交流通路，L 和变容二极管构成振荡回路，并与振荡管组成电感三点式振荡器。振荡管采用双电源供电，正、负电源均通过稳压电路提供直流偏置电压，改变 R_W 从而控制振荡电压大小。图 3.1.24（c）是调制信号通路，调制信号 $u_\Omega(t)$ 经耦合电容 C_1 送到 C_2、L_1 和 C_3 组成的低通滤波器，然后加到变容二极管两端。图 3.1.24（d）为变容二极管的直流通路，U_Q 提供变容二极管的反向偏压。

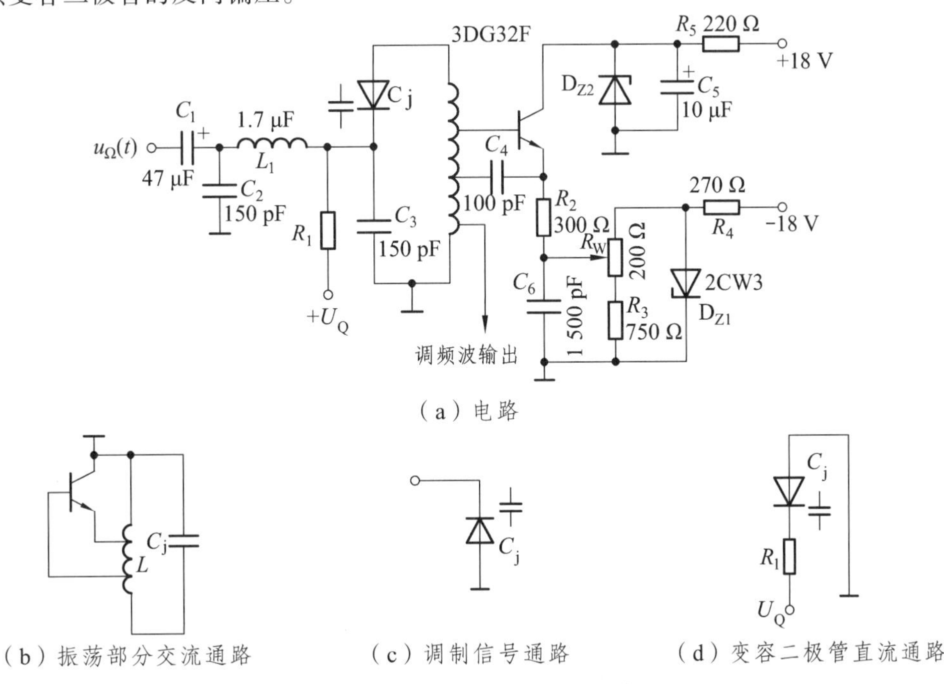

图 3.1.24　变容二极管直接调频电路

（3）电路特点

变容二极管直接调频电路简单，频偏较大，但中心频率稳定度不高。因为变容二极管是电压控制器件，所需调制信号功率小，所以在广播、电视和通信等领域中得到了广泛应用。

2. 晶体振荡器直接调频电路

（1）基本原理

晶体振荡器直接调频电路是将变容二极管与石英晶体串联或并联后，接入谐振回路构成的调频振荡器。如图 3.1.25 所示为并联型石英晶体振荡器，振荡频率主要取决于石英晶体和变容二极管。变容二极管与石英晶体相串联，C_j 受调制电压 $u_\Omega(t)$ 的控制，将会改变石英晶体的负载电容，使晶体振荡器的振荡频率受到调制电压 $u_\Omega(t)$ 的控制，从而获得调频波。

石英晶体直接调频电路的频偏很小。这是因为石英晶体串联谐振频率 f_s 与并联谐振频率 f_p 差值 Δf 太小，调频的最大频偏不会超过 Δf 的一半，即 $\Delta f_m \leqslant \Delta f/2$。

为了扩展石英晶体直接调频电路的频偏，可在石英晶体支路串接一个低 Q 的小电感，如图 3.1.25 中的 L，它可使晶体支路串联谐振频率下降，以扩大振荡频率变化范围，从而增大频偏。不过这是以牺牲中心频率的稳定度为代价的。

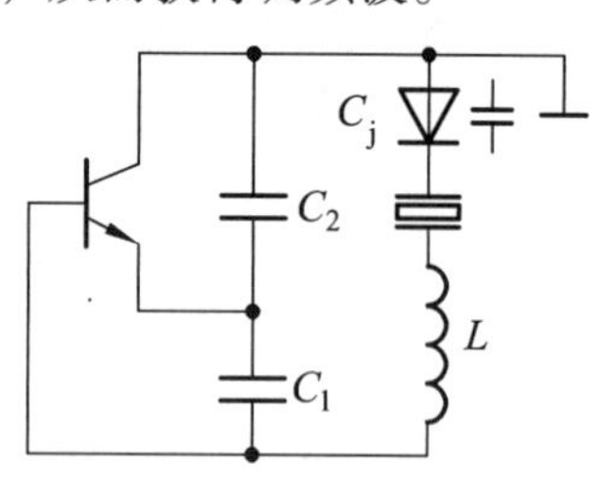

图 3.1.25　晶体振荡器直接调频电路原理图

（2）实际电路

图 3.1.26（a）所示为一个实用的石英晶体直接调频电路，晶体的标称频率为 20 MHz，三极管集电极回路调谐在它们的标称频率三次谐波（60 MHz）上，故该电路本身还具有三倍频功能。图 3.1.26（b）所示为基频交流通路，可见该电路是并联型石英晶体振荡器。调频以后通过三倍频电路，不仅可以提高载波频率，还可以扩大偏频。该调频电路输出中心频率为 60 MHz、偏频大于 7 kHz 的调频信号。

（3）电路特点

石英晶体直接调频电路的优点是中心频率稳定度高，但由于谐振回路引入了变容二极管，中心频率稳定度相对于不调频的晶体振荡器有所降低，一般频率稳定度 $(\Delta f_c / f_c) \leqslant 10^{-5}$。

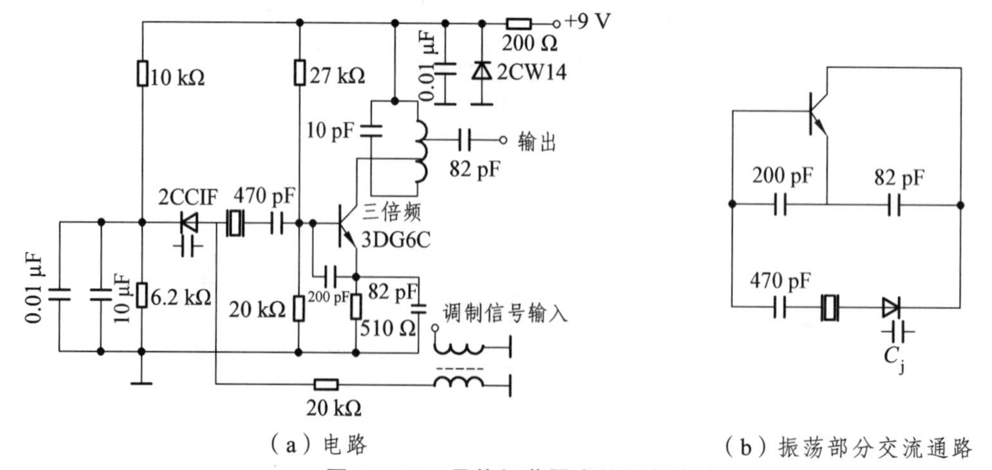

图 3.1.26　晶体振荡器直接调频电路

（二）间接调频电路

1. 间接调频基本原理

间接调频是利用调相间接实现调频，即先将调制信号 $u_\Omega(t)$ 积分，然后对载波进行调相，从而获得调频信号。其原理框图如图 3.1.27 所示。

设调制信号 $u_\Omega(t)=U_{\Omega\mathrm{m}}\cos\Omega t$，经积分电路积分后得

$$\begin{aligned} u'_\Omega(t) &= k\int_0^t u_\Omega(t)\mathrm{d}t \\ &= k\frac{U_{\Omega\mathrm{m}}}{\Omega}\sin\Omega \end{aligned} \tag{3.1.54}$$

$u_\mathrm{c}(t)=U_\mathrm{cm}\cos\omega_\mathrm{c}t$

晶体振荡器

调相器

$u_\mathrm{o}(t)$

$u'_\Omega(t)$

积分电路

$u_\Omega(t)$

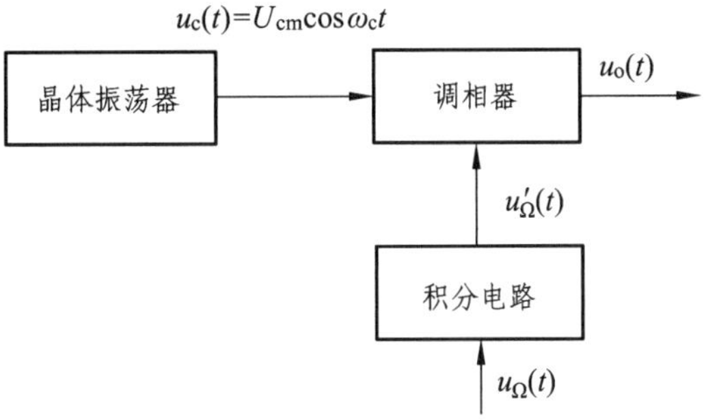

图 3.1.27　间接调频原理框图

用积分后的调制信号 $u'_\Omega(t)$ 对载波 $u_\mathrm{c}(t)=U_\mathrm{cm}\cos(\omega_\mathrm{c}t)$ 进行调相，则得

$$\begin{aligned} u_\mathrm{o}(t) &= U_\mathrm{cm}\cos[\omega_\mathrm{c}t+k_\mathrm{p}u'_\Omega(t)] \\ &= U_\mathrm{cm}\cos\left(\omega_\mathrm{c}t+k_\mathrm{p}k\frac{U_{\Omega\mathrm{m}}}{\Omega}\sin\Omega t\right) \\ &= U_\mathrm{cm}\cos(\omega_\mathrm{c}t+m_\mathrm{f}\sin\Omega t) \end{aligned} \tag{3.1.55}$$

式中，调频指数 $m_\mathrm{f}=kk_\mathrm{p}U_{\Omega\mathrm{m}}/\Omega=k_\mathrm{f}U_{\Omega\mathrm{m}}/\Omega$。由此可见，实现间接调频的关键电路是调相电路。因调相电路输入的载波信号由晶体振荡器产生的，所以，间接调频的最大优点是中心频率稳定，但不易获得大的频偏。

2. 变容二极管调相电路

变容二极管调相电路如图 3.1.28 所示。图中，变容二极管结电容 C_j 和电感 L 构成并联谐振回路，调制电压 $u_\Omega(t)$ 控制变容二极管结电容 C_j 的变化。当 $u_\Omega(t)=0$ 时，回路调谐于载频 f_c，呈纯电阻，回路相移 $\Delta\varphi(t)=0$；当 $u_\Omega(t)\neq 0$ 时，回路失谐，$\Delta\varphi(t)\neq 0$，呈电感性或电容性。设调制电压 $u_\Omega(t)=U_{\Omega\mathrm{m}}\cos\Omega t$，当回路失谐较小时，即 $|\Delta\varphi(t)|\leqslant\pi/6$，可以证明

$$\Delta\varphi(t)\approx\gamma Q_\mathrm{e}m_\mathrm{c}\cos\Omega t=m_\mathrm{p}\cos\Omega t \tag{3.1.56}$$

实现相移与调制信号成正比的调相要求。式中，调相指数 $m_\mathrm{p}=\gamma Q_\mathrm{e}m_\mathrm{c}$，$Q_\mathrm{e}$ 为并联回路的有载品质因数，m_c 为变容二极管的电容调制度，γ 为变容二极管的变容变化指数。

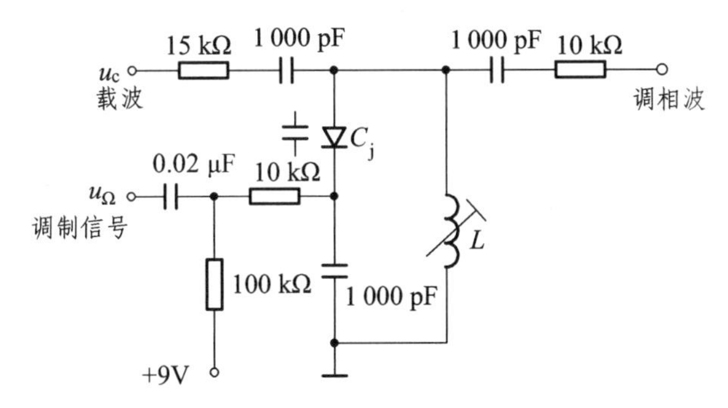

图 3.1.28　变容二极管调相电路

应当指出，回路失谐较大时，即$|\Delta\varphi(t)|>\pi/6$，调相将会产生较大的非线性失真。因此，要实现线性调相，要求$|\Delta\varphi(t)|\leqslant\pi/6$，或 $m_p=0.5$ rad，故调相信号的频偏不可能较大。为了增大频偏，可以采用多级单回路构成的变容二极管调相电路。

3. 变容二极管间接调频电路

采用变容二极管调相电路组成的间接调频电路如图 3.1.29 所示。图中，晶体管 T 构成载波放大器，R、C 为积分电路，L 和变容二极管结电容 C_j 构成变容二极管调相电路。+9 V 直流电压通过 R_3 和 R 供给变容二极管的反向偏置电压，R_3 为调制信号与偏压源之间的隔离电阻，C_3 为调制信号耦合电容。载波信号经载波放大器放大后的输出电压经 R_1 变成电流源，经耦合电容 C_1 输入调相电路；调制信号 $u_\Omega(t)$ 经 RC 电路积分后的 $u'_\Omega(t)$ 对载波进行调相，产生的调频信号经耦合电容 C_2 输出。R_2 用来减轻后级电路对回路的影响。

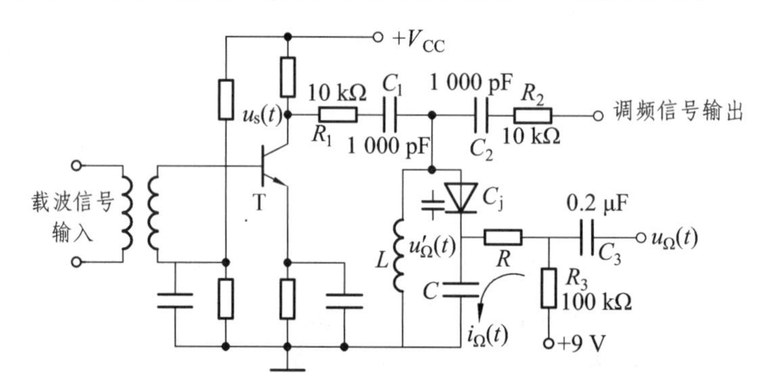

图 3.1.29　变容二极管间接调频电路

（三）扩大最大频偏的方法

在实际调频电路中，为了扩展调频信号的最大线性频偏，常用倍频器和混频器来获得所需的载频和最大线性频偏。

对于单频调制，调频信号的瞬时角频率为

$$\omega(t)=\omega_c+\Delta\omega_m\cos\Omega t \tag{3.1.57}$$

经过 n 倍频器后，输出信号的瞬时角频率变为

$$n\omega(t)=n\omega_c+n\Delta\omega_m\cos\Omega t \tag{3.1.58}$$

由式（3.1.58）可见，利用 n 倍频器可以不失真地将调频信号的载频和最大频偏同时增大 n 倍。

若将调频信号通过混频器，设本振信号角频率为 ω_L，则混频器输出的调频信号角频率变化为

$$\omega_L-\omega_c-\Delta\omega_m\cos\Omega t \qquad \text{或} \qquad \omega_L+\omega_c+\Delta\omega_m\cos\Omega t \tag{3.1.59}$$

由式（3.1.59）可知，利用混频器可以将调频信号的载波角频率降低为$(\omega_L-\omega_c)$或升高为$(\omega_L+\omega_c)$，但最大角频偏没有发生变化，仍为 $\Delta\omega_m$。

根据以上分析，利用倍频器和混频器可以在要求的载波频率上扩展频偏。通常先用倍频器增大调频信号的最大频偏，然后再用混频器将调频信号的载频降低到规定的数值。

例 3.1.5 某调频设备采用图 3.1.30 所示间接调频电路。已知间接调频电路输出调频信号中心频率 $f_{c1}=100\text{ kHz}$，最大频偏 $\Delta f_{m1}=24.41\text{ Hz}$，混频器的本振信号频率 $f_L=25.45\text{ MHz}$，取下边频输出，试求调频设备输出调频信号的中心频率 f_c 和最大频偏 Δf_m。

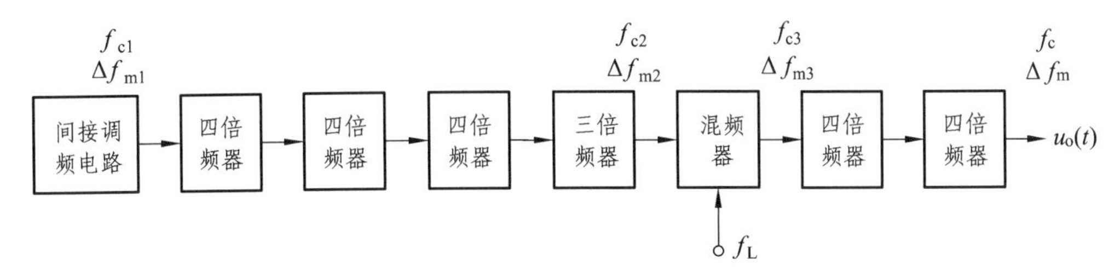

图 3.1.30 扩展最大频偏的方法

解： 间接调频电路输出调频信号，经三级四倍频和一级三倍频后其载波频率和最大频偏分别为

$$f_{c2}=4\times4\times4\times3\times f_{c1}=192\times100\text{ kHz}=19.2\text{ MHz}$$
$$\Delta f_{m2}=4\times4\times4\times3\times\Delta f_{m1}=192\times24.41\text{ Hz}=4.687\text{ kHz}$$

经过混频器后，载波频率和最大频偏分别变为

$$f_{c3}=f_L-f_{c2}=(25.45-19.2)\text{ MHz}=6.25\text{ MHz}$$
$$\Delta f_{m3}=\Delta f_{m2}=4.687\text{ kHz}$$

再经过四倍频器后，则得调频设备输出调频信号的中心频率和最大频偏分别为

$$f_c=4\times4\times f_{c3}=16\times6.25\text{ MHz}=100\text{ MHz}$$
$$\Delta f_m=4\times4\times\Delta f_{m3}=16\times4.687\text{ kHz}=75\text{ kHz}$$

情境决策

调频无线话筒可以将声波转换成 88 ~ 108 MHz 的无线电波发射出去，用普通调频收音机或者带收音功能的手机就可以接收。

将声音调制到高频载波上，可以用调幅的方法，也可以用调频的方法。与调幅相比，调频具有抗干扰能力强、信号传输保真度高等优点，缺点是占用频带较宽。调频方式一般用于超短波波段。

调频无线话筒具有使用电压低、受话灵敏、制作简易的特点，如在驻极体话筒后加一音频放大器，有效距离在 50 m 左右，可用作电话教学的无线电话筒等。

一、工作任务电路分析

（一）电路结构

调频无线话筒的制作电路如图 3.2.1 所示，该电路由拾音电路、限幅电路、调频振荡电路和指示电路四部分组成。

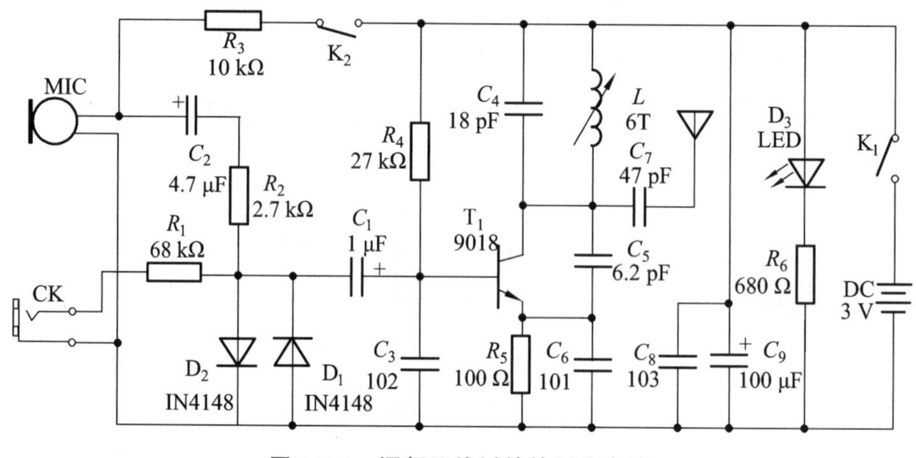

图 3.2.1 调频无线话筒的制作电路

（二）电路分析

1. 拾音电路

拾音电路由电阻 R_3 和话筒 MIC 组成。驻极体话筒 MIC 采集外界声音并转变成音频信号。电阻 R_3 为话筒 MIC 提供直流偏压，R_3 值越小，话筒采集声音的灵敏度越高。

CK 是外部信号输入插座，通过此插座，将外部声音信号源通过专用的连接线引入调频发射机。

2. 限幅电路

限幅电路由电阻 R_2（或 R_1）和二极管 D_1、D_2 组成。二极管导通电压为 0.7 V，如果输入信号电压值超过 0.7 V，相应的二极管导通分流，从而确保音频调制信号的幅度限制在 $-0.7 \sim +0.7$ V，防止话筒在近距离时，过强的声音会使三极管过调制，产生声音失真甚至无法正常工作。

3. 调频振荡电路

三极管 T_1 及其外围元件构成调频振荡电路。外界声波通过话筒 MIC 转变为音频调制信号，音频调制信号经限幅电路限幅，再通过耦合电容 C_1 加至振荡电路振荡管 T_1 基极，使三极管 C-B 结电容发生变化，振荡频率随调制信号变化，从而实现调频。调频信号通过 C_7 耦合到天线 ANT 上，从天线向外辐射出去。

电阻 R_4 和 R_5 为振荡管 T_1 提供静态工作点，同时，直流负反馈电阻 R_5 具有稳定静态工作点的作用；三极管的集电极负载 C_4 和 L 调谐于调频话筒的发射频率。根据图中元件的参数，发射频率可以为 88 ~ 108 MHz，正好覆盖调频收音机的接收频率。通过调整 L 的数值（拉伸或者压缩线圈）可以方便地改变发射频率，避开调频电台。

4. 指示电路

工作状态指示电路由发光二极管 D_3 和电阻 R_6 组成。当调频话筒通电工作时，发光二极管就会发光。R_6 是发光二极管的限流电阻，C_9 为电源滤波电容，因为大电容一般采用卷绕工艺制作，等效电感比较大，所以在电容 C_9 上并联了一个小电容 C_8。电路中 K_1 和 K_2 是一个开关，它有三个不同的位置，拨到最左边时断开电源，拨到最右边时 K_1、K_2 接通，作调频话筒使用，拨到中间位置时，K_1 接通，K_2 断开，作无线转发器使用。因为作无线转发器使用时话筒不起作用，但是话筒会消耗一定的静态电流，所以断开 K_2 可以降低耗电、延长电池的寿命。

二、元器件参数及功能

根据调频无线话筒的制作电路要求，电路元器件参数及功能如表 3.2.1 所示。

表 3.2.1　调频无线话筒电路元器件参数及功能

序号	元器件代号	名称	型号及参数	功能
1	R_3	碳膜电阻	1/8 W-10 kΩ	拾音电路
2	MIC	驻极体话筒		
3	C_1	电容器	电解电容-4.7 μF	音频信号的耦合
4	C_2	电容器	电解电容-1 μF	
5	R_1	碳膜电阻	1/8 W-68 kΩ	限幅电路
6	R_2	碳膜电阻	1/8 W-2.7 kΩ	
7	D_1、D_2	二极管	IN4148	
8	T_1	三极管	超高频-9018	调频振荡电路
9	C_3	电容器	高频瓷介-102	
10	C_5	电容器	高频瓷介-6.2 pF	
11	C_6	电容器	高频瓷介-101	
12	R_4	碳膜电阻	1/8 W-27 kΩ	
13	R_5	碳膜电阻	1/8 W-100 Ω	
14	C_4	电容器	高频瓷介-18 pF	
15	L	线圈	参见线圈的制作	
16	C_7	电容器	高频瓷介-47 pF	调频信号的耦合
17	ANT	天线	0.5 m 长的多股软铜线	作拖尾天线
18	C_8	电容器	高频瓷介-103	电源滤波
19	C_9	电容器	电解-100 μF	
20	R_6	碳膜电阻	1/8 W-680 Ω	限流
21	D_3	发光二极管	$\phi3$，绿	电源指示灯
22	K_1、K_2	拨动开关		电源、话筒开关

调频无线话筒的制作电路如图 3.2.1 所示，制作实施过程主要包括电路安装、电路调试与测试、故障分析与排除等环节。

一、电路安装

（一）电路装配准备

1. 电路板设计与制作

利用 EDA 应用软件完成原理图的绘制及 PCB 的设计，在印刷电路板制作室完成 PCB 后期制作。

2. 装配工具与仪器设备

焊接工具：电烙铁、烙铁架、焊锡丝、松香。
加工工具：剪刀、剥线钳、尖嘴钳、螺丝刀、剪刀、镊子等。
仪器仪表：万用表、示波器等。

3. 元器件识别与检测

（1）驻极体话筒

驻极体话筒的内部结构如图 3.3.1 所示，由声电转换系统和场效应管两部分组成。驻极体话筒有源极输出和漏极输出两种接法。源极输出接法有三根引出线，漏极 D 接电源正极，源极 S 经电阻接地，再经一电容作信号输出；漏极输出接法有两根引出线，漏极 D 经一电阻接至电源正极，再经一电容作信号输出，源极 S 直接接地。

驻极体话筒的极性判别方法：驻极体话筒内部场效应管的漏极和源极直接作为话筒的引出极，只要判断出漏极和源极便确定了驻极话筒的电极。将万用表拨至 $R\times1$ kΩ 挡，黑表笔任接一极，红表笔接另一极。再对调两表笔，比较两次测量结果，阻值较小时，黑表笔接的是源极，红表笔接的是漏极。

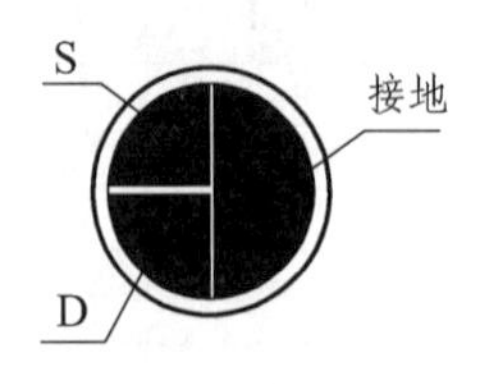

（a）外形结构

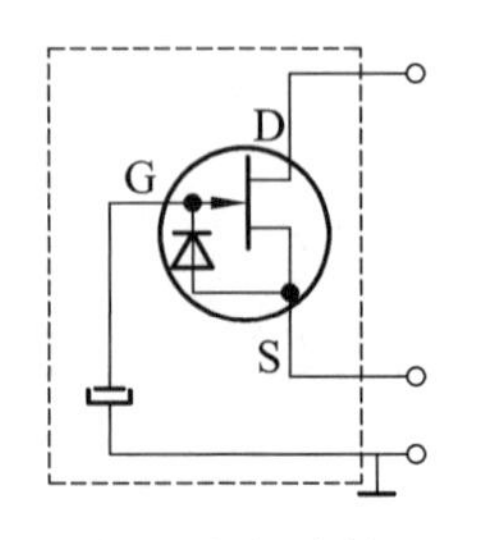

（b）内部结构

图 3.3.1　驻极体话筒

（2）线圈的制作

用$\phi 0.4 \sim 0.6$ mm漆包线在圆珠笔芯上绕6圈脱胎而成。空心线圈电感量的计算公式为

$$L=(0.08D^2N^2)/(3D+9W+10H)$$

式中　D——线圈直径，mm；

N——线圈匝数；

d——线径，mm；

H——线圈高度，mm；

W——线圈宽度，mm；

L——电感，mH。

（二）整机装配

1. 电路的焊接与装配

将经检验合格的元器件安装在电路板上，按照焊接工艺要求，完成电路元器件的焊接。装配时应注意：

① 电阻器、二极管（发光二极管除外）均采用水平安装，并紧贴电路板，色环电阻的标志顺序方向应一致。

② 电容器、发光二极管和三极管采用垂直安装方式，底部距电路板5 mm。

③ 电感线圈应采用水平安装，并保持线圈长度和形状不变，以免电感量误差过大。

④ 驻极话筒的两个引出端有正、负之分，安装焊接时不要搞错。

⑤ 连接电池卡子时，将红色的绝缘导线焊牢在正极卡子上，将黑色的绝缘导线焊牢在负极卡子上。

⑥ 天线是一段绝缘导线，将其一端穿过电路板元件面的小孔后，焊牢在相应位置，另一端悬空。

2. 电路板的自检

检查焊接是否可靠，元器件有无错焊、漏焊、虚焊、短路等现象，元器件引脚留头长度是否小于1 mm。

二、电路调试与测试

① 仔细检查组装电路，确认电路组装无误后，接上话筒电源，打开开关。

② 打开收音机，置于FM频段搜索。一边对着话筒讲话，一边搜索电台，直到收音机中传出自己的声音为止。

③ 如果在整个频段（88～108 MHz）都收不到自己的声音，或者收到的声音效果不好（不清楚或与某一电台重叠），说明话筒的发射频率不合适，可以小心拨动振荡线圈，增大或减小

每匝之间的距离，然后重新搜索电台。如果还不行，则应拆下线圈，改变其匝数后再焊上重试，直到效果令人满意为止。

④ 适当调整电阻 R_3 阻值的大小，使话筒受话灵敏度最大且清晰。

三、故障分析与排除

在电路调试过程中，若电路出现故障，不能正常工作，则需要进行故障检查。故障检查时，要仔细观察故障现象，依据电路工作原理或通过测试仪器仪表分析故障原因，找出故障点，并加以排除。

注意仔细检查电路装配是否正确，有无焊接故障，包括错焊、漏焊、虚焊等。检查时可分块检查，例如，按照“电源电路→拾音电路→限幅电路→调频振荡电路”的顺序逐一检查，直到排除故障为止。

一、展示评价

展示评价内容包括：① 小组展示制作产品；② 教师根据小组展示汇报整体情况进行小组评价；③ 在学生展示汇报中，教师可针对小组成员分工对个别成员进行提问，给出个人评价；④ 组内成员自评与互评；⑤ 评选制作之星。

学生的学习过程评价如表 3.4.1 所示。

表 3.4.1　学习情境 3 学习过程评价表

序号	评价指标	评价方式	评价标准		
			优	良	及格
1	资讯（15%）	教师评价	积极主动查阅任务单、熟悉引导文，能正确分析工作任务电路，熟练运用知识解决任务中的问题	主动查阅任务单、熟悉引导文，会分析工作任务电路，基本能运用知识解决任务中的问题	查阅任务单和引导文，基本能分析工作任务电路，但运用知识解决任务中问题的效果不佳
2	决策（15%）	教师评价+小组互评	能详细列出元器件、工具、耗材、仪表清单，制订详细的安装制作流程与测试步骤	能详细列出元器件、工具、耗材、仪表清单，制订基本的安装制作流程与测试步骤	能详细列出元器件、工具、耗材、仪表清单，制订大致的安装制作流程与测试步骤
3	实施（30%）	教师评价+小组互评	正确操作相应仪器、工具，记录完整正确，产品制作质量好，完全满足要求	正确操作相应仪器、工具等，书面记录较正确，产品制作质量好	无重大操作损失，产品质量基本满足要求

续表 3.4.1

序号	评价指标		评价方式	评价标准		
				优	良	及格
4	报告（10%）		教师评价	格式标准，有完整详细的任务分析、实施、总结过程，并能提出一些新的建议	格式标准，有完整的任务分析、实施、总结过程，并能提出一定的建议	格式标准，有完整的任务分析、实施、总结过程记录
5	职业素质	职业操守（10%）	教师评价+自评+互评	质量、安全、文明、环保意识	安全、文明工作，职业操守好	没出现违纪现象
		学习态度（10%）	教师评价	勤于思考，勇于创新	学习积极性高	没有厌学现象
		团队协作（5%）	互评	主动了解其他成员情况，分工协作，共同编制技术文档	配合小组成员完成项目任务	基本能配合小组成员完成项目任务
		语言表达（3%）	互评+教师评价	勤于思考与探索，提出工作任务的新见解、新观点	勤于思考与探索	用语言阐述工作任务，无重大失误
		组织协调（2%）	互评+教师评价	能根据工作任务对资源进行合理分配，同时协调小组活动过程	能根据工作任务对资源进行较合理分配	根据工作任务对资源进行分配，无重大失误

班级		姓名		成绩		教师签名		时间	

二、资料归档

在完成情景任务后，需要撰写技术文档，技术文档中应包括：① 产品功能说明；② 电路整体结构图及其电路分析；③ 元器件清单；④ 装配线路板图；⑤ 装配工具、测试仪器仪表；⑥ 电路制作工艺流程说明；⑦ 测试结果；⑧ 总结。

技术文档的撰写必须符合国家相关标准要求。

总结提高

一、情景总结

通过调频无线话筒的制作训练，学习了调幅和调角的基本知识。

1. 调幅信号

调幅是将低频调制信号“装载”到高频载波振幅上的过程，即高频载波振幅随调制信号线性变化。调幅主要有普通调幅（AM）、双边带调幅（DSB）和单边带调幅（SSB）三种方式。

AM 信号数学表达式为 $u_{\mathrm{AM}}(t)=U_{\mathrm{cm}}(1+m_{\mathrm{a}}\cos\Omega t)\cos\omega_{\mathrm{c}}t$，其包络直接反映调制信号的变化规律。AM 信号频谱中含有载频、上边带和下边带，其频谱带宽为 $BW=2F_n=2F_{\max}$。

DSB 信号数学表示式为 $u_{\mathrm{DSB}}(t)=m_{\mathrm{a}}U_{\mathrm{cm}}\cos\Omega t\cos\omega_{\mathrm{c}}t$，其包络不再反映调制信号的形状，而是与调制信号的绝对值成正比。DSB 信号频谱中只含有上边带和下边带，没有载频分量，其频谱带宽为 $BW=2F_n=2F_{\max}$。

SSB 信号频谱中只含有上边带或下边带，其频谱带宽 $BW\approx F_n=F_{\max}$。SSB 信号包络也不直接反映调制信号的变化规律。

2. 调幅电路

按输出功率的高低不同，调幅电路可分为高电平调幅电路和低电平调幅电路。

低电平调幅电路是在发射机的低电平级实现，主要用来实现双边带调幅和单边带调幅。对低电平调幅电路的主要要求是具有良好的调制线性度和较强的载波抑制能力。目前广泛采用模拟相乘器调幅电路和二极管平衡调幅电路。

高电平调幅电路是在发射机的高电平级实现，一般用于产生普通调幅波。高电平调幅是在丙类谐振功率放大器中进行的，对其主要要求是兼顾输出功率大、效率高、调制线性度好。根据调制信号所加的电极不同，高电平调幅电路有基极调幅和集电极调幅。

3. 调角信号

调频与调相都表示为载波信号的瞬时相位受到调变，故统称为调角。调频是由调制信号去改变载波信号的频率，其瞬时角频率为 $\omega(t)=\omega_{\mathrm{c}}+k_{\mathrm{f}}u_{\Omega}(t)$。调相是调制信号去改变载波信号的相位，其瞬时相位为 $\varphi(t)=\omega_{\mathrm{c}}t+k_{\mathrm{p}}u_{\Omega}(t)$。

调角信号的有效宽度 $BW=2(m+1)F=2(\Delta f_{\mathrm{m}}+F)$，当 $m\ll 1$ 时，称为窄带调角信号；当 $m\gg 1$ 时，称为宽带调角信号。调角具有抗干扰能力强和设备利用率高等优点，但调角信号的有效带宽比调幅信号大得多，而且带宽与调制指数有关。

4. 调频电路

调频电路的主要性能指标有中心频率及其稳定度、最大频偏、调制特性和调制灵敏度等。产生调频信号的方法有直接调频与间接调频两类。

直接调频是指用调制信号直接控制振荡器振荡频率而获得调频信号。其优点是可以获得较大频偏，缺点是中心频率稳定度低。常用的直接调频电路有变容二极管直接调频电路、晶体振荡器直接调频电路等。

间接调频是利用调相间接实现调频，即先将调制信号 $u_{\Omega}(t)$ 积分，然后对载波进行调相，从而获得调频信号。其优点是中心频率稳定度高，缺点是不易获得大的频偏。

在实际调频电路中，为了扩展调频信号的最大线性频偏，常用倍频器和混频器来获得所需的载频和最大线性频偏。先用倍频器增大调频信号的最大频偏，然后再用混频器将调频信号的载率降低到规定的数值。

二、拓展学习

（一）移相法单边带调幅电路

移相法实现单边带调幅的电路模型如图 3.5.1 所示。设调制信号 $u_{\Omega}(t)=U_{\Omega m}\cos\Omega t$，则相乘器 I 输出电压为

$$u_{o1}=A_{M}U_{cm}U_{\Omega m}\cos\Omega t\cos\omega_{c}t \tag{3.5.1}$$

相乘器 II 输出电压为

$$\begin{aligned}u_{o2}&=A_{M}U_{cm}U_{\Omega m}\cos\left(\Omega t-\frac{\pi}{2}\right)\cos\left(\omega_{c}t-\frac{\pi}{2}\right)\\&=A_{M}U_{cm}U_{\Omega m}\sin\Omega t\sin\omega_{c}t\end{aligned} \tag{3.5.2}$$

将 $u_{o1}(t)$ 与 $u_{o2}(t)$ 相加，则得

$$u_{o}(t)=u_{o1}(t)+u_{o2}(t)=A_{M}U_{cm}U_{\Omega m}\cos[(\omega_{c}-\Omega)t] \tag{3.5.3}$$

将 $u_{o1}(t)$ 与 $u_{o2}(t)$ 相减，则得

$$u_{o}(t)=u_{o1}(t)-u_{o2}(t)=A_{M}U_{cm}U_{\Omega m}\cos[(\omega_{c}+\Omega)t] \tag{3.5.4}$$

由式（3.5.3）和（3.5.4）可知，实现了单边带调幅。

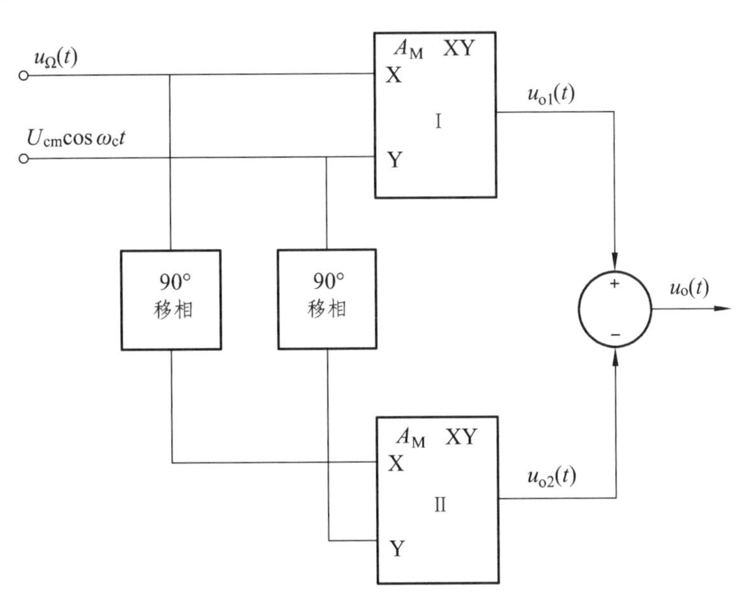

图 3.5.1 移相法单边带调幅电路模型

移相法实现单边带调幅的关键是两个移相器，要求对载频和调制信号的移相均为准确的 90°，而其幅频特性又要为常数。

（二）可变时延法调相电路

可变时延法调相就是利用调制信号控制时延大小而实现调相的一种方法，其原理框图如图 3.5.2 所示。设调制信号 $u_\Omega(t)=U_{\Omega m}\cos\Omega t$，晶体振荡器产生的载波信号 $u_c(t)=U_{cm}\cos\omega_c t$。

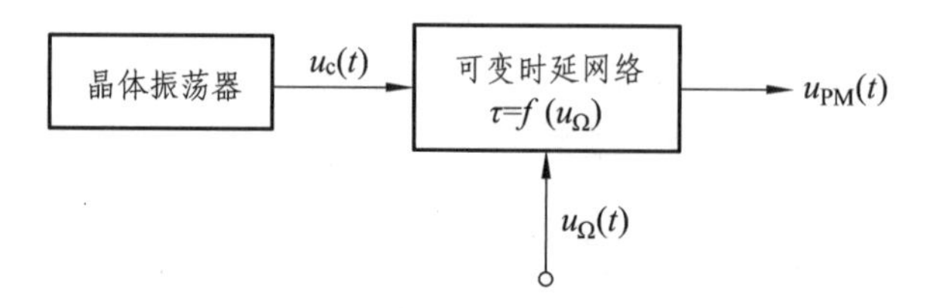

图 3.5.2　可变时延法调相电路原理框图

若时延网络的延时时间为 τ，则有

$$\tau=k_d u_\Omega(t)=k_d U_{\Omega m}\cos\Omega t \tag{3.5.5}$$

输出信号为

$$\begin{aligned}u_{PM}(t)&=U_{cm}\cos[\omega_c(t-\tau)]=U_{cm}\cos(\omega_c t-\omega_c\tau)\\&=U_{cm}\operatorname{co}(\omega_c t-\omega_c k_d U_{\Omega m}\cos\Omega t)\\&=U_{cm}\cos(\omega_c t-m_p\cos\Omega t)\end{aligned} \tag{3.5.6}$$

式中，调相指数 $m_p=\omega_c k_d U_{\Omega m}$。

由式（3.5.6）可知，输出信号为调相信号，从而实现调相。

可变时延调相系统的最大优点是调制线性好，相位偏移大，最大相位偏移可达144°，被广泛应用在调频发射机及激光通信系统中。

（三）调频和调幅的比较

在通信设备中，采用调频制与采用调幅制相比，具有如下特点：

1. 调频制的抗干扰能力强

由于调频波是等幅波，信息寄载于频率和相位上，可以采用限幅电路抗干扰。另外调频指数可以比 1 大甚至远大于 1，有足够的能力克服噪声对信号的干扰调制。但是若调制指数在 0.6 以下（窄带调频），调频制抗干扰性并不优于调幅制。

2. 调频设备的利用率高

由于调幅波的平均功率 P_{AV} 与调幅指数 m_a 有关，故应按 m_a 可能的最大值选用功率三极管，而在实际工作时 m_a 较小，所以造成功率放大管利用率低。而调频波的平均功率 P_{AV} 在调制前后保持不变，功率放大管可以充分利用。

3. 调频信号传输的保真度高

因为调频制比调幅制抗干扰能力强，又允许占有较宽的频带，传输的调制信号频率范围也较大，所以调频制信号传输的保真度高。

4. 调频信号只适宜于超短波以上的频段

因为调频信号所占的频带宽，若在中、短波段工作，则这些波段容纳的电台数目很有限，所以必须工作在超短波以上的频段，这也使调频信号传输的距离很近（可采用卫星通信），而调幅波可用于远距离通信。

5. 调频接收机比调幅接收机的设备复杂

调频接收机的线路复杂，需要的元件较多，调制复杂，成本较调幅接收机也较高。

三、练一练

1. 填　空

（1）通常，把待传输的信号“装载”到高频信号上的过程称为__________。将携带有用信息的电信号称为__________；未经调制的高频信号好比“运载工具”，称为__________；经过调制后的高频信号称为__________。

（2）按照调幅方式不同，调幅有__________、__________和__________等。

（3）调幅过程的实质是__________搬移过程。

（4）普通调幅信号的频谱成分有__________、__________、__________。

（5）在低电平级完成的调幅称为__________调幅，它通常用来产生__________调幅信号；在高功率级完成的调幅称为__________调幅，用来产生__________调幅信号。

（6）对低电平调幅电路的主要要求是具有良好的__________和较强的__________。目前广泛采用模拟相乘器调幅电路和二极管平衡调幅电路。

（7）高电平调幅是在__________放大器中进行的，根据调制信号所加的电极不同，有__________调幅和__________调幅。

（8）调频和调相统称为__________，它是频谱的__________变换。

（9）单频调制时，调频信号的调频指数与调制信号的__________成正比，与调制信号的__________成反比；最大频偏与调制信号的__________成正比，与调制信号的__________无关。

（10）若调制信号为余弦信号，则调频信号的瞬时相位按__________规律变化，而调相信号的瞬时相位按__________规律变化。

（11）调频制与调幅制相比较，调频制的优点主要是__________和__________。

（12）实现调频的方法有__________和__________两大类。

（13）直接调频的优点是＿＿＿＿＿＿，其缺点是＿＿＿＿＿＿；间接调频的优点是＿＿＿＿＿，其缺点是＿＿＿＿＿。

（14）在实际调频电路中，为了扩展调频信号的最大线性频偏，常用＿＿＿＿和＿＿＿＿来获得所需的载频和最大线性频偏。

2. 选　择

（1）下列关于调幅的描述正确的是＿＿＿。

（A）用载波信号控制调制信号的振幅，使调制信号的振幅按载波信号的规律发生变化

（B）用调制信号控制载波信号的振幅，使调制信号的振幅按载波信号的规律发生变化

（C）用调制信号控制载波信号的振幅，使载波信号的振幅随调制信号的规律发生变化

（2）设低频调制信号 $u_{\Omega}(t)=U_{\Omega m}\cos\Omega t$，则普通调幅信号的振幅与＿＿＿成正比。

（A）$U_{\Omega m}$　　（B）$u_{\Omega}(t)$　　（C）$|u_{\Omega}(t)|$

（3）当调制信号为单音频信号时，DSB 信号的频谱为＿＿＿。

（A）上、下两个边频

（B）载频和无数对边频

（C）载频和上下两个边频

（4）若低频调制信号 $u_{\Omega}(t)=U_{\Omega m}\cos\Omega t$，则图 3.5.3（a）所示波形是＿＿＿信号。

（A）AM　　（B）DSB　　（C）SSB

（a）　　（b）

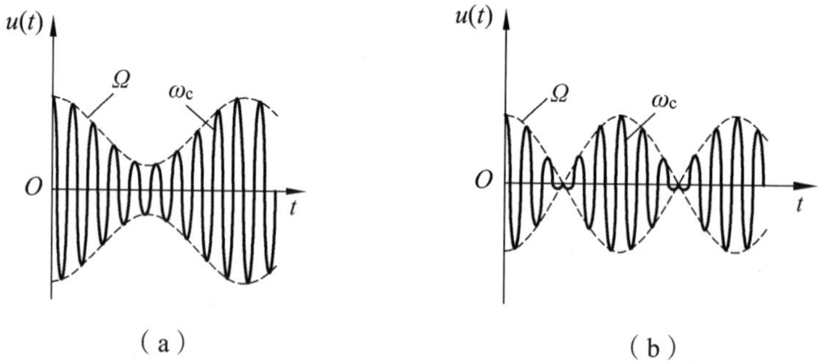

图 3.5.3　调幅波波形

（5）若低频调制信号 $u_{\Omega}(t)=U_{\Omega m}\cos\Omega t$，则图 3.5.3（b）所示波形是＿＿＿信号。

（A）AM　　（B）DSB　　（C）SSB

（6）若低频调制信号的频率范围为 $F_1\sim F_n$，则产生的普通调幅波的频带宽度为＿＿＿。

（A）$2F_1$　　（B）$2F_n$　　（C）$2(F_n-F_1)$

（7）下列关于调频的描述正确的是＿＿＿。

（A）用调制信号去控制载波信号的频率，使载波信号的频率随调制信号的规律而变化

（B）用载波信号去控制调制信号的频率，使载波信号的频率随调制信号的规律而变化

（C）用调制信号去控制载波信号的频率，使调制信号的频率随载波信号的规律而变化

（8）调制信号 $u_{\Omega}(t)=U_{\Omega m}\cos\Omega t$，载波信号 $u_c(t)=U_{cm}\cos\omega_c t$，下列各式中为调相信号的是＿＿＿。

（A）$u(t)=U_{cm}(1+0.5\cos\Omega t)\cos\omega_c t$

（B）$u(t)=U_{\text{cm}}(\omega_{\text{c}}t+0.5\cos\Omega t)$

（C）$u(t)=U_{\text{cm}}(\omega_{\text{c}}t+0.5\sin\Omega t)$

（D）$u(t)=U_{\text{cm}}\cos(\omega_{\text{c}}t+0.5\cos\Omega t)$

（9）无论是调频信号还是调相信号，它们的 $\omega(t)$ 和 $\varphi(t)$ 都同时受到调变，其区别仅在于按调制信号规律线性变化的物理量不同，这个物理量在调相信号中是______。

（A）$\omega(t)$　（B）$\varphi(t)$　（C）$\Delta\omega(t)$　（D）$\Delta\varphi(t)$

（10）单频调制时，调频波的最大频偏 Δf_{m} 正比于______。

（A）$u_{\Omega}(t)$　（B）$U_{\Omega\text{m}}$　（C）Ω

（11）调相信号的带宽为 20 kHz，当调制信号幅度不变，调制信号频率升高一倍，则带宽变为______。

（A）40 kHz　（B）20 kHz　（C）10 kHz

（12）单频调制时，调频信号的最大频偏 $\Delta f_{\text{m}}=50\text{ kHz}$，当调制信号的振幅增加一倍，则最大频偏 Δf_{m} 为______kHz。

（A）100　（B）50　（C）25

（13）单频调制时，调相信号的最大相位偏移 $m_{\text{p}}=10\text{ rad}$，当调制信号的振幅减小一半，则 m_{p} 为______rad。

（A）20　（B）10　（C）5

（14）为了扩展调频信号的最大频偏，在实际电路中可采用______。

（A）放大器　（B）倍频器　（C）混频器　（D）倍频器与混频器

3. 分析计算

（1）已知调制信号 $u_{\Omega}(t)=4\cos(2\pi\times10^{3}t)\text{ V}$，载波信号 $u_{\text{c}}(t)=10\cos(2\pi\times10^{6}t)\text{ V}$，当 $k_{\text{a}}=1$ 时，试写出普通调幅表达式，求出调幅系数 m_{a} 和频谱带宽 BW，画出频谱图（必须在图中标出数值）。

（2）已知调幅波输出 $u_{\text{AM}}(t)=5\cos(2\pi\times10^{6}t)+\cos[2\pi(10^{6}+5\times10^{3})t]+\cos[2\pi(10^{6}-5\times10^{3})t]\text{ V}$，试求出调幅系数及频带宽度，画出调幅波的频谱图。

（3）已知调幅波表示式 $u_{\text{AM}}(t)=[2+\cos(2\pi\times100)t]\cos(2\pi\times10^{4}t)\text{ V}$，试画出它的频谱图，求出频带宽度。若已知 $R_{\text{L}}=1\ \Omega$，试求载波功率、边频功率、调幅波在调制信号一周期内平均总功率。

（4）已知两个信号电压的频谱如图 3.5.4 所示。① 试写出两个信号电压的数学表达式，并指出已调波的性质；② 计算在单位电阻上消耗的总功率以及已调波的频带宽度。

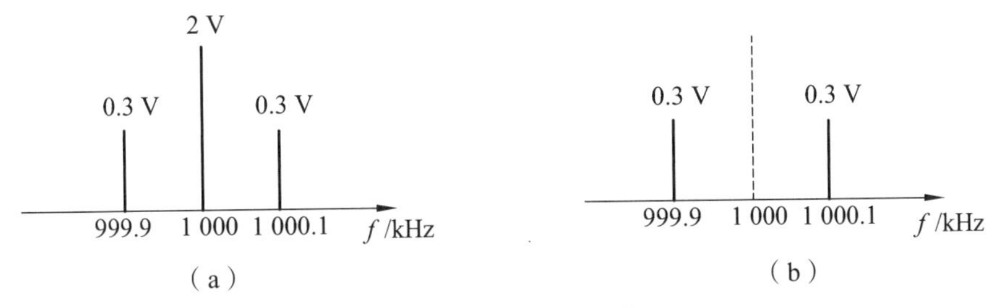

图 3.5.4　调幅波频谱

（5）载波信号为 $u_c(t)=3\cos(2\pi\times10^6 t)$ V，调制信号为 $u_\Omega(t)=U_{\Omega m}\cos(2\pi\times10^3 t)$ V，已知最大频偏 $\Delta f_m=4$ kHz。试求最大相位偏移 m_f 和有效带宽 BW，并写出调频波的数学表达式。

（6）已知调频信号表示式为 $u_{FM}(t)=5\cos[(2\pi\times10^7 t)+15\sin(2\pi\times10^3 t)]$ V，$k_f=2\pi\times10^4$ rad/s·V。试求：① 载波频率及振幅；② 最大相位偏移；③ 最大频偏；④ 调制信号频率及振幅；⑤ 有效带宽；⑥ 单位电阻上所消耗的平均功率。

（7）载波信号为 $u_c(t)=2\cos(2\pi\times10^8 t)$ V，调制信号为 $u_\Omega(t)=6\cos(4\pi\times10^3 t)$ V，$k_p=2$ rad/V。试求调相信号的调相指数 m_p、最大频偏 Δf_m 和有效带宽 BW，并写出调相信号的数学表达式。

（8）图 3.5.5 所示是中心频率为 $f_o=360$ MHz 的变容二极管直接调频电路。① 画出振荡器的交流等效电路；② 说明电路的工作原理；③ 调节 R_3 使变容二极管反偏电压为 6 V，此时 $C_{jQ}=20$ pF，求振荡回路电感 L。

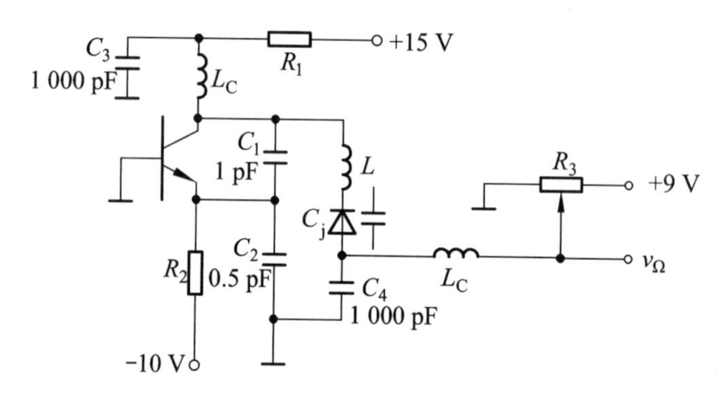

图 3.5.5　变容二极管直接调频电路

（9）调幅电路如图 3.5.6 所示，试分析该电路的作用，指出电路工作状态，说明 R_B 和 C_B 的作用。

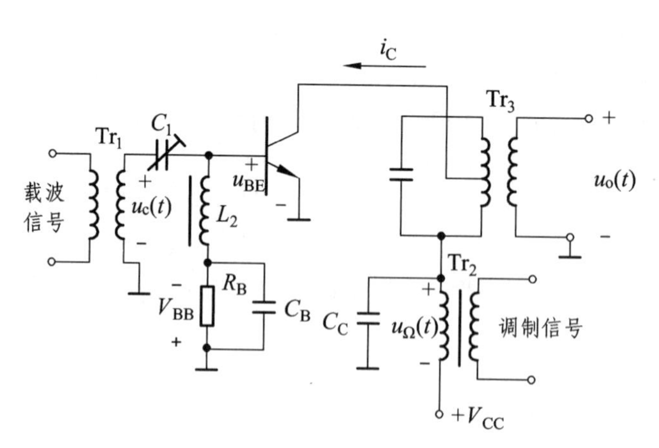

图 3.5.6　调幅电路

四、试一试

1. 相乘器普通调幅电路的仿真

（1）利用 Multisim 11 软件绘制如图 3.5.7 所示的仿真电路。

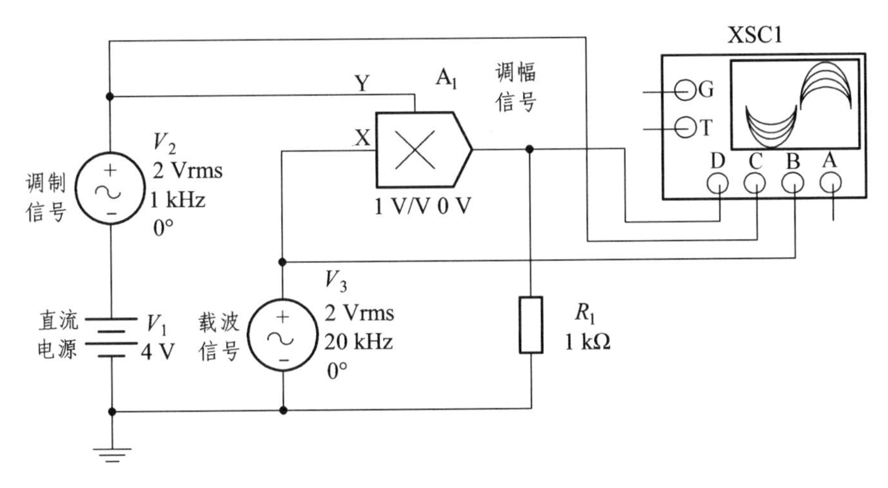

图 3.5.7 相乘器普通调幅仿真电路

（2）按图 3.5.7 设置 V_1、V_2、V_3 和电阻元件参数，运行仿真开关，从示波器上观察普通调幅波形与调制信号的关系。

（3）改变直流电压值，观察过调幅现象，并分析原因。

2. 相乘器双边带调幅电路的仿真

（1）利用 Multisim 11 软件绘制如图 3.5.8 所示的仿真电路。

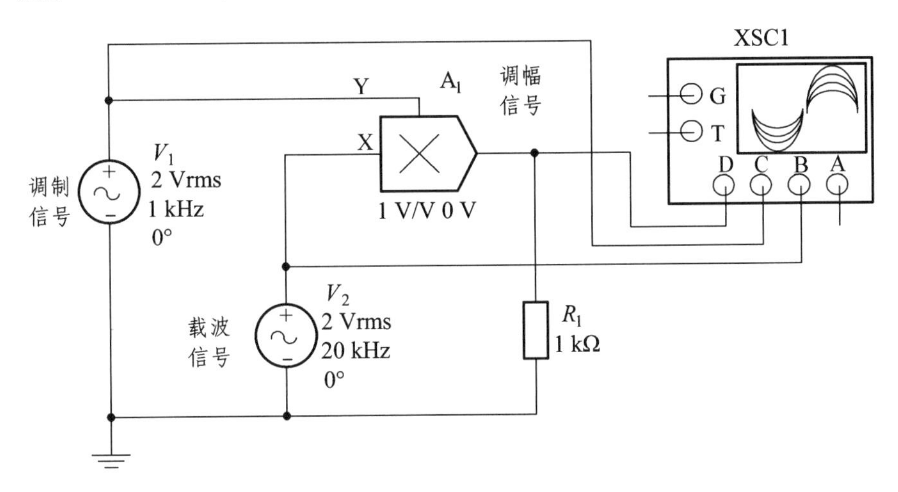

图 3.5.8 相乘器双边带调幅仿真电路

（2）按图 3.5.8 设置 V_1、V_2 和电阻元件参数，运行仿真开关，从示波器上观察双边带调幅波形，说明双边调幅信号的特点。

3. 基极调幅电路的仿真

（1）利用 Multisim 11 软件绘制如图 3.5.9 所示的仿真电路。

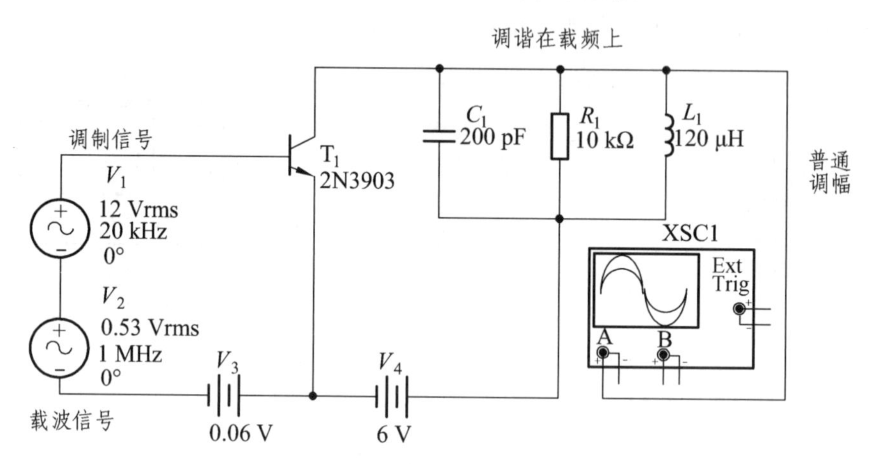

图 3.5.9　基极调幅仿真电路

（2）按图 3.5.9 设置 V_1、V_2、V_3、V_4 和电路元件参数，运行仿真开关，从示波器上观察调幅波波形，说明基极调幅信号的特点。

4. 调频电路的仿真

（1）利用 Multisim 11 软件绘制如图 3.5.10 所示的仿真电路。

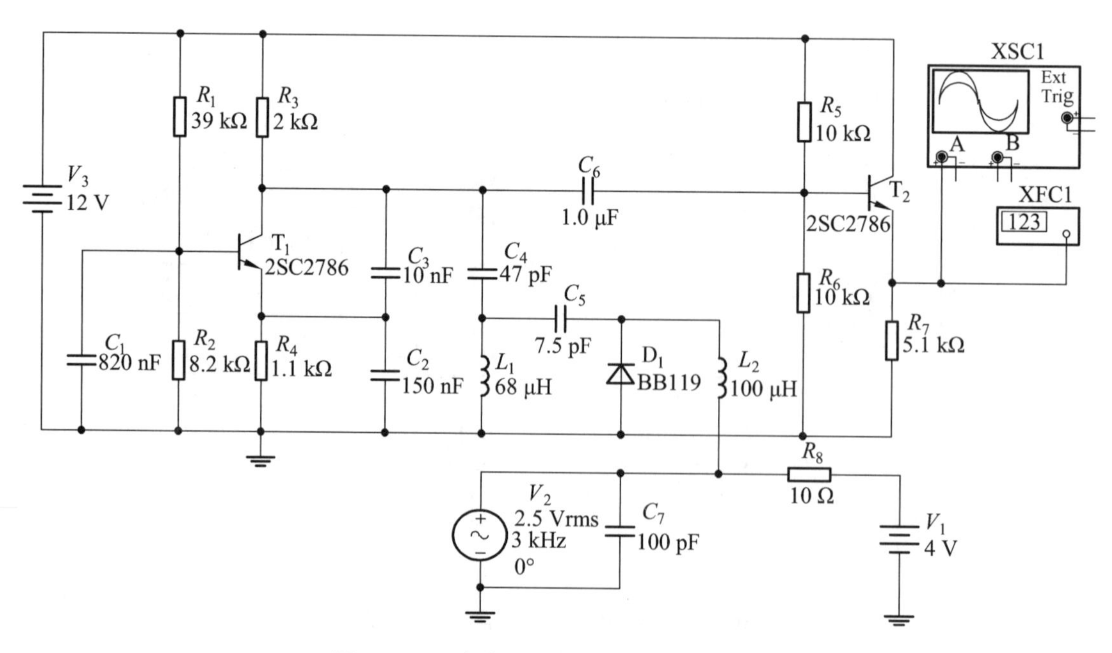

图 3.5.10　变容二极管直接调频仿真电路

（2）测试变容二极管的静态调制特性，即拿掉 V_2，保留直流电压 V_1，观察 $V_1 = 0$ 以及取其他值时振荡频率的变化，这时的振荡器属于压控振荡器。

（3）观察调频波波形。从示波器上看到的波形频率变化不明显，从频率计（XFC1）可看出频率不停变化。

学习情境 4

袖珍收音机的制作

【情境任务单】

<table>
<tr><td>学习情景</td><td colspan="3">袖珍收音机的制作</td><td>参考学时</td><td>20</td></tr>
<tr><td>班　　级</td><td></td><td>小组编号</td><td></td><td>成员名单</td><td></td></tr>
<tr><td>情境描述</td><td colspan="5">收音机能够把天线接收到的高频信号，经检波还原成音频信号，送到耳机变成声音。该袖珍收音机采用集成电路 TA7642，实现对电台信号的高频放大和检波作用，是一款适合学习的简易型收音机，易装配，成功率高，价格低。</td></tr>
<tr><td rowspan="3">情境目标</td><td>支撑知识</td><td colspan="4">① 检波的基本原理；
② 混频的基本原理；
③ 鉴频的基本原理；
④ 反馈控制电路的基本原理。</td></tr>
<tr><td>专业技能</td><td colspan="4">① 检波电路、混频电路和鉴频电路的仿真；
② 袖珍收音机电路图的识读；
③ 袖珍收音机产品的制作；
④ 袖珍收音机制作报告的撰写。</td></tr>
<tr><td>职业素养</td><td colspan="4">① 质量、成本、安全、环保意识；
② 通过工作任务，认识专业及行业特点，养成良好工作责任心；
③ 良好的团队协作精神，积极主动参与工作；
④ 较强的语言表达能力和组织协调能力。</td></tr>
<tr><td>工作任务</td><td colspan="5">制作一袖珍收音机，电路如图 4.1.1 所示。
图 4.1.1　袖珍收音机的制作电路</td></tr>
<tr><td>提交成果</td><td colspan="5">① 制作产品；
② 技术文档（具体内容参见资料归档）。</td></tr>
<tr><td>完成时间及签名</td><td colspan="5"></td></tr>
</table>

【资讯引导文】

检波电路、混频电路属于频谱搬移电路，它们的作用是将输入信号频谱沿频率轴进行不失真的搬移；鉴频电路属于频谱非线性变换电路，它的作用是将输入信号频谱进行特定的非线性变换。

一、检波电路

从高频调幅信号中取出原调制信号的过程称为检波。实现检波功能的电路称为检波电路，又称为检波器。检波是调幅的逆过程。从频谱关系上看，检波就是将调幅信号中的边带信号不失真地从载频附近搬移到零频附近，故检波电路也属于频谱搬移电路。

检波电路根据所用的器件不同，可分为二极管检波电路和三极管检波电路；根据信号大小不同，可分为小信号检波电路和大信号检波电路；根据工作特点不同，可分为包络检波电路和同步检波电路。

对检波电路的主要要求是检波效率高，失真小，输入电阻高。

（一）二极管包络检波电路

输出电压直接反映调幅波包络变化规律的检波电路称为包络检波电路，它只适用于普通调幅波的检波。目前应用广泛的是二极管包络检波电路。

1. 电路结构

二极管包络检波电路如图 4.1.2 所示，该电路由二极管 D 和 RC 低通滤波器串联组成。R 为检波负载电阻，C 为检波负载电容。RC 电路有两个作用：一是作为检波器的负载产生调制频率为 Ω 的电压，二是起高频滤波作用。在实际电路中，为了提高检波性能，RC 的取值足够大，工程上通常取 $RC \gg (5\sim10)/\omega_c$。

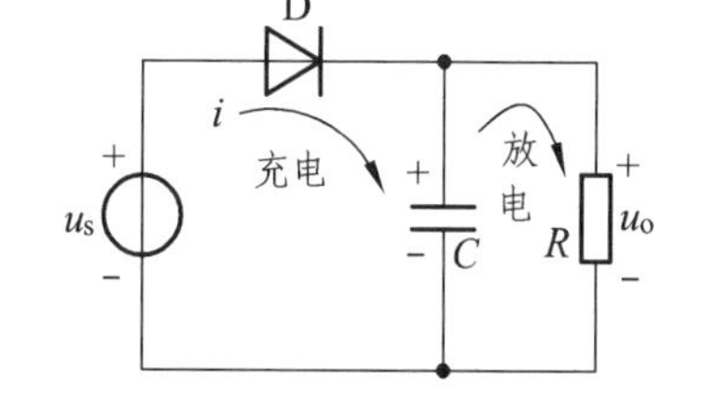

图 4.1.2　二极管包络检波电路

一般要求输入信号的幅度在 500 mV 以上，所以二极管处于大信号工作状态，故又称大信号包络检波器。

2. 工作原理

设输入调幅波电压为 $u_s = U_{cm}(1+m_a\cos\Omega t)\cos\omega_c t$，由于负载电容 C 的高频阻抗很小，因此，高频输入电压 u_s 绝大部分加在二极管上。在 u_s 为正半周时，二极管导通，u_s 通过二极管向电容 C 充电，充电时间常数 $r_D C$ 很小（因二极管导通电阻 $r_D \ll R$），充电速度很快，检波输出电压 u_o 很快接近高频输入电压的最大值。由于 u_o 的反作用，作用在二极管两端电压为 $u_s - u_o$，所以，当 $u_s < u_o$ 时，二极管截止，C 通过电阻 R 放电，放电时间常数 RC 很大，放电速度很慢。当 u_o 下降得不多时，输入电压 u_s 的下一个正峰值又到来，且 $u_s > u_o$ 时，二极管又导通，重复上述充、放电过程。检波器输出电压 u_o 波形如图 4.1.3 所示。从图中可以看出，

u_o作锯齿状波动，但由于充电快、放电慢，u_o实际上起伏很小，可以近似认为u_o与调幅波包络基本一致，故又称为峰值包络检波器。

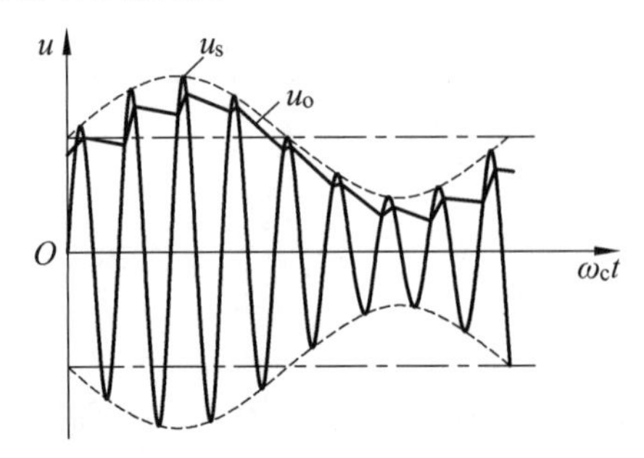

图 4.1.3　调幅波包络检波波形

3. 性能指标

（1）检波效率η_d

检波效率用来说明检波电路对高频信号的检波能力，又称电压传输系数，用η_d表示。定义η_d为检波电路输出低频电压振幅与输入高频调幅波包络振幅之比。η_d小于 1，而近似等于 1，在实际电路中η_d在 0.8 左右。

若检波电路输入调幅波电压$u_s = U_{cm}(1+m_a\cos\Omega t)\cos\omega_c t$，则检波器输出电压$u_o$为

$$\begin{aligned} u_o &= \eta_d U_{cm}(1+m_a\cos\Omega t) = \eta_d U_{cm} + \eta_d U_{cm} m_a \cos\Omega t \\ &= U_o + u_\Omega(t) \end{aligned} \tag{4.1.1}$$

式（4.1.1）中，$U_o = \eta_d U_{cm}$为检波输出电压的直流分量，$u_\Omega(t) = \eta_d U_{cm} m_a \cos\Omega t$为检波输出的低频调制信号。

（2）输入电阻R_i

检波电路作为中频放大器的输出负载，此负载效应可以用检波电路输入电阻R_i来表示，它定义为输入高频电压振幅与二极管电流 i 中基波分量振幅的之比。由理论分析可以得出，二极管包络检波电路的输入电阻为

$$R_i \approx R/2 \tag{4.1.2}$$

例 4.1.1　二极管峰值包络检波电路如图 4.1.2 所示，已知检波负载电阻$R = 5\ \text{k}\Omega$，检波负载电容$C = 0.005\ \mu\text{F}$，输入调幅波电压$u_s = 2[1+0.5\cos(2\pi\times10^3 t)]\cos(2\pi\times500\times10^3 t)\ \text{V}$，若检波效率$\eta_d = 0.8$，试求：① 负载 R 两端的直流压降及低频输出电压振幅；② 检波电路输入电阻。

解：① 负载 R 两端的直流压降

$$U_o = \eta_d U_{cm} = 0.8\times2\ \text{V} = 1.6\ \text{V}$$

低频输出电压振幅

$$U_{\Omega m} = \eta_d U_{cm} m_a = 0.8\times2\times0.5\ \text{V} = 0.8\ \text{V}$$

② 检波电路输入电阻

$$R_i \approx R/2 = 5/2\ \text{k}\Omega = 2.5\ \text{k}\Omega$$

4. 检波失真

理想情况下，大信号包络检波电路输出电压能够不失真地反映输入调幅波的包络变化规律，但是，如果电路参数选择不当，二极管包络检波电路就有可能产生惰性失真和负峰切割失真。

（1）惰性失真

产生原因：RC 取值过大。

在实际电路中，为了提高检波效率和滤波效果，常希望取较大的 RC 值，但是当 RC 取值选得过大，将会出现二极管截止期间，C 通过 R 的放电速度太慢，使检波输出电压跟不上调幅波的包络变化而产生了失真，如图 4.1.4 所示。这种失真是由于电容 C 上的电荷来不及放掉的惰性而引起的，故称为惰性失真，又称为对角切割失真。显然，调制信号角频率 Ω 越高，调幅系数 m_a 越大，调幅波包络下降速度就越快，越容易产生惰性失真。

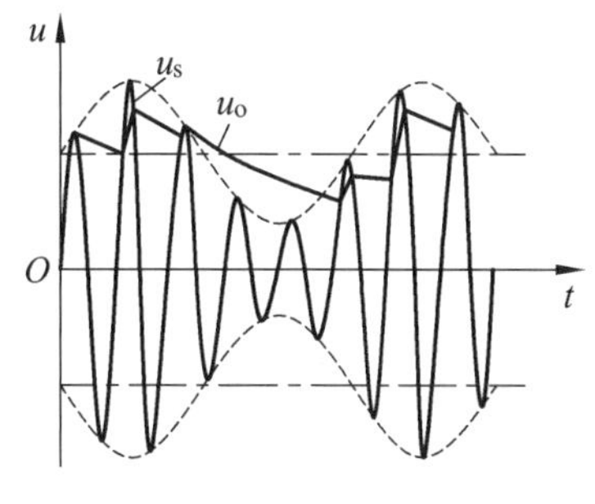

图 4.1.4　惰性失真

克服措施：减小 RC 的数值，使电容器的放电速度加快。由理论分析可以得出，为了避免惰性失真，RC 值应满足如下要求

$$RC \leqslant \frac{\sqrt{1-m_a^2}}{m_a \Omega} \tag{4.1.3}$$

式（4.1.3）说明，Ω 和 m_a 越大，不产生惰性失真所允许的 RC 值就越小。应用时应注意，对于多频调制，Ω 和 m_a 应取最大值。

（2）负峰切割失真

产生原因：检波电路的交、直流负载电阻相差较大。

实际电路中，为了把检波器输出的低频信号耦合到下一级电路，检波器输出端要经隔直耦合电容 C_C 与下一级的输入电阻 R_L 相连，如图 4.1.5（a）所示。为了传送低频信号，要求 C_C 的容量比较大，满足 $C \geqslant 1/\Omega R$。检波电路的直流负载电阻为 R，低频交流负载电阻为 $R_L' = R_L // R$，且 $R_L' < R$。

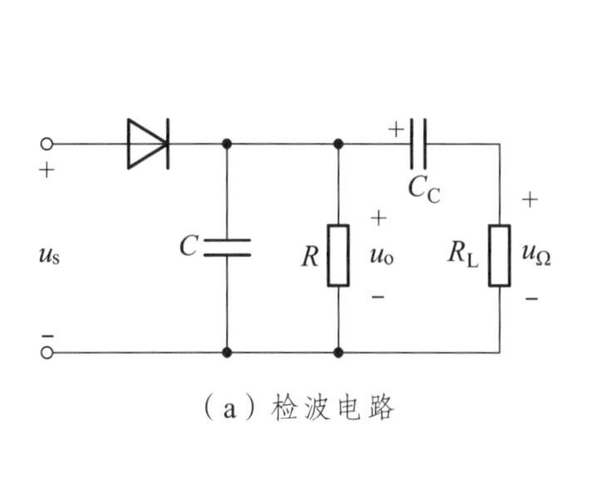

（a）检波电路

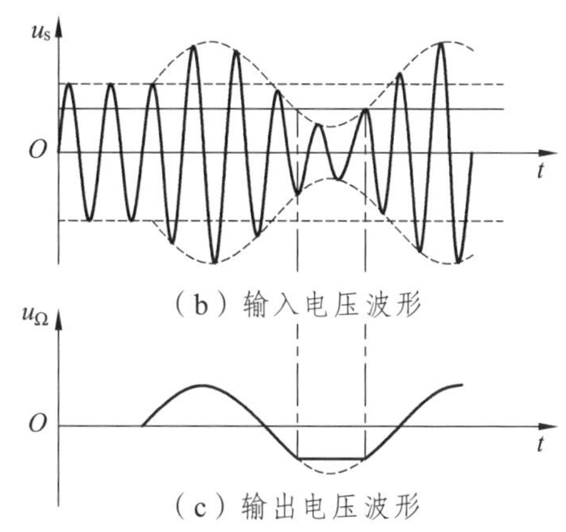

（b）输入电压波形

（c）输出电压波形

图 4.1.5　负峰切割失真

当检波电路输入如图 4.1.5（b）所示单频调制的调幅信号时，如调幅系数 m_a 比较大，因

检波电路的直流负载电阻 R 与交流负载电阻 R'_L 相差较大，有可能使输出低频信号 u_Ω 的负半周的底部被切割而产生了失真，如图 4.1.5（c）所示，故称为负峰切割失真。

克服措施：减小交、直流负载电阻的差别。可以证明，为了避免负峰切割失真，R'_L 与 R 满足下面关系

$$m_a \leqslant \frac{R'_L}{R} \tag{4.1.4}$$

式（4.1.4）说明，R_L 越大，R'_L 越接近于 R，越不容易出现负峰切割失真。对于多频调制，m_a 应取最大值。

在实际电路中，为了减小交、直流负载电阻的差别，避免产生负峰切割失真，采用如图 4.1.6 所示的改进电路。图中，C_1 是用来进一步滤除高频分量，把 R 分为 R_1 和 R_2，检波电路的直流负载电阻 $R = R_1 + R_2$，交流负载电阻 $R'_L = R_1 + R_2 // R_L$。当 R 一定时，R_1 越大，交、直流负载电阻差别越小。为了避免输出低频电压过小，一般取 $R_1/R_2 = 0.1 \sim 0.2$。

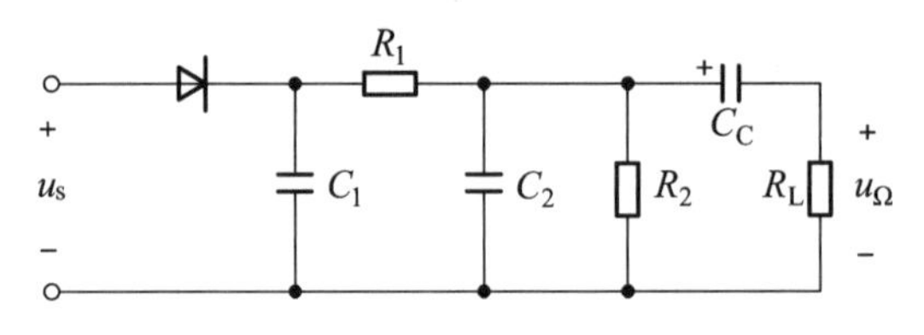

图 4.1.6　避免负峰切割失真的改进电路

（二）同步检波电路

同步检波电路又称相干检波电路，它适用于普通调幅信号、双边带和单边带调幅信号的检波，检波时需要同时加入与载波信号同频同相的同步信号。同步检波电路有两种实现电路：一种是乘积型同步检波电路，另一种是叠加型同步检波电路。

1. 乘积型同步检波电路

（1）电路模型

乘积型同步检波电路模型如图 4.1.7 所示。图中，$u_s(t)$为输入调幅信号，$u_r(t)$为同步信号，要求与被解调的调幅信号载频严格同频同相，即 $u_r(t) = U_{rm}\cos\omega_c t$，低通滤波器滤除无用的高频分量，取出低频解调信号。

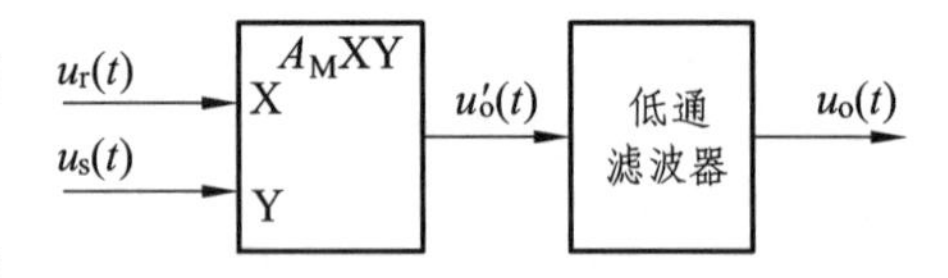

图 4.1.7　乘积型同步检波电路模型

（2）检波原理

① 设输入普通调幅信号 $u_s(t) = U_{sm}(1 + m_a\cos\Omega t)\cos\omega_c t$，则相乘器输出电压为

$$\begin{aligned}u'_o &= A_M u_r(t) u_s(t) = A_M U_{rm} U_{sm}(1 + m_a\cos\Omega t)\cos^2\omega_c t\\ &= \frac{1}{2}A_M U_{rm} U_{sm} + \frac{1}{2}A_M U_{rm} U_{sm} m_a\cos\Omega t + \frac{1}{2}A_M U_{rm} U_{sm}\cos 2\omega_c t +\\ &\quad \frac{1}{4}A_M U_{rm} U_{sm} m_a\cos[(2\omega_c + \Omega)t] + \frac{1}{4}A_M U_{rm} U_{sm} m_a\cos[(2\omega_c - \Omega)t]\end{aligned}$$

$u'_{o}(t)$经过低通滤波器后滤除 $2\omega_c$、$2\omega_c \pm \Omega$ 高频分量，则检波器输出电压为

$$u_o(t) = \frac{1}{2}A_M U_{rm} U_{sm} + \frac{1}{2}A_M U_{rm} U_{sm} m_a \cos\Omega t$$
$$= U_o + u_\Omega(t) \tag{4.1.5}$$

式中，$U_o = \frac{1}{2}A_M U_{rm} U_{sm}$ 为检波输出的直流分量，$u_\Omega(t) = \frac{1}{2}A_M U_{rm} U_{sm} m_a \cos\Omega t = U_{\Omega m}\cos\Omega t$ 为检波输出低频调制信号。

② 如果输入 DSB 信号 $u_s(t) = U_{sm}\cos\Omega t\cos\omega_c t$，则相乘器输出电压为

$$u'_o = A_M u_r(t) u_s(t) = A_M U_{rm} U_{sm}\cos\Omega t\cos^2\omega_c t$$
$$= \frac{1}{2}A_M U_{rm} U_{sm}\cos\Omega t + \frac{1}{2}A_M U_{rm} U_{sm}\cos\Omega t\cos 2\omega_c t$$

上式右边第一项为所需的检波输出电压，第二项为高频分量，经低通滤波器滤除，故检波器输出电压为

$$u_o(t) = \frac{1}{2}A_M U_{rm} U_{sm}\cos\Omega t = U_{\Omega m}\cos\Omega t \tag{4.1.6}$$

③ 如果输入 SSB 信号 $u_s(t) = U_{sm}\cos(\omega_c + \Omega)t$，则相乘器输出电压为

$$u'_o = A_M u_r(t) u_s(t) = A_M U_{rm} U_{sm}\cos[(\omega_c + \Omega)t]\cos\omega_c t$$
$$= \frac{1}{2}A_M U_{rm} U_{sm}\cos\Omega t + \frac{1}{2}A_M U_{rm} U_{sm}\cos(2\omega_c + \Omega)t$$

经低通滤波器后滤除 $2\omega_c + \Omega$ 高频分量，故检波器输出电压为

$$u_o(t) = \frac{1}{2}A_M U_{rm} U_{sm}\cos\Omega t = U_{\Omega m}\cos\Omega t \tag{4.1.7}$$

（3）乘积型同步检波电路

图 4.1.8 所示为 MC1496 构成的乘积型同步检波电路。图中，MC1496 采用 12 V 单电源

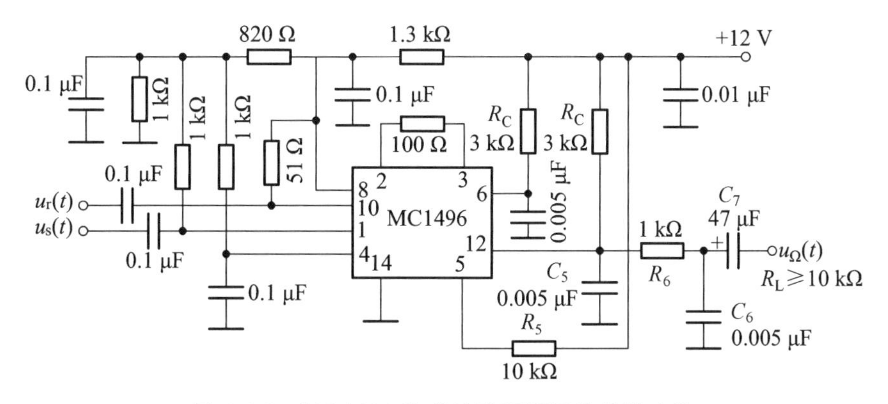

图 4.1.8　MC1496 构成的乘积型同步检波电路

供电，5 端通过 R_5 接到正电源端，为器件内部管子提供合适的静态偏置电流。调幅信号 $u_s(t)$ 通过 0.1 μF 耦合电容加到相乘器 Y 输入端，其幅度可以很小，也能不失真检波。同步信号 $u_r(t)$

通过 0.1 μF 耦合电容加到相乘器 X 输入端，其值一般比较大，以使相乘器工作在开关状态。检波输出信号从 12 端单端输出，经过 C_5、R_6、C_6 组成的 π 形 RC 低通滤波器，滤除高频分量，最后由隔直耦合电容 C_7 去除直流后，即可获得低频调制信号 $u_\Omega(t)$。

2. 叠加型同步检波电路

叠加型同步检波电路由叠加环节和包络检波电路组成，即将调幅信号与同步信号叠加后，用二极管包络检波电路进行检波，如图 4.1.9 所示。

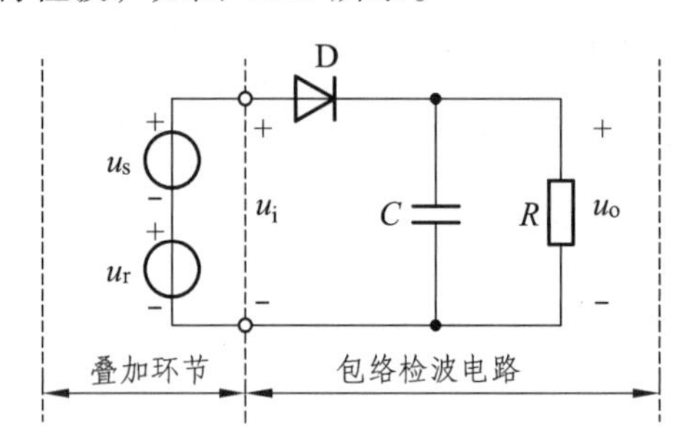

图 4.1.9 叠加型同步检波电路

假设输入双边带调幅信号 $u_s(t)=U_{sm}\cos\Omega t\cos\omega_c t$，同步信号 $u_r(t)=U_{rm}\cos\omega_c t$，则叠加后的信号为

$$\begin{aligned}u_i&=u_s+u_r=U_{rm}\cos\omega_c t+U_{sm}\cos\Omega t\cos\omega_c t\\&=U_{rm}\left(1+\frac{U_{sm}}{U_{rm}}\cos\Omega t\right)\cos\omega_c t\end{aligned}\qquad(4.1.8)$$

由式（4.1.8）可知，当 $U_{sm}<U_{rm}$ 时，$m_a=\dfrac{U_{sm}}{U_{rm}}<1$，叠加后的信号为不失真的普通调幅信号，因此，通过包络检波电路便可解调出调制信号。令包络检波电路的检波效率为 η_d，则检波输出电压为

$$\begin{aligned}u_o(t)&=\eta_d U_{rm}\left(1+\frac{U_{sm}}{U_{rm}}\cos\Omega t\right)\\&=\eta_d U_{rm}+\eta_d U_{sm}\cos\Omega t\\&=U_o+u_\Omega(t)\end{aligned}\qquad(4.1.9)$$

式中，$U_o=\eta_d U_{rm}$ 为检波输出的直流分量，$u_\Omega(t)=\eta_d U_{sm}\cos\Omega t=U_{\Omega m}\cos\Omega t$ 为检波输出低频调制信号。

当输入信号为单边带调幅信号时，叠加型同步检波电路依然可以实现解调，请读者自己分析。

3. 同步信号的获取方法

不管是乘积型还是叠加型同步检波电路，都要求同步信号与载波信号同频同相，即保持严格的同步，否则会引起解调失真。

对于普通调幅波，因普通调幅波中包含有载波分量，因此，可将调幅波限幅去除包络线变化，得到角频率为 ω_c 的方波，用窄带滤波器取出角频率为 ω_c 的同步信号。

对于双边带调幅波，可采用直接提取法。将双边带调幅信号 $u_s(t)=U_{sm}\cos\Omega t\cos\omega_c t$ 取平方 $u_s^2=U_{sm}^2\cos^2\Omega t\cos^2\omega_c t$，从中取出角频率为 $2\omega_c$ 的分量，经二分频器变换成角频率为 ω_c 的同步信号。

对于单边带调幅波，可以在发送单边带调幅信号的同时，附带一个功率远低于边带信号功率的载波信号，称为导频信号，接收端收到导频信号后，经放大后作为同步信号。也可以用导频信号去控制接收端载波振荡器，使之输出的同步信号与发送端载波信号同步。

二、混频电路

混频电路广泛应用于无线电广播、电视、通信接收机以及各种电子仪器设备中。如发射设备中利用混频电路可以改变载波频率，以改善调制性能。

（一）混频电路的作用

混频电路的作用在于将不同载频的已调信号不失真地变换为同一个固定载频的已调信号，而保持其调制规律不变。例如，在接收机中，把载频为 550 ~ 1 650 kHz 中波段的各电台普通调幅信号变换中频为 465 kHz 的普通调幅信号，把载频为 88 ~ 108 MHz 的各调频台信号变换中频为 10.7 MHz 的调频信号，把载频为 40 ~ 1 000 MHz 频段内各电视台信号变换中频为 38 MHz 的视频信号。

混频电路作用如图 4.1.10 所示。图中，输入信号 $u_s(t)$是载频为 f_c 的普通调幅波，$u_L(t)$称为本振信号，其频率 f_L 称为本振频率，混频电路输出 $u_I(t)$是中频为 f_I 的调幅波，称为中频信号。

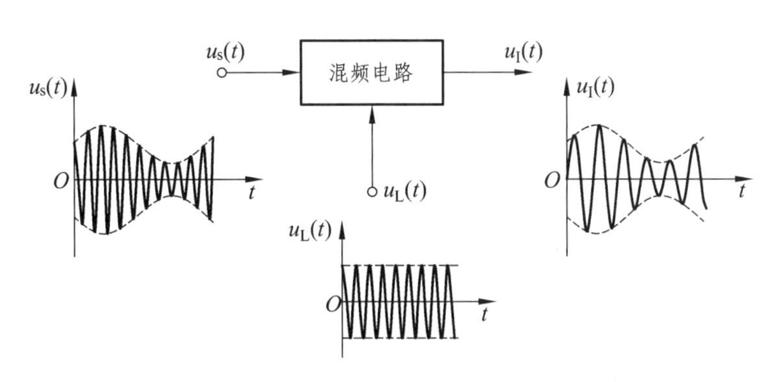

图 4.1.10 混频电路的作用

中频f_I是输入信号频率f_c与本振频率f_L的和频或差频，即 $f_I=f_L+f_c$，或 $f_I=f_L-f_c$（$f_L>f_c$，若 $f_c>f_L$，取 $f_I=f_c-f_L$）。调幅广播收音机采用 $f_I=f_L-f_c=465$ kHz。

$f_I>f_c$ 的混频称为上混频，$f_I<f_c$ 的混频称为下混频。从频谱关系看，混频的作用就是将调幅波频谱不失真地从载频 f_c 搬移到中频 f_I 处，因此，混频电路也是频谱搬移电路。

（二）混频电路的性能指标

通常要求混频电路的混频增益高，选择性好，噪声和失真小，抗干扰信号的能力强。

1. 混频增益

混频电压增益是指输出中频电压振幅 U_{Im} 与输入高频电压振幅 U_{sm} 之比，用分贝表示为

$$A_{\mathrm{uc}} = 20\lg\frac{U_{\mathrm{Im}}}{U_{\mathrm{sm}}}\ (\mathrm{dB}) \tag{4.1.10}$$

混频功率增益是指输出中频信号功率 P_{I} 与输入高频信号功率 P_{s} 之比，用分贝表示为

$$A_{\mathrm{pc}} = 10\lg\frac{P_{\mathrm{I}}}{P_{\mathrm{s}}}\ (\mathrm{dB}) \tag{4.1.11}$$

为使接收机的中频信号比无用信号大得多，以提高接收机的灵敏度，要求混频增益要大。

2. 选择性

选择性是指混频电路选出有用的中频信号而滤除其他干扰信号的能力。混频电路的中频输出应该只有要接收的中频信号，而不应该有其他不需要的信号。要抑制不必要的信号，要求混频电路中频输出回路应具有较好的选择性。选择性越好，输出信号的频谱纯度越高。

3. 噪声系数

接收系统的灵敏度取决于其噪声系数。由于混频电路处于接收机的前端，它的噪声电平高低对整机的噪声指标影响较大，因此，要求混频电路的噪声系数应尽量小。

4. 失真和干扰

混频电路的失真是指输出中频信号的频谱结构相对于输入高频信号的频谱结构产生的变化。此外，混频电路会产生大量不需要的组合频率分量，这些频率分量会带来中频附近的各种非线性干扰，从而影响接收机的正常工作，因此，希望失真和干扰越小越好。

（三）模拟相乘器混频电路

模拟相乘器电路模型如图 4.1.11 所示。设输入调幅信号 $u_{\mathrm{s}}(t) = U_{\mathrm{sm}}(1 + m_{\mathrm{a}}\cos\Omega t)\cos\omega_{\mathrm{c}}t$，本振信号 $u_{\mathrm{L}}(t) = U_{\mathrm{Lm}}\cos\omega_{\mathrm{L}}t$，则相乘器输出电压为

$$\begin{aligned}u_{\mathrm{o}}(t) &= A_{\mathrm{M}}u_{\mathrm{L}}(t)u_{\mathrm{s}}(t) = A_{\mathrm{M}}U_{\mathrm{Lm}}U_{\mathrm{sm}}(1 + m_{\mathrm{a}}\cos\Omega t)\cos\omega_{\mathrm{L}}t\cos\omega_{\mathrm{c}}t \\ &= \frac{1}{2}A_{\mathrm{M}}U_{\mathrm{Lm}}U_{\mathrm{sm}}(1 + m_{\mathrm{a}}\cos\Omega t)\cos[(\omega_{\mathrm{L}} + \omega_{\mathrm{c}})t] + \\ &\quad \frac{1}{2}A_{\mathrm{M}}U_{\mathrm{Lm}}U_{\mathrm{sm}}(1 + m_{\mathrm{a}}\cos\Omega t)\cos[(\omega_{\mathrm{L}} - \omega_{\mathrm{c}})t]\end{aligned} \tag{4.1.12}$$

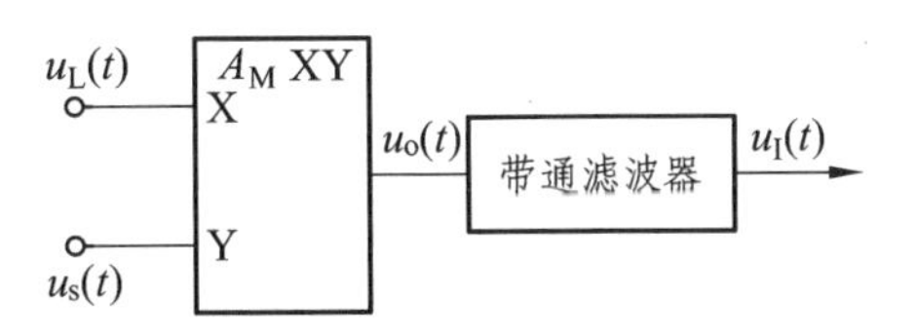

图 4.1.11　模拟相乘器混频电路模型

若带通滤波器的中心频率为 $f_I = f_L - f_c$，通带宽度为 $2F$，则滤波器输出电压为

$$
\begin{aligned}
u_o(t) &= \frac{1}{2}A_M U_{Lm} U_{sm}(1 + m_a \cos \Omega t)\cos[(\omega_L - \omega_c)t] \\
&= U_{Im}(1 + m_a \cos \Omega t)\cos \omega_I t
\end{aligned}
\tag{4.1.13}
$$

式中，$U_{Im} = A_M U_{Lm} U_{sm}/2$，$\omega_I = \omega_L - \omega_c$。显然，混频电路输出是角频率为 ω_I 的调幅波。

采用模拟相乘器 MC1496 构成的混频电路如图 4.1.12 所示。图中，高频输入信号 $u_s(t)$ 从 1 端（Y 输入端）输入，本振信号 $u_L(t)$ 从 10 端（X 输入端）输入，混频信号由 6 端单端输出，经 π 形带通滤波器（中心频率为 9 MHz，带宽约为 450 kHz）滤波后，输出中频 $f_I = 9$ MHz 的中频信号。

该电路采用双电源供电，为了减小输出信号波形失真，1 端和 4 端间接有平衡调节电路，使用时应仔细调整。

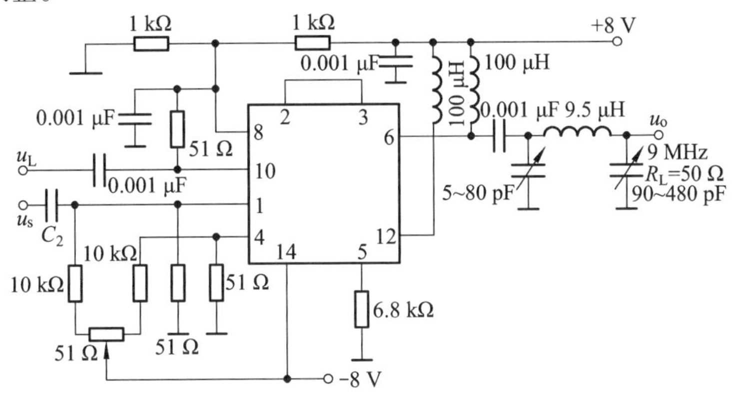

图 4.1.12　模拟相乘器 MC1496 构成的混频电路

（四）三极管混频电路

图 4.1.13 所示为三极管混频电路原理图。图中，本振信号 $u_L(t)$由基极注入，输入信号 $u_s(t)$由基极输入，所以称为基极注入、基极输入式混频电路，输出回路调谐在中频 f_I上。

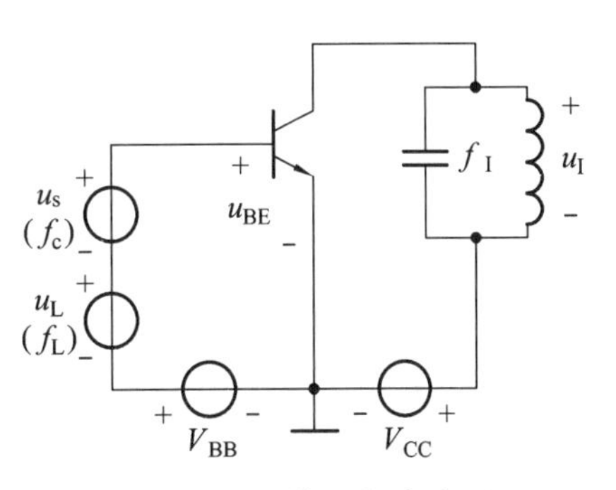

图 4.1.13　三极管混频电路原理图

由理论分析可知，当 $u_s(t)$为小信号，$u_L(t)$为大信号，且 $U_{Lm} \gg U_{sm}$ 时，三极管集电极电流 i_C 中，将包含有和频 $(f_L + f_c)$ 和差频 $(f_L - f_c)$ 等许多组合频率分量。利用集电极 LC 回路（调谐在中频 f_I 上）的选频作用，便可从众多组合频率中，选出频率 $f_I = f_L - f_c$（或 $f_I = f_L + f_c$）的

中频信号。

收音机混频电路如图 4.1.14 所示。图中，天线线圈 L_1 和 C_{1a}、C_0 组成输入回路，调谐在信号频率 f_c 上，选出所需的电台信号 $u_s(t)$，经 L_1 和 L_2 的互感耦合输入到三极管 T 的基极。振荡线圈 L_4 和电容 C_3、C_5、C_{1b} 组成振荡回路，调谐在本振频率 f_L 上。由三极管 T、振荡回路和反馈线圈 L_3 等组成变压器反馈式振荡电路。本振信号 $u_L(t)$ 经电容 C_2 注入三极管 T 的发射极。$u_s(t)$ 和 $u_L(t)$ 在三极管 T 中混频。L_5 和 C_4 调谐在中频 f_I 上，选出中频信号经中频变压器输出。

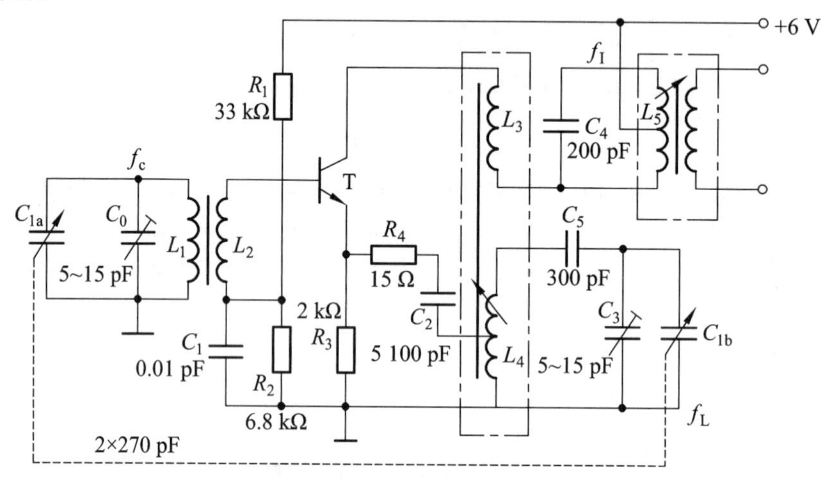

图 4.1.14 收音机混频电路

C_{1a}、C_{1b} 为双联同轴可变电容，作为输入回路和本振回路的统调电容，使得在整个接收波段内，本振频率 f_L 与输入信号频率 f_c 同步变化，满足 $f_I = f_L - f_c = 465\ \text{kHz}$。

由图 4.1.14 可知，电路混频和本振都由三极管 T 完成，本振信号由发射极注入，信号由基极输入，所以，该电路又称为发射极注入、基极输入式变频电路。

（五）混频干扰

混频必须采用非线性器件，非线性是混频电路产生各种干扰信号的主要根源。下面以接收机混频电路为例，讨论常见的混频干扰。

1. 组合频率干扰

组合频率干扰是指有用信号与本振信号的不同组合频率产生的干扰。混频器在有用信号 f_c 与本振信号 f_L 的共同作用下，产生的组合频率可以表示为

$$f_{p,q} = \left| \pm pf_L \pm qf_c \right| \qquad (p,q = 0,1,2\cdots) \tag{4.1.14}$$

当 $p = q = 1$ 时，可得有用中频信号 f_I，其他组合频率分量均为无用信号。如果这些无用的组合频率分量接近于中频 f_I，就能与有用中频信号一道通过中频放大器加到检波电路上，并与有用中频信号在检波电路发生差拍检波，形成低频干扰，在扬声器中出现差拍哨声，故又称哨声干扰。

例如，收音机接收电台信号频率 $f_c = 931$ kHz，中频信号频率 $f_I = 465$ kHz，此时本振信号频率 $f_L = f_I + f_c = 1\ 396$ kHz。当 $p = 1$、$q = 2$ 时的组合频率为

$$f_{p,q} = 2f_c - f_L = (1\ 862 - 1\ 396)\ \text{kHz} = 466\ \text{kHz}$$

$f_{p,q}$ 接近于 465 kHz，它和有用中频信号同时被中频放大后送到检波器，在检波器中进行差拍检波，产生新的频率 $\Delta f = (466 - 465)\ \text{kHz} = 1\ \text{kHz}$。$\Delta f$ 被放大后，在扬声器中就听到 1 kHz 的干扰哨声。

2. 寄生通道干扰

通常把外来干扰信号与本振信号在混频器中产生的接近于中频的组合频率干扰称为寄生通道干扰。设干扰信号频率为 f_N，则产生寄生通道干扰应满足下列关系式

$$f_{p,q} = \left| \pm pf_L \pm qf_N \right| \approx f_I \qquad (p, q = 0, 1, 2 \cdots) \tag{4.1.15}$$

由于式（4.1.15）只有 $pf_L - qf_N \approx f_I$ 和 $-pf_L + qf_N \approx f_I$ 两式成立，将这两个关系式合并，故在 f_c 或 f_L 确定时（即接收机调谐于 f_c），形成寄生通道干扰的外来干扰信号频率为

$$f_N \approx \frac{1}{q}(pf_L \pm f_I) \qquad (p, q = 0, 1, 2 \cdots) \tag{4.1.16}$$

最强寄生通道干扰为中频干扰和镜像干扰。根据式（4.1.16）可知，当 $p = 0$、$q = 1$ 时，此时 $f_N \approx f_I$，即干扰信号频率接近中频，故称中频干扰。当 $p = q = 1$ 时，此时 $f_N = f_I + f_L = f_c + 2f_I$，即 f_N 与 f_c 是以 f_L 为轴形成镜像关系，如图 4.1.15 所示，所以称为镜像干扰。抑制中频干扰和镜像干扰的主要方法是提高混频器前端电路的选择性。

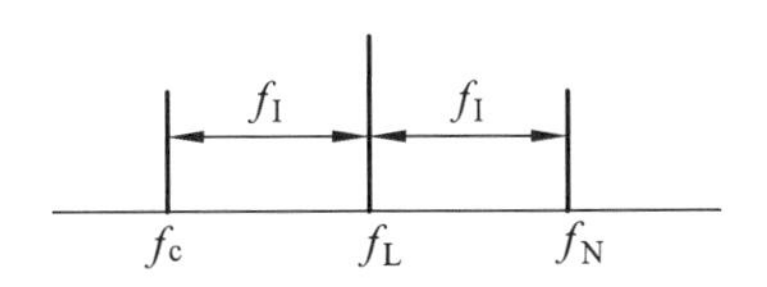

图 4.1.15 镜像干扰

3. 交叉调制干扰和互相调制干扰

交叉调制干扰的现象表现为：当接收机对有用信号调谐时，不仅听到有用信号的声音，还清楚听到干扰电台的声音；若接收机对有用信号失谐时，干扰台也随之消失，好像干扰台声音调制在有用信号的载波振幅上，故称交叉调制干扰。

由两个（或多个）干扰信号与本振信号相互混频，产生的组合频率分量接近于中频时，经中放和检波后形成的干扰，称为互相调制干扰。例如，当接收 2.4 MHz 的有用信号时，频率为 1.5 MHz 和 0.9 MHz 的两个电台（此时它们为干扰信号），因接收机前端电路选择性不好，也进入混频器的输入端，它们的和频也为 2.4 MHz，从而产生互相调制干扰。

三、鉴频电路

调频信号的解调称为频率检波，简称鉴频，是从调频信号中取出原调制信号。调相信号的解调称为相位检波，简称鉴相，是从调相信号中检出原调制信号。

（一）鉴频电路的主要要求

对鉴频电路的主要要求是鉴频灵敏度要高，鉴频线性范围要宽。

鉴频电路的输出电压 u_o 与输入调频信号瞬时频率 f 之间的关系曲线称为鉴频特性曲线，如图 4.1.16 所示。该曲线与英文字母“S”相似，故又称 S 曲线。由图可以看出，对应于调频波中心频率 f_c，输出电压 $u_o=0$；当信号频率偏离中心频率升高、降低时，输出电压将分别向正、负极性方向变化（由于鉴频电路的不同，鉴频特性可与此相反，如图 4.1.16 中虚线所示）；在中心频率 f_c 附近，鉴频特性曲线近似为直线。

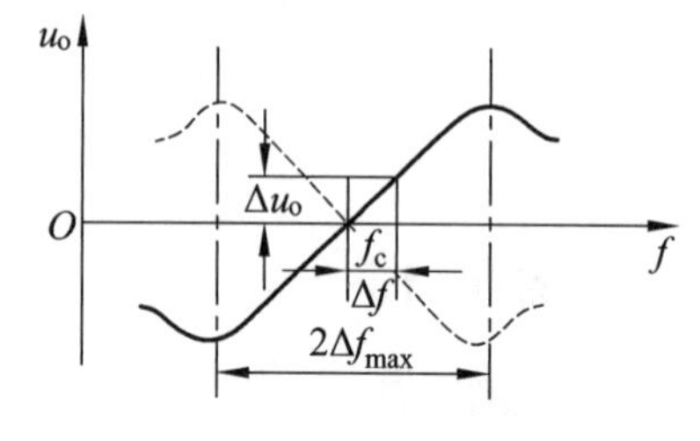

图 4.1.16　鉴频特性曲线

鉴频灵敏度 S_D 是指在调频波中心频率 f_c 附近，单位频偏所产生的输出电压的大小，即

$$S_D = \left.\frac{\Delta u_o}{\Delta f}\right|_{f=f_c} \tag{4.1.17}$$

S_D 的单位为 V/Hz。S_D 越高，同样频偏时输出电压越大，鉴频效率就越高。

鉴频线性范围是指鉴频特性曲线在调频波中心频率 f_c 附近，近似为直线的频率变化范围，用 $2\Delta f_{max}$ 表示，如图 4.1.16 所示。鉴频时应使 $2\Delta f_{max}$ 大于调频波的最大频偏的两倍，即 $2\Delta f_{max} > 2\Delta f_m$。$2\Delta f_{max}$ 也称为鉴频电路的带宽。

（二）斜率鉴频器

斜率鉴频器电路模型如图 4.1.17 所示。调频信号 $u_s(t)$ 经频率-振幅线性变换网络转换成调幅-调频信号，然后用包络检波器取出原调制信号。

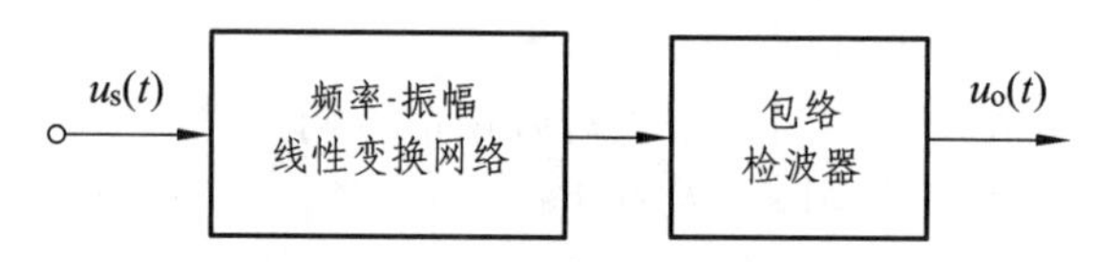

图 4.1.17　斜率鉴频器电路模型

在斜率鉴频器中，频率-振幅线性变换网络通常采用 LC 并联回路或 LC 互感耦合回路，检波器常采用二极管包络检波电路。

1. 单失谐回路斜率鉴频器

图 4.1.18 所示为单失谐回路斜率鉴频器原理电路。图中，LC 并联谐振回路调谐在高于或低于调频信号中心频率 f_c，它能将图 4.1.18（b）所示的调频信号 $i_s(t)$变换为图 4.1.18（c）所示的调幅-调频信号 $u(t)$，所以又称频率-振幅线性变换网络。D、R_1、C_1 组成二极管包络检波电路，用它对调幅-调频信号进行振幅检波，从而获得调频信号 $u_o(t)$。由于单失谐回路斜率鉴频器输出波形非线性失真大，线性鉴频范围很窄，故很少使用。

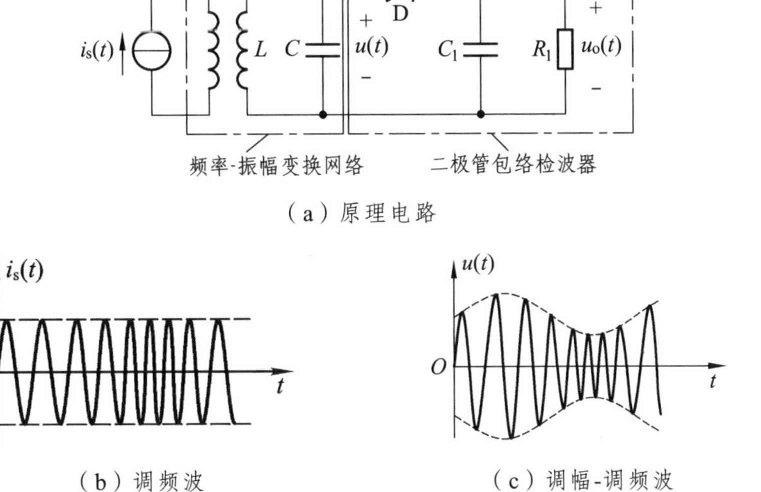

图 4.1.18　单失谐回路斜率鉴频器

2. 双失谐回路斜率鉴频器

双失谐回路斜率鉴频器是由两个单失谐回路斜率鉴频器构成的平衡电路，如图 4.1.19（a）所示。图中，变压器二次侧有两个失谐的并联谐振回路，回路Ⅰ调谐在 f_{o1} 上，$f_{o1}<f_c$，回路Ⅱ调谐在 f_{o2} 上，$f_{o2}>f_c$，回路Ⅰ和Ⅱ输出电压分别为 u_1 和 u_2；两个二极管包络检波电路参数相同，即 $C_1 = C_2$，$R_1 = R_2$，D_1 和 D_2 参数一致，其输出电压分别为 u_{o1} 和 u_{o2}。鉴频器总输出电压 $u_o = u_{o1} - u_{o2}$。

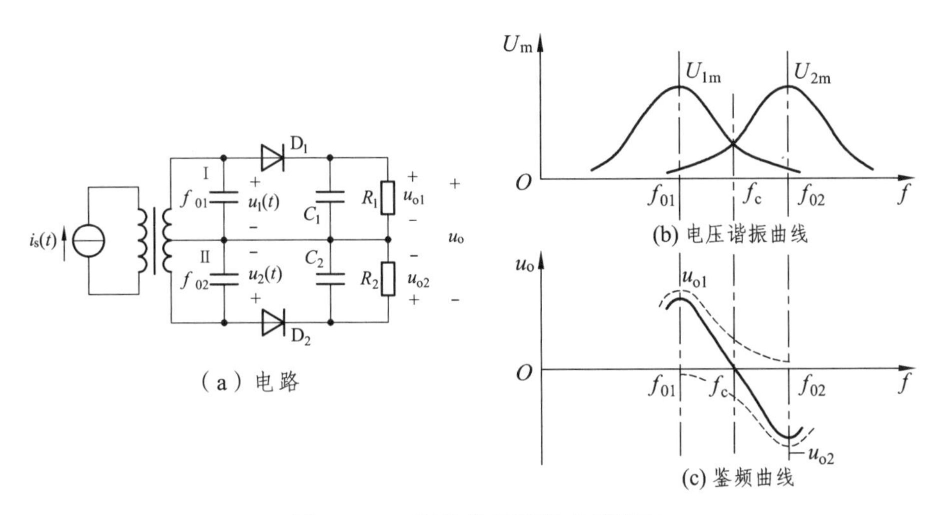

图 4.1.19　双失谐回路斜率鉴频器

两个失谐回路的电压谐振曲线如图 4.1.19（b）所示。图中，f_{o1} 和 f_{o2} 与 f_c 成对称失谐，即 $f_c - f_{o1} = f_{o2} - f_c$。当调频信号频率为 f_c 时，$U_{1m} = U_{2m}$，检波输出电压 $u_{o1} = u_{o2}$，故鉴频器输出电压 $u_o = 0$；当调频信号频率为 f_{o1} 时，$U_{1m}>U_{2m}$，检波输出电压 $u_{o1}>u_{o2}$，故鉴频器输出

电压 $u_o>0$，为正最大值；当调频信号频率为 f_{o2} 时，$U_{1m}<U_{2m}$，检波输出电压 $u_{o1}<u_{o2}$，故鉴频器输出电压 $u_o<0$，为负最大值。这样可以得到鉴频特性曲线，如图 4.1.19（c）实线所示，实际上它是图中 u_{o1} 和 $-u_{o2}$ 两条曲线叠加的结果。

双失谐回路斜率鉴频器由于采用了平衡电路，故鉴频的非线性失真小，线性范围宽，鉴频灵敏度高。其缺点是鉴频特性的线性范围和线性度与两个回路的谐振频率 f_{o1} 和 f_{o2} 的配置有关，调整起来不方便。

（三）相位鉴频器

利用鉴相器构成的鉴频器称为相位鉴频器。鉴相器有多种实现电路，大体上可以归纳为数字鉴相器和模拟鉴相器两大类。数字鉴相器由数字电路构成，模拟鉴相器又可分为乘积型鉴相器和叠加型鉴相器两种。采用乘积型鉴相器构成的相位鉴频器称为乘积型相位鉴频器，采用叠加型鉴相器构成的相位鉴频器称为叠加型相位鉴频器。

相位鉴频器电路模型如图 4.1.20 所示。调频信号 $u_s(t)$ 经频率-相位线性变换网络变换成调相-调频信号，即进行 FM-PM 波变换，然后通过鉴相器还原出原调制信号。

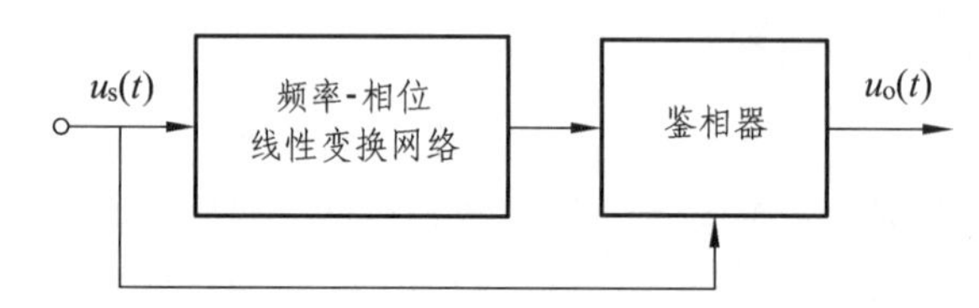

图 4.1.20　相位鉴频器电路模型

1. 频率-相位变换网络

如图 4.1.21（a）所示的频率-相位变换网络，是由一个电容 C_1 和 LC 单谐振回路构成的分压电路，故称为单谐振回路频相变换网络。网络的电压传输系数为

$$A_u(\mathrm{j}\omega)=\frac{\dot{U}_2}{\dot{U}_1}=\frac{1\Big/\left(\dfrac{1}{R}+\mathrm{j}\omega C-\mathrm{j}\dfrac{1}{\omega L}\right)}{\dfrac{1}{\mathrm{j}\omega C_1}+1\Big/\left(\dfrac{1}{R}+\mathrm{j}\omega C-\mathrm{j}\dfrac{1}{\omega L}\right)}=\frac{\mathrm{j}\omega C_1}{\dfrac{1}{R}+\mathrm{j}\left(\omega C+\omega C_1-\dfrac{1}{\omega L}\right)}$$

令

$$\omega_0=\frac{1}{\sqrt{L(C+C_1)}},\qquad Q_e=\frac{R}{\omega_0 L}\approx\frac{R}{\omega L}=\omega R(C+C_1)$$

可得

$$A_u(\mathrm{j}\omega)=\frac{\mathrm{j}\omega RC_1}{1+\mathrm{j}Q_e\left(\dfrac{\omega^2}{\omega_0^2}-1\right)}\tag{4.1.18}$$

在失谐不太大时，（4.1.18）简化为

$$A_u(\mathrm{j}\omega) \approx \frac{\mathrm{j}\omega_0 RC_1}{1+\mathrm{j}Q_\mathrm{e}\dfrac{2(\omega-\omega_0)}{\omega_0}} \tag{4.1.19}$$

由（4.1.19）可得网络的幅频特性和相频特性为

$$A_u(\omega) \approx \frac{\omega_0 RC_1}{\sqrt{1+\left(2Q_\mathrm{e}\dfrac{\omega-\omega_0}{\omega_0}\right)^2}} \tag{4.1.20}$$

$$\varphi(\omega) = \frac{\pi}{2} - \arctan\left(2Q_\mathrm{e}\frac{\omega-\omega_0}{\omega_0}\right) \tag{4.1.21}$$

由式（4.1.20）和式（4.1.21）画出网络的频率特性曲线如图 4.1.21（b）所示。由相频特性曲线可知，当输入信号频率 $\omega=\omega_0$ 时，相移 $\varphi(\omega)=\pi/2$；当 $\omega\neq\omega_0$ 时，相移 $\varphi(\omega)$ 在 $\pi/2$ 上下变化。当失谐量很小时，相频特性曲线在 ω_0 附近近似为直线。此时有

$$\varphi(\omega) \approx \frac{\pi}{2} - 2Q_\mathrm{e}\frac{\omega-\omega_0}{\omega_0} \tag{4.1.22}$$

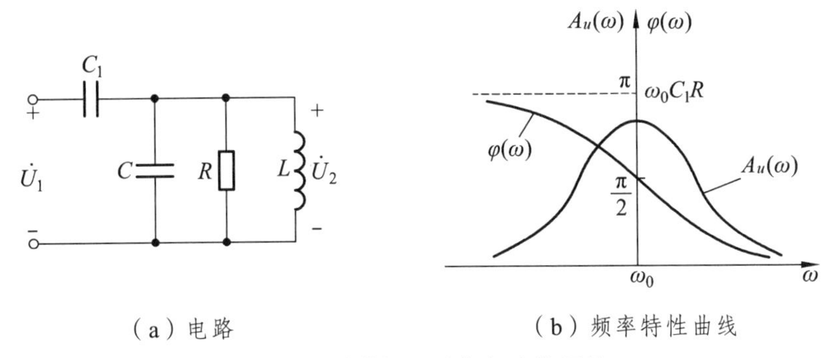

（a）电路　　（b）频率特性曲线

图 4.1.21　单谐振回路频相变换网络

若输入 $\dot{U}_1$ 为调频信号，令其中心频率 $\omega_\mathrm{c}=\omega_0$，将调频信号的瞬时角频率 $\omega=\omega_\mathrm{c}+\Delta\omega(t)$ 代入式（4.1.22）可得

$$\varphi(\omega) \approx \frac{\pi}{2} - \frac{2\mathrm{Q}_\mathrm{e}}{\omega_\mathrm{c}}\Delta\omega(t) \tag{4.1.23}$$

由式（4.1.23）可知，当输入调频信号的最大角频偏 $\Delta\omega_\mathrm{m}$ 比较小时，图 4.1.21（a）所示的变换网络，可不失真地完成频率-相位变换。

2. 鉴相器

模拟鉴相器可分为乘积型鉴相器和叠加型鉴相器两种。

（1）乘积型鉴相器

乘积型鉴相器的电路模型如图 4.1.22 所示，由模拟相乘器和低通滤波器构成。图中，模拟相乘器用来检出两个输入信号 $u_\mathrm{X}(t)$ 和 $u_\mathrm{Y}(t)$ 之间的相位差，并将相位差变换为电压信号。低通滤波器用于取出低频信号、滤除高频信号，从而获得解调输出电压 $u_\mathrm{o}(t)$。

设 $u_X(t)=U_{Xm}\cos\omega_c t$，$u_Y(t)=U_{Ym}\sin(\omega_c t+\varphi)$ 均为小信号，$u_X(t)$和 $u_Y(t)$除了有相位差 φ 外，还有固定相位差π/2。则相乘器输出电压为

$$\begin{aligned}u_o'(t)&=A_M u_X(t)u_Y(t)=A_M U_{Xm}U_{Ym}\cos\omega_c t\sin(\omega_c t+\varphi)\\&=\frac{1}{2}A_M U_{Xm}U_{Ym}\sin\varphi+\frac{1}{2}A_M U_{Xm}U_{Ym}\sin(2\omega_c t+\varphi)\end{aligned}\tag{4.1.24}$$

通过低通滤波器滤除高频分量后，得输出电压为

$$u_o(t)=\frac{1}{2}A_M U_{Xm}U_{Ym}\sin\varphi=A_d\sin\varphi\tag{4.1.25}$$

式中，$A_d=A_M U_{Xm}U_{Ym}/2$ 称为鉴相灵敏度，单位为 V。由式（4.1.25）可作出鉴相器的鉴相曲线如图 4.1.23 所示，它是一条正弦曲线，即具有正弦鉴相特性。当$|\varphi|\leqslant 30°$时，$u_o(t)\approx A_d\varphi$，鉴相特性接近于直线，从而实现线性鉴相。

顺便指出，两输入信号中引入固定相位差 π/2，其目的是鉴相特性过原点，即 $\varphi=0$ 时，$u_o(t)=0$。

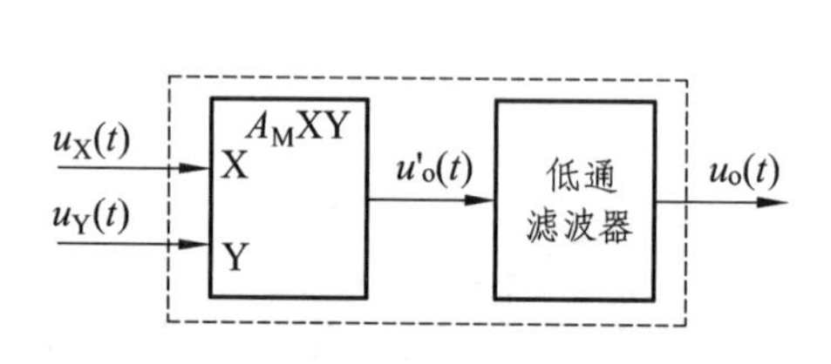

图 4.1.22 乘积型鉴相器电路模型

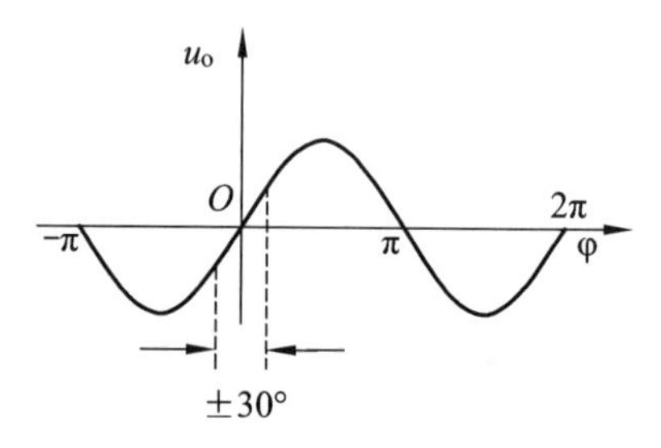

图 4.1.23 正弦鉴相特性

（2）叠加型鉴相器

叠加型鉴相器电路模型如图 4.1.24 所示，由叠加环节和包络检波器组成。实用中常采用叠加型平衡鉴相器，如图 4.1.25 所示。图中，D_1、D_2与 R、C 分别构成两个包络检波器。上、下两个包络检波电路的输入电压分别为 $u_{s1}(t)=u_1(t)+u_2(t)$，$u_{s2}(t)=u_1(t)-u_2(t)$，鉴相器输出电压 $u_o(t)=u_{o1}(t)-u_{o2}(t)$。由理论分析可知，叠加型平衡鉴相器也可以实现线性鉴相。

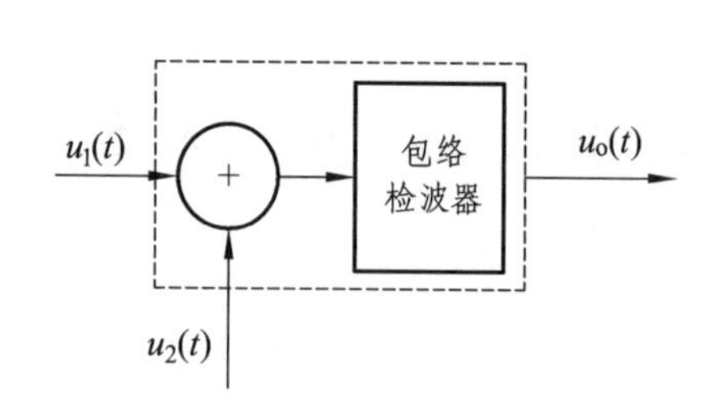

图 4.1.24 叠加型鉴相器电路模型

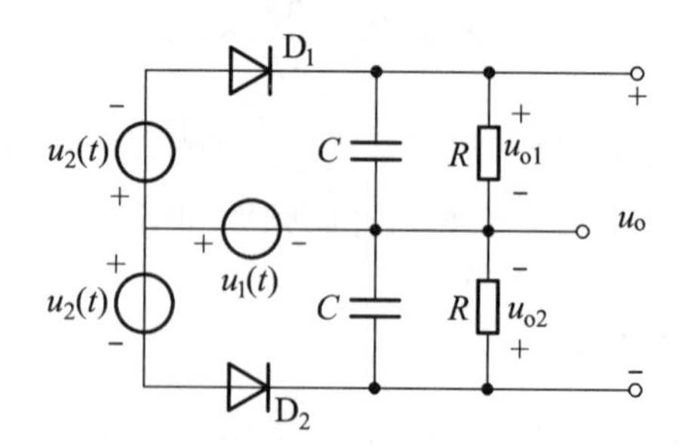

图 4.1.25 叠加型平衡鉴相器

情境决策

收音机能够把天线接收到的高频信号经检波还原成音频信号，经低频放大后再送到耳机

还原成声音。该袖珍收音机采用集成电路 TA7642，实现对电台信号的高频放大和检波作用，是一款适合学习的简易型收音机，易装配，成功率高，价格低。

一、工作任务电路分析

（一）电路结构

直放式袖珍收音机的电路框图如图 4.2.1 所示，该电路主要由输入调谐回路、高频放大与检波电路、低频放大电路和电源指示电路构成。

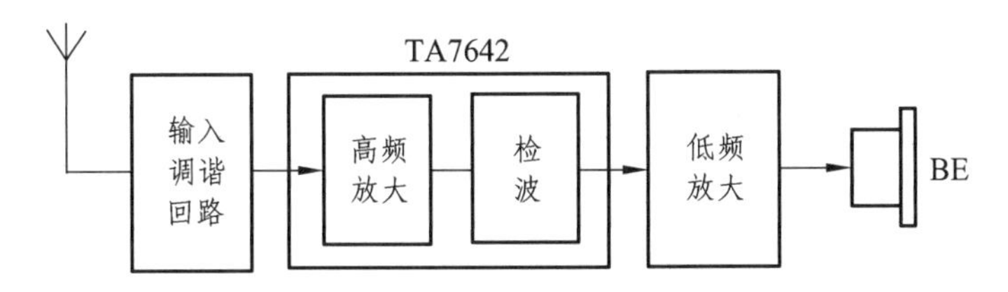

图 4.2.1　直放式袖珍收音机框图

直放式袖珍式收音机的制作电路如图 4.2.2 所示，该电路采用了集成电路 TA7642，实现对电台信号的高频放大和检波作用。

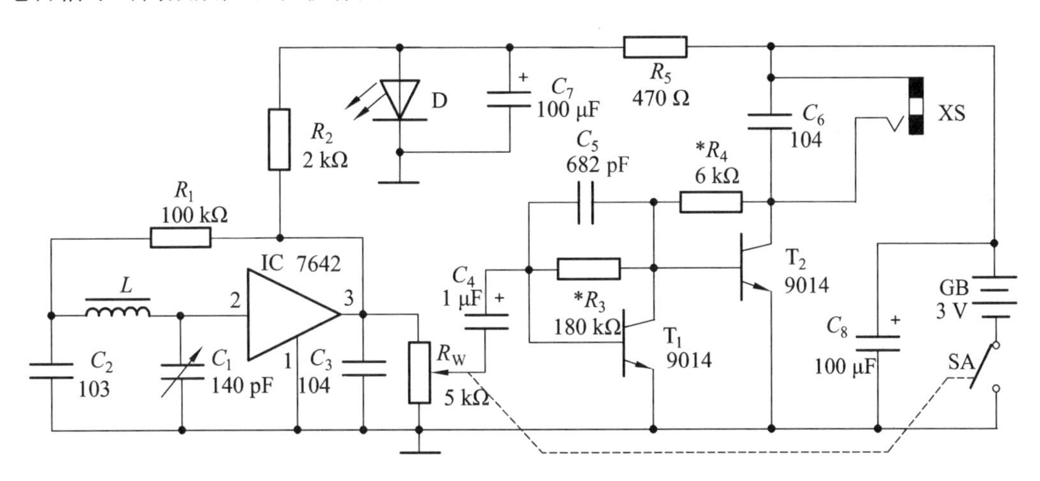

图 4.2.2　直放式袖珍收音机的制作电路

（二）电路分析

由磁性天线 L、电容 C_1 及可变电容 C_2 组成输入调谐回路，负责收集电磁波和选择电台。集成电路 TA7642 实现对电台信号的高频放大和检波作用。由 T_1、T_2 及其外围元件组成两级低放电路，完成低频信号的放大作用。T_2 的集电极接耳机 BE，将低频电流转换为声音。电位器 R_W 用来控制音量的大小。R_5 与发光二极管 D 组成电源指示电路，当电源开关闭合，发光二极管发亮。整机采用两节 5 号电池供电。

二、元器件参数及功能

根据直放式袖珍收音机的制作电路要求，电路元器件参数及功能如表 4.2.1 所示。

表 4.2.1　直放式袖珍收音机电路元器件参数及功能

序号	元器件代号	名称	型号及参数	功能
1	L	磁棒线圈	参见磁性线圈制作	调谐回路
2	C_1	可变电容器	140 pF	
3	C_2	瓷片电容器	103	
4	R_1	碳膜电阻	1/8 W-100 kΩ	提供 IC 直流电位
5	R_2	碳膜电阻	1/8 W-2.2 kΩ	
6	IC	集成电路	7642	高放、检波
7	C_3	瓷片电容器	104	抗干扰
8	$\mathrm{R_p}$	电位器	5.1 kΩ	调节音量
9	C_4	电解电容	1 μF	耦合
10	$\mathrm{T_1}$ 、$\mathrm{T_2}$	三极管	9014	低频放大电路
11	C_5	瓷片电容器	682 pF	
12	C_6	瓷片电容器	104	
13	R_3	碳膜电阻	1/8 W-180 kΩ	
14	R_4	碳膜电阻	1/8 W-6.8 kΩ	
15	C_7、C_8	电解电容	100 μF	电源滤波
16	R_5	碳膜电阻	1/8 W-470 Ω	限流
17	D	发光二极管	ϕ3，绿	电源指示灯
18	SA、XS	开关、耳机插孔		开关

情境实施

袖珍收音机的制作电路如图 4.2.2 所示，制作实施过程主要包括电路安装、电路调试与测试、故障分析与排除等环节。

一、电路安装

（一）电路装配准备

1. 电路板设计与制作

利用 EDA 应用软件完成原理图的绘制及 PCB 的设计，在印刷电路板制作室完成 PCB 后期制作。

2. 装配工具与仪器设备

焊接工具：电烙铁、烙铁架、焊锡丝、松香。
加工工具：剪刀、剥线钳、尖嘴钳、螺丝刀、剪刀、镊子等。
仪器仪表：万用表、示波器等。

3. 元器件识别与检测

（1）集成电路 TA7642

TA7642 是一只微型集成电路， 内部包括三级高放、一级检波和一级低频缓冲放大。它采用 TO-92 型塑封包装，其外形和引脚排列如图 4.2.3 所示。1 脚为公共接地端，2 脚为输入端，3 脚为输出端。

（2）磁性线圈的制作

磁棒采用 55 mm 的扁形中波磁棒，磁性线圈用 $\phi 0.07 \times 7$ 多股纱包线绕制，共 82 圈，线圈的两端用纸带固定。

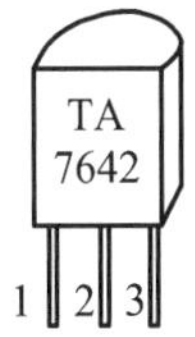

TA
7642
1 2 3

图 4.2.3 TA7642 外形和引脚

（二）整机装配

1. 电路的焊接与装配

将经检验合格的元器件安装在电路板上，按照焊接工艺要求，完成电路元器件的焊接。装配时应注意：

① 电阻器、二极管（发光二极管除外）均采用水平安装，并紧贴电路板，色环电阻的标志顺序方向应一致。

② 电容器、发光二极管和三极管采用垂直安装方式，底部距电路板 5 mm。

③ 电解电容的正负极、三极管的三个电极和集成电路块的三个引脚，安装焊接时不要搞错。

④ 将磁棒用塑料固定在印刷板对应位置上。用小刀将线圈两端纱包线外皮刮去，并小心地将 7 根细导线漆皮刮去，拧在一起后镀锡，然后焊接在印刷板电路上。

⑤ 连接电池卡子时，将红色的绝缘导线焊牢在正极卡子上，将黑色的绝缘导线焊牢在负极卡子上。

2. 电路板的自检

检查焊接是否可靠，元器件有无错焊、漏焊、虚焊、短路等现象，元器件引脚留头长度是否小于 1 mm。

二、电路调试与测试

① 仔细检查组装电路，确认电路组装无误后，接上电源。

② 打开电源开关，这时发光二极管发亮，按表 4.3.1 所示，检测部分器件直流电压。

表 4.3.1 部分器件直流电位 （单位：V）

元件脚号	IC	T_1	T_2	D
1（e）	0	0	0	0
2（b）	0.4	0.5	0.6	1.8
3（c）	1.1	0.6	2.5	—

③ 接上耳机试听，耳机中应有“嗒”声，转动电位器 R_W 到适中位置，再拨动可变电容 C_1，搜索频道，若有清晰的电台伴音，则说明收音机安装成功。

二、故障分析与排除

在电路调试过程中，若电路出现故障，不能正常工作，则需要进行故障检查。故障检查时，要仔细观察故障现象，依据电路工作原理或通过测试仪器仪表，分析故障原因，找出故障点，并加以排除。

注意仔细检查电路装配是否正确，有无焊接故障，包括错焊、漏焊、虚焊等。

若电池正负极接反：整机电流大、电解电容发热，耳机无声，发光二极管无光。

若 TA7642 、T_1、T_2 三只脚接错：耳机无声，发光二极管无光，相关元件的电压不正常。

若发光二极管接反：发光二极管无光，耳机中能听到电台的播音，但伴有啸叫声。

若 L 断线或未经去漆就焊接：发光二极管发光正常，耳机中有电流声，转动电位器有“沙沙”声，用起子碰触 TA7642 的第 2 脚或 T_1 的基极有交流声或微弱、失真的播音声。

若电解电容 C_4、C_5、C_8 极性接反：开机时收音还算正常，慢慢地就出现声小、失真等故障，可能会伴有发光二极管发光减弱的现象。

情境评价

一、展示评价

展示评价内容包括：① 小组展示制作产品；② 教师根据小组展示汇报整体情况进行小组评价；③ 在学生展示汇报中，教师可针对小组成员分工对个别成员进行提问，给出个人评价；④ 组内成员自评与互评；⑤ 评选制作之星。

学生的学习过程评价如表 4.4.1 所示。

表 4.4.1 学习情境 4 学习过程评价表

序号	评价指标		评价方式	评价标准		
				优	良	及格
1	资讯（15%）		教师评价	积极主动查阅任务单、熟悉引导文，能正确分析工作任务电路、熟练运用知识解决任务中的问题	主动查阅任务单、熟悉引导文，会分析工作任务电路，基本能运用知识解决任务中的问题	查阅任务单和引导文，基本能分析工作任务电路，运用知识解决任务中问题的效果不佳
2	决策（15%）		教师评价+小组互评	能详细列出元器件、工具、耗材、仪表清单，制订详细的安装制作流程与测试步骤	能详细列出元器件、工具、耗材、仪表清单，制订基本的安装制作流程与测试步骤	能详细列出元器件、工具、耗材、仪表清单，制订大致的安装制作流程与测试步骤
3	实施（30%）		教师评价+小组互评	正确操作相应仪器、工具，记录完整正确，产品制作质量好，完全满足要求	正确操作相应仪器、工具等，书面记录较正确，产品制作质量好	无重大操作损失，产品质量基本满足要求
4	报告（10%）		教师评价	格式标准，有完整详细的任务分析、实施、总结过程，并能提出一些新的建议	格式标准，有完整的任务分析、实施、总结过程，并能提出一定的建议	格式标准，有完整的任务分析、实施、总结过程记录
5	职业素质	职业操守（10%）	教师评价+自评+互评	具有质量、成本、安全、环保意思，具有良好的职业操守	安全、文明工作，职业操守好	没出现违纪现象
		学习态度（10%）	教师评价	认识专业及行业特点，养成良好工作责任心	具有一定工作责任心	没有厌学现象
		团队协作（5%）	互评	具有良好的团队协作精神，积极主动参与工作	具有团队合作精神，配合小组成员参与工作	配合小组成员开展工作
		语言表达（3%）	互评+教师评价	能用专业语言正确流利地展示项目成果	能用专业语言正确地阐述项目	能用专业语言阐述项目，无重大失误
		组织协调（2%）	互评+教师评价	能根据工作任务对资源进行合理分配，同时正确控制、激励和协调小组活动过程	能根据工作任务对资源进行分配，同时较正确地控制、激励和协调小组活动过程	能根据工作任务对资源进行分配，同时控制、激励和协调小组活动过程，无重大失误

班级		姓名		成绩		教师签名		时间	

二、资料归档

在完成情景任务后，需要撰写技术文档，技术文档中应包括：① 产品功能说明；② 电路整体结构图及其电路分析；③ 元器件清单；④ 装配线路板图；⑤ 装配工具、测试仪器仪表；⑥ 电路制作工艺流程说明；⑦ 测试结果；⑧ 总结。

技术文档的撰写必须符合国家相关标准要求。

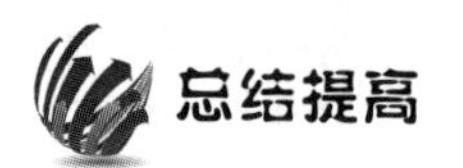

一、情景总结

通过袖珍收音机的制作训练，学习了检波、混频和鉴频的基本知识。

1. 检波电路

从高频调幅信号中取出原调制信号的过程称为检波，实现检波功能的电路称为检波电路。对检波电路的主要要求是检波效率高，失真小，输入电阻高。根据工作特点不同，检波电路可分为包络检波电路和同步检波电路两类。

输出电压直接反映调幅波包络变化规律的检波电路称为包络检波电路，它只适用于普通调幅波的检波，目前应用广泛的是二极管包络检波电路。如果电路参数选择不当，二极管包络检波电路就有可能产生惰性失真和负峰切割失真。

同步检波电路又称相干检波电路，它适用于普通调幅信号、双边带和单边带调幅信号的检波，检波时需要同时加入与载波信号同频同相的同步信号。同步检波电路有两种实现电路：一种是乘积型同步检波电路，另一种是叠加型同步检波电路。

2. 混频电路

混频电路广泛应用于无线电广播、电视、通信接收机以及各种电子仪器设备中。如发射设备中利用混频电路可以改变载波频率，以改善调制性能。

混频电路的作用在于将不同载频的已调信号不失真地变换为同一个固定载频的已调信号，而保持其调制规律不变。从频谱关系看，将调幅波频谱不失真地从载频 f_c 移到中频 f_I 处，因此，混频电路也是频谱搬移电路。

对混频电路的主要要求是混频增益高，选择性好，噪声和失真小，抗干扰信号的能力强。

3. 鉴频电路

调频信号的解调称为频率检波，简称鉴频，是从调频信号中取出原调制信号。调相信号的解调称为相位检波，简称鉴相，是从调相信号中检出原调制信号。

对鉴频电路的主要要求是鉴频灵敏度要高，鉴频线性范围要宽。

常用的鉴频器有斜率鉴频器、相位鉴频器等。斜率鉴频器是将调频信号经频率-振幅线性变换网络转换成调幅-调频信号，然后用包络检波器取出原调制信号。相位鉴频器器是将调频信号经频率-相位线性变换网络变换成调相-调频信号，即进行 FM-PM 波变换，然后通过鉴相器还原出原调制信号。采用乘积型鉴相器构成的相位鉴频器称为乘积型相位鉴频器，采用叠加型鉴相器构成的相位鉴频器称为叠加型相位鉴频器。

二、拓展学习

在现代通信系统和电子设备中，为了提高它们的技术性能指标，或者实现某些特定功能要求，广泛采用各种类型的反馈控制电路。反馈控制电路可分为三类：自动增益控制电路（Automatic Gain Control，AGC）、自动相位控制电路（Automatic Phase Control，APC）和自动频率控制电路（Automatic Frequency Control，AFC）。其中，AFC 电路在某些系统中又称自动频率微调电路（Automatic Frequency Control Tuning，AFT），APC 电路又称为锁相环路（Phase Locked Loop，PLL），是应用最广的一种反馈控制电路。

（一）自动增益控制电路

1. AGC 电路的作用

在无线电通信、广播、电视、遥测遥感等系统中，由于受到发射功率大小、接收距离远近及信号衰减等许多因素的影响，接收机接收到的信号强度变化较大、信号的强弱可能相差几十分贝。如果接收机增益不变，将会使接收机输出信号很不稳定。例如，接收信号太强时接收机可能产生饱和失真或阻塞，而接收信号太弱时又有可能丢失。为了保证接收机能稳定工作，希望接收机的增益随输入信号强弱而变化，必须采用自动增益控制电路。

AGC 电路作用是：当输入信号电平变化很大时，尽量保持接收机输出信号电平基本稳定。即当输入信号很弱时，接收机的增益高；当输入信号很强时，接收机的增益低。

2. AGC 电路的要求

图 4.5.1 所示为具有 AGC 电路的超外差调幅接收机框图。图中，高频放大器和中频放大器组成环路可控增益放大器，AGC 检波器、低通滤波器和直流放大器构成环路的反馈控制器，u_r 为参考电压。

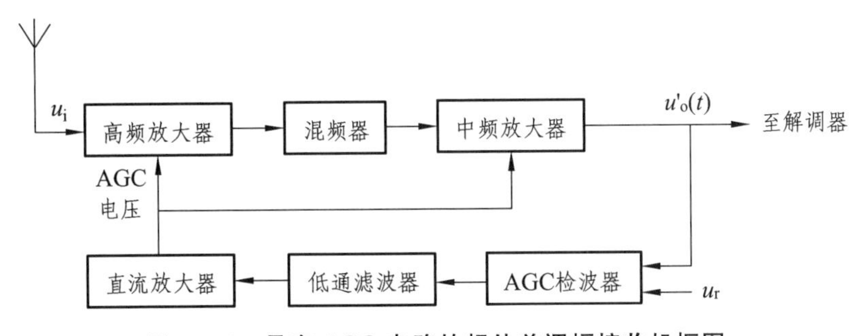

图 4.5.1　具有 AGC 电路的超外差调幅接收机框图

天线接收到的信号 u_i 经高频放大、混频和中频放大后得到中频调幅波 u_o'，经 AGC 检波器和低通滤波器后，得到反映输入信号大小变化趋势的直流分量，再经直流放大器放大后得到 AGC 电压。利用 AGC 电压去控制高放或中放的增益，使接收机的增益随输入信号强弱而变化，即输入信号强时，AGC 电压大，增益低，输入信号弱时，AGC 电压小，增益高，从而实现 AGC。

由上分析可知，要实现 AGC 的目的，一个 AGC 电路应满足两方面要求：一是产生一个反映随输入信号变化的 AGC 电压，二是利用 AGC 电压去控制相关可控增益放大器。

（二）自动频率控制电路

1. AFC 电路的工作原理

AFC 电路的主要作用是自动调节振荡器的振荡频率，从而维持振荡器的振荡频率基本不变。图 4.5.2 所示为 AFC 电路的原理框图，它由鉴频器、低通滤波器和压控振荡器三部分组成。

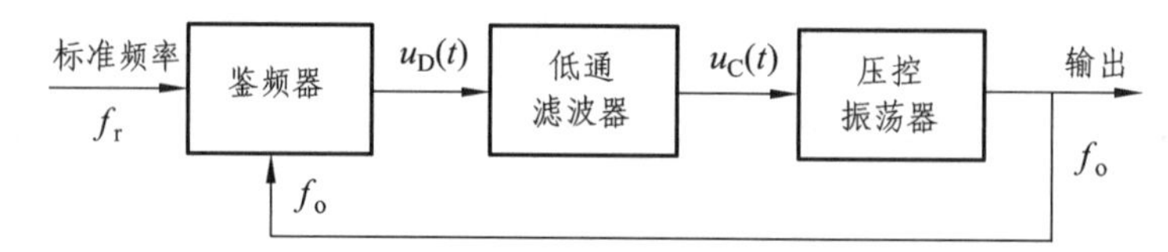

图 4.5.2　AFC 电路原理框图

压控振荡器输出频率 f_o 与标准频率 f_r 在鉴频器中进行比较，当 $f_o = f_r$ 时，鉴频器无输出，压控振荡器不受影响；当 $f_o \neq f_r$ 时，鉴频器输出频率误差电压 $u_D(t) = S_D(f_o - f_r)$，经低通滤波器滤除交流成分，输出直流控制电压 $u_C(t)$ 加到压控振荡器上，迫使压控振荡器振荡频率 f_o 与 f_r 接近；而后在新的振荡频率基础上，再经历上述过程，使误差频率进一步减小，如此循环下去，最后 f_o 与 f_r 的误差减小到某一最小值 Δf 时，自动调节过程结束，环路进入锁定状态。即环路锁定时，压控振荡器输出信号频率保持在($\Delta f + f_r$)上。Δf 称为剩余频差。当然，Δf 越小越好。

可见，AFC 电路是利用频率误差电压去消除频率误差，环路锁定时，必然有剩余频差 Δf 存在，即无法完全消除频差，这也是 AFC 电路无法克服的缺点。

2. AFC 电路的应用

AFC 电路广泛用于发射极和接收机的自动频率微调电路。

（1）用于稳定调幅接收机的中频频率

采用 AFC 电路的调幅接收机组成框图如图 4.5.3 所示，它与普通调幅接收机相比，增加了限幅鉴频器、低通滤波器和直流放大器等，同时将本机振荡器改为压控振荡器。正常情况下，混频器输出中频信号频率为 f_I，如果由于某种原因，使混频器后输出中频发生偏离，此中频信号经中频放大后送入限幅鉴频器，由于鉴频器中心频率调在中心频率 f_I 上，鉴频器可将偏离中频的频率误差变换成误差电压，通过低通滤波器滤波、直流放大后加到压控振荡器上，压控振荡器振荡频率发生变化，使偏离于中频的频率误差减小。在 AFC 电路的作用下，接收机输入调幅信号的载频和压控振荡器频率之差接近于中频。因此，采用 AFC 电路可以稳定中频频率，从而提高了接收机的灵敏度和选择性。

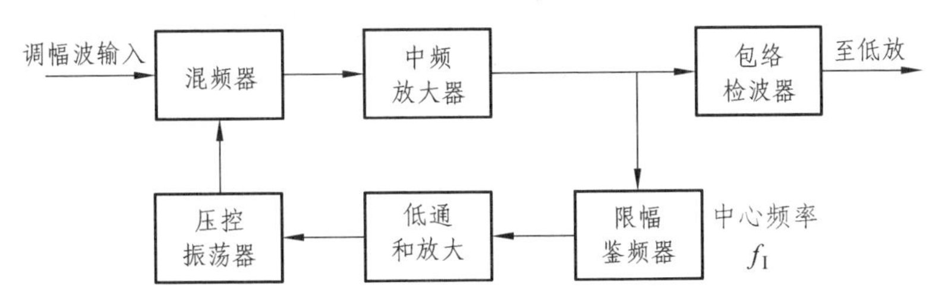

图 4.5.3　采用 AFC 电路的调幅接收机组成框图

（2）用于稳定调频接收机的中心频率

采用 AFC 电路的调频发射机组成框图如图 4.5.4 所示。图中，晶体振荡器频率 f_r 作为 AFC 电路的参考频率，调频振荡器的标称频率为 f_c，鉴频器的中心频率调整在（f_r-f_c）上。由于 f_r 稳定度高，当调频振荡器中心频率发生漂移时，混频器输出的频差也随之变化，限幅鉴频器可将频率误差变换成误差电压，经低通滤波器滤除调制频率分量后，输出反映调频波中心频率漂移程度的缓慢变化的控制电压，此电压加到调频振荡器上，调节其振荡频率，使中心频率漂移减小，稳定度提高。

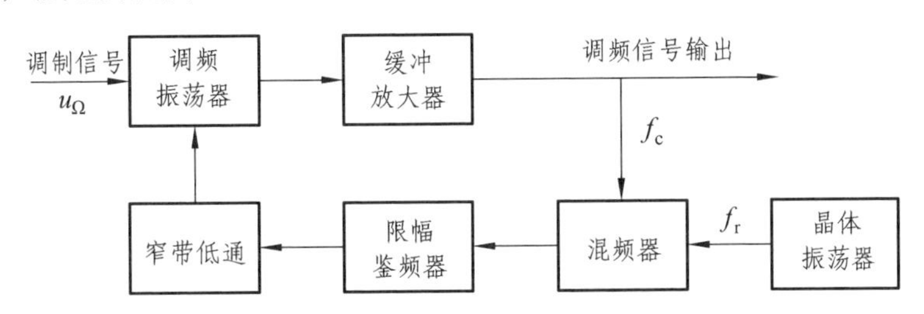

图 4.5.4　采用 AFC 电路的调频发射机组成框图

（三）锁相环路

锁相环路（PLL）是利用相位误差电压去消除频率误差的。目前，锁相环路广泛应用于滤波、调制与解调、信号检测、频率合成等许多技术领域。

1. 锁相环路的基本原理

（1）锁相环路的基本组成

锁相环路的组成框图如图 4.5.5 所示，它由鉴相器 PD（Phase Detector）、环路滤波器 LF（Loop Filter）和压控振荡器 VCO（Voltage-Controlled Oscillator）组成。各部分的基本特性如下：

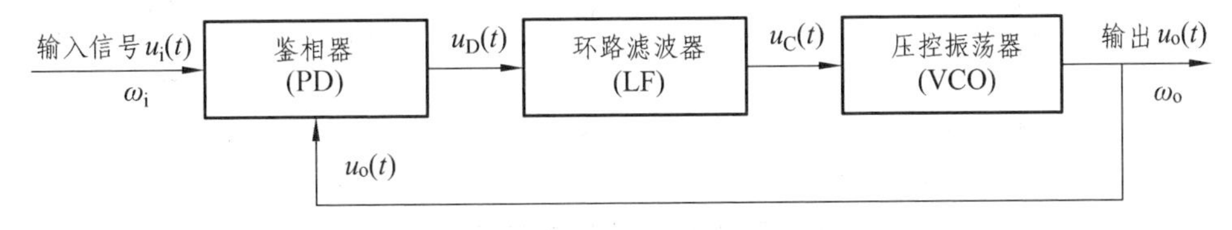

图 4.5.5　锁相环路的组成框图

① 鉴相器。

鉴相器是相位比较器，其作用是检出输入信号 $u_i(t)$和 VCO 输出信号 $u_o(t)$之间的相位误差 $\varphi_e(t)$，输出相位误差电压 $u_D(t)$。将 $u_D(t)$与 $\varphi_e(t)$ 关系曲线称为鉴相特性，如图 4.5.6 所示。图（a）所示为正弦鉴相特性，可用模拟相乘器构成的乘积型鉴相器实现，常用于两路输入信号均为正弦波的锁相环中。图（b）所示为三角鉴相特性，可用于异或门鉴相器实现，常用于两路输入信号均为方波的数字锁相环中。图（c）所示为边沿触发数字鉴相器的鉴相特性，其特点是在 ± 2π范围内，即 $f_i = f_o$时，鉴相器输出电压 $u_D(t)$与相位差 $\varphi_e(t)$ 成线性关系，称为鉴相区；$f_i>f_o$ 和 $f_i<f_o$ 区域，称为鉴频区。

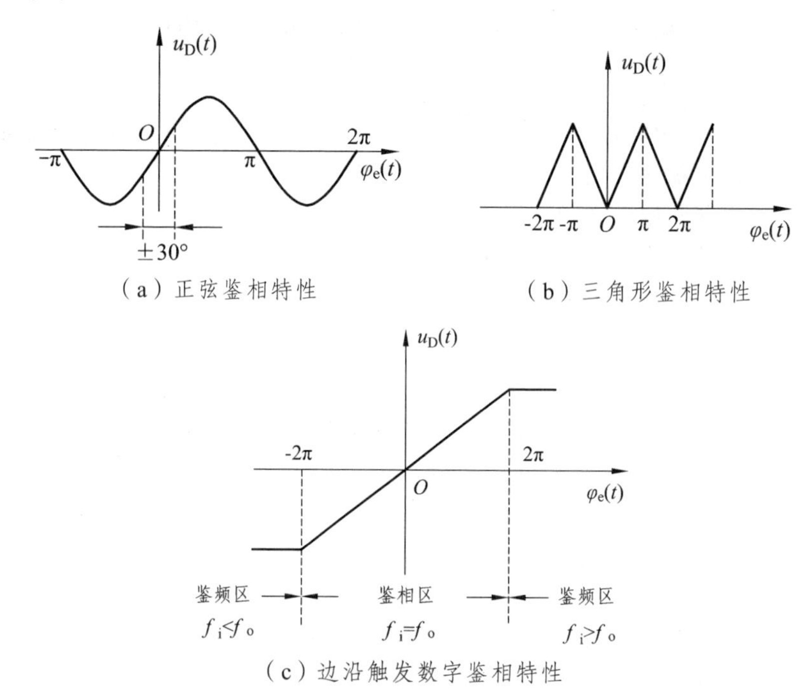

图 4.5.6　鉴相器的鉴相特性

② 环路滤波器。

环路滤波器是低通滤波器，其作用是滤除相位误差电压 $u_D(t)$中的高频分量及干扰噪声，输出控制电压 $u_C(t)$。锁相环中常用的环路滤波器有 *RC* 积分滤波器、*RC* 比例积分滤波器和有源比例积分滤波器，如图 4.5.7 所示。比例积分滤波器可把鉴相器非常小的输出电压 $u_D(t)$，形成一个相当大的控制电压 $u_C(t)$。改变环路滤波器的 *R*、*C* 值，可改变环路滤波器的性能，从而改变锁相环的性能。

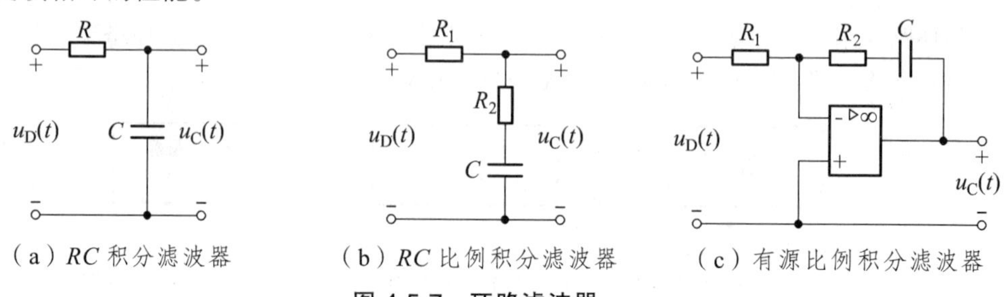

图 4.5.7　环路滤波器

③ 压控振荡器。

压控振荡器是一种电压-频率变换器，其振荡频率受输入电压 $u_C(t)$控制，即压控振荡器的作用是产生频率随控制电压 $u_C(t)$变化的振荡电压 $u_o(t)$。分离元件的压控振荡器，一般含有 LC 振荡器，集成锁相环中的压控振荡器，通常为 RC 振荡器。

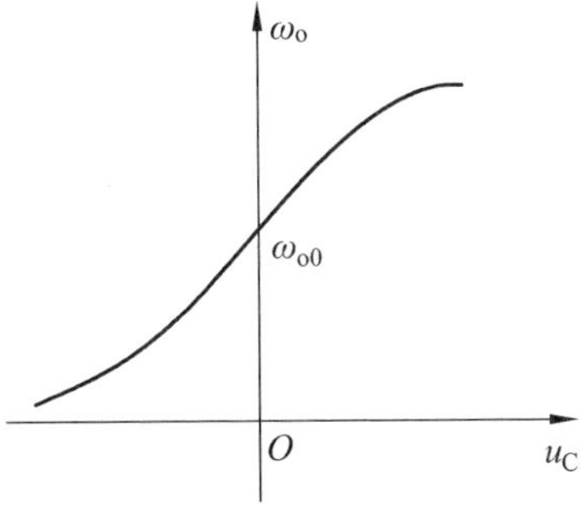

图 4.5.8　压控振荡器的调频特性

压控振荡器瞬时振荡频率 ω_o 随控制电压 $u_C(t)$变化的曲线称为压控振荡器的调频特性，如图 4.5.8 所示。图中，ω_o 是 $u_C(t) = 0$ 的固有振荡频率，称为压控振荡器的中心频率。一般情况下，调频特性曲线是非线性的，但在 $u_C(t)$的某一范围内，ω_o 与 $u_C(t)$ 之间近似为线性关系，即 $\omega_o = \omega_{c0} + A_o u_C(t)$。由理论分析可知，锁相环中的压控振荡器相当于一个积分器。

（2）锁相环路的基本原理

如图 4.5.5 所示，当输入信号 $u_i(t)$的角频率 ω_i 与压控振荡器输出信号 $u_o(t)$的角频率 ω_o 不相等，即 $\omega_i \neq \omega_o$ 时，则锁相环路处于“失锁”状态。此时，$u_i(t)$与 $u_o(t)$必然存在相位差，由鉴相器进行相位比较后，输出相位误差电压 $u_D(t)$，经环路滤波器取出其中缓慢变化的直流电压作为控制电压 $u_C(t)$，控制压控振荡器的振荡频率，使得 $u_i(t)$与 $u_o(t)$之间的频率差减小，直到 $\omega_o = \omega_i$，两信号相位差等于常数时，锁相环路处于“锁定”状态。

应当指出，锁相环路与 AFC 电路都是实现频率跟踪的自动控制电路，但两者的控制原理不同。AFC 电路是利用频率误差信号去实现频率跟踪，锁相环路是利用相位误差信号去实现频率跟踪，锁相环路一旦锁定，虽存在相位差，但不存在频差，即实现无误差的频率跟踪。因此，锁相环路比 AFC 电路应用广泛得多。

2. 锁相环路的性能分析

（1）锁相环路的捕捉与跟踪

锁相环路根据初始状态的不同，有捕捉与跟踪两种不同的自动调节过程。

锁相环路初始状态是失锁的，环路通过自身的调节，由失锁进入锁定的过程称为捕捉过程。当锁相环路没有输入信号 u_i 时，VCO 以固有频率 ω_{o0} 振荡。加入 u_i 后，$\omega_i \neq \omega_{o0}$，存在一个输入固有频差 $\Delta\omega_i = \omega_i - \omega_{o0}$。如果输入固有频差 $\Delta\omega_i$ 过大，锁相环路将无法进入锁定状态，因此，将能够由失锁进入锁定的最大输入固有频差称为锁相环路的捕捉带，用 $\Delta\omega_p$ 表示。捕捉过程所需要的时间称为捕捉时间，用 τ_p 表示。

锁相环路初始状态是锁定的，当输入信号的频率和相位变化时，环路通过自身的调节来维持锁定的过程，称为跟踪过程或同步过程。将能够维持跟踪的最大输入固有频差称为锁相环路的跟踪带或同步带，用 $\Delta\omega_H$ 表示。

（2）锁相环路的基本特性

① 频率跟踪特性。

锁相环路锁定后，其输出信号频率可以精确地跟踪输入信号频率的变化，即当输入信号频率稍有变化时，能通过环路的自身调节，最后达到 $\omega_i=\omega_o$。

② 窄带滤波特性。

就频率特性而言，锁相环路相当于一个低通滤波器，能实现几十赫兹甚至几赫兹的窄带滤波，可以有效滤除混在输入信号中的噪声和杂散干扰。这种窄带滤波特性是任何 *LC*、*RC*、石英晶体和陶瓷滤波器难以达到的。

③ 环路锁定时无频差。

若环路输入信号频率固定，则环路锁定后，输出信号与输入信号频率相等，不存在频率差，可用于实现无误差的频率跟踪。

3. 集成锁相环路

集成锁相环路分为模拟锁相环路和数字锁相环路两大类。按用途不同，集成锁相环路可分为通用型和专用型两种，通用型是一种适应于各种用途的锁相环路，专用型是一种专为某种功能设计的锁相环路，例如，调频接收机中的调频立体声解调环路，彩色电视机中的色同步环和行振荡环等。按最高工作频率的不同，集成锁相环路又可分为低频（1 MHz 以下）、高频（1 ~ 30 MHz）、超高频（30 MHz 以上）。目前，集成锁相环路被广泛应用于电子技术领域。

（1）低频集成锁相环路 CD4046

CD4046 是低频 CMOS 集成锁相环，具有电源电压范围宽（3 ~ 18 V），输入阻抗高（约为100 MΩ），动态功耗小等优点，最高工作频率为 1 MHz。

CD4046 的内部结构和引脚排列如图 4.5.9 所示。由图 4.5.9（a）可以看出，CD4046 内部由两个鉴相器、一个压控振荡器和缓冲放大器、内部稳压器、输入信号放大与整形电路组成。

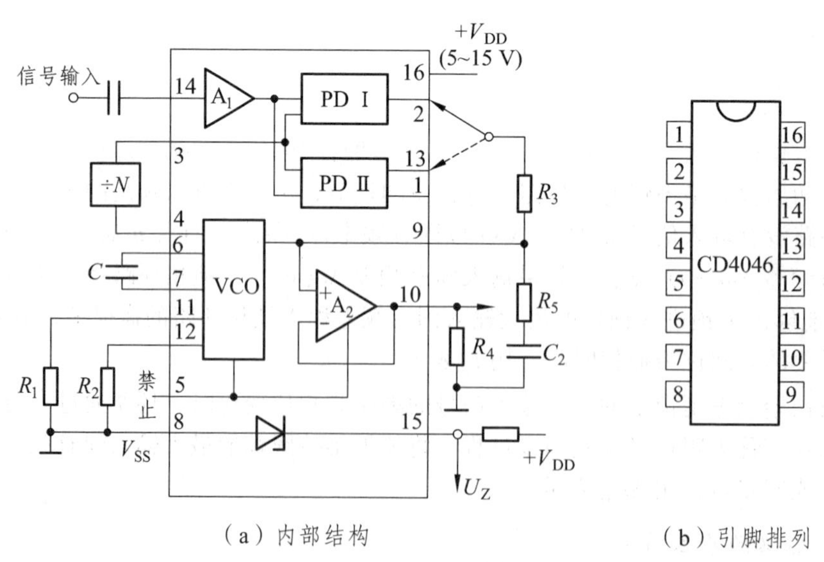

（a）内部结构　　（b）引脚排列

图 4.5.9　集成锁相环路 CD4046

放大与整形电路 A_1 对 14 端输入的 100 mV 左右的小信号或方波进行放大和整形，变成两个鉴相器所要求的方波。

鉴相器 PDⅠ由异或门构成，鉴相器 PDⅡ采用数字式鉴频鉴相器，这两个鉴相器中，可任选一个作为锁相环路的鉴相器。电阻 R_3、R_5 和电容 C_2 组成一阶低通滤波器。

VCO 采用 CMOS 数字压控振荡器，VCO 振荡频率由 6、7 端之间外接电容 C 和 11 端外接电阻 R_1 决定，12 端外接电阻 R_2 起到频率补偿作用。R_1 控制 VCO 的最高振荡频率，R_2 控制 VCO 的最低振荡频率，当 $R_2=\infty$ 时，最低振荡频率为 0。

缓冲输出器 A_2 是一个跟随器，内部稳压器提供 5V 直流电压，从 5 端和 8 端之间引出，作为环路的基准电压，15 端需外接限流电阻。5 端能够使锁相环路具有“禁止”功能，当 5 端接高电平时，VCO 停振，5 端接低电平时，VCO 工作。

（2）高频集成锁相环路 L562

L562 是高频集成锁相环，工作频率可达 30 MHz，其内部结构和引脚排列如图 4.5.10 所示。由图 4.5.10（a）可以看出，L562 内部有鉴相器 PD、压控振荡器 VCO、三个放大器 A_1、A_2、A_3 和一个限幅器。11 端和 12 端之间外加输入信号，9 端为解调输出端，16 端和 8 端之间外接电源，最大电源电压为 +30 V。13 端和 14 端之间外接环路滤波器的滤波元件，5 端和 6 端之间外接 VCO 的定时电容，2 端和 15 端为 VCO 输入端，3 端和 4 端为 VCO 输出端。7 端注入的信号用来改变 VCO 的控制电压，控制 VCO 的振荡频率。

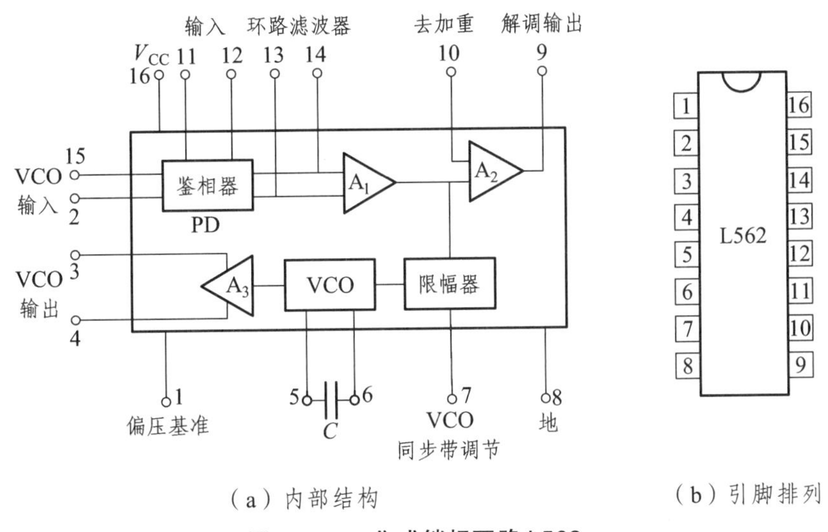

（a）内部结构　　（b）引脚排列

图 4.5.10　集成锁相环路 L562

4. 锁相环路的应用

锁相环路具有良好的跟踪特性和窄带滤波特性，因而在倍频器、分频器、混频器及调制解调器等电路中得到广泛的应用。

（1）锁相倍频器

实现 VCO 输出瞬时频率锁定在输入信号频率的 n 次谐波的环路称为锁相倍频器。在锁相环路的反馈支路中插入一个 n 分频器，即可实现 n 倍频，如图 4.5.11 所示。由图可知，环路锁定时，$\omega_i=\omega_o/n$，即 $\omega_o=n\omega_i$。

（2）锁相分频器

实现 VCO 输出瞬时频率锁定在输入信号频率的 $1/n$ 次谐波的环路称为锁相分频器。在锁相环路的反馈支路中插入一个 n 倍频器，即可实现 n 分频，如图 4.5.12 所示。由图可知，环路锁定时，$\omega_i = n\omega_o$，即 $\omega_o = \omega_i / n$。

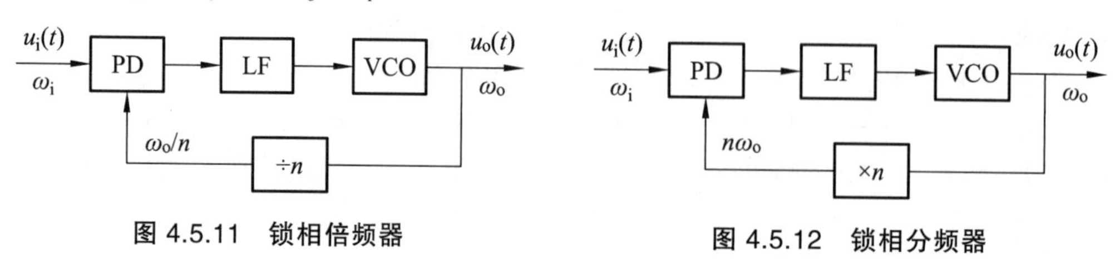

图 4.5.11　锁相倍频器　　图 4.5.12　锁相分频器

（3）锁相调频器

利用锁相环路调频，能够得到中心频率高度稳定的调频信号，图 4.5.13 为锁相调频器的框图。锁相环路使 VCO 的中心频率稳定在晶振频率上，同时调制信号也加到 VCO 上，对中心频率进行频率调制，得到调频信号输出。锁相调频器能克服直接调频中心频率稳定度不高的缺点。

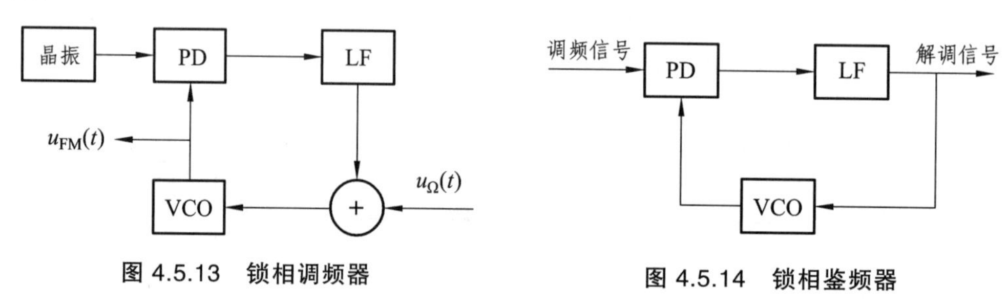

图 4.5.13　锁相调频器　　图 4.5.14　锁相鉴频器

（4）锁相鉴频器

锁相鉴频器的框图如图 4.5.14 所示。当输入调频波的频率发生变化时，经过 PD 和 LF 后，将输出一个控制电压，与输入信号的频率变化规律相对应，以保证 VCO 的输出频率与输入信号频率相同。从环路滤波器引出控制电压，即可得到调频波的解调信号。

5. 锁相频率合成器

锁相频率合成是指利用锁相环路的频率跟踪特性，在石英晶体振荡器提供的基准频率源作用下，产生一系列离散的频率，因其输出频率的频谱纯度高，故广泛用于通信、雷达、遥控遥测等技术领域。下面作一简略分析。

（1）单环锁相频率合成器

单环锁相频率合成器组成框图如图 4.5.15 所示，它是在基本锁相环路的反馈支路中插入分频器构成的。

图中，晶体振荡器产生高稳定的标准频率 f_s，经参考分频器 R 分频后，得到参考频率 f_r 为

$$f_r = \frac{f_s}{R} \tag{4.5.1}$$

f_r 送到锁相环路中的鉴相器的一个输入端，锁相环路压控振荡器输出频率 f_o，经可编程分频器 N 分频后频率变为 f_r/N，也送入锁相环路中的鉴相器的另一输入端。当环路锁定时，必有

$$f_r = f_o / N \tag{4.5.2}$$

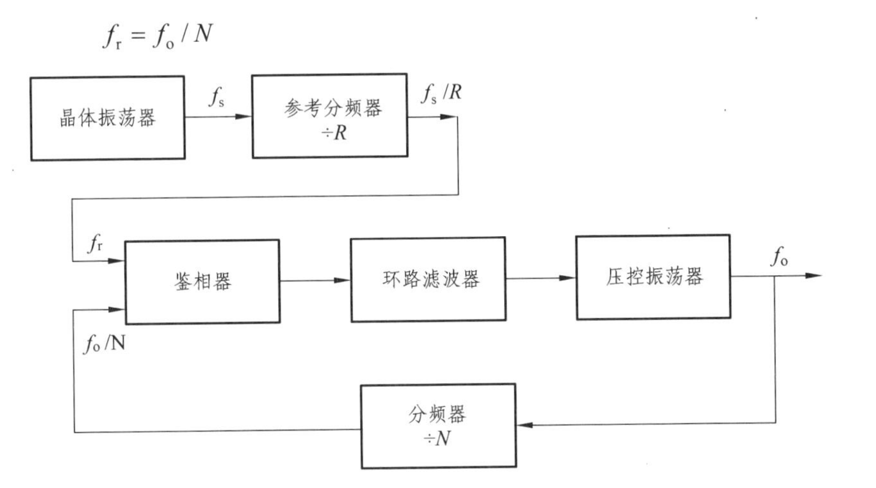

图 4.5.15　单环锁相频率合成器

所以，压控振荡器输出信号频率为

$$f_o = Nf_r = Nf_s / R \tag{4.5.3}$$

由式（4.5.3）可知，输出信号频率为输入信号频率的 N 倍，改变编程分频器的分频比 N，便得到不同频率的输出信号。f_r 为各输出信号频率之间的频率间隔，称为频率合成器的分辨率。

CD4046 组成的单环锁相频率合成器如图 4.5.16 所示。图中，参考分频器由 12 位二进制计数器 CC4040 组成，取分频比 $R = 2^8 = 256$，分频器 N 由可编程序分频器 CC40103 组成，置数端按图中连接，其分频比 $N = 29$。晶体振荡器产生标准频率 $f_s = 1\ 024$ kHz，经参考分频器 R 后的参考频率为 $f_r = f_s/R = 1\ 024/256$ kHz $= 4$ kHz。当环路锁定时，锁相环 4 端输出频率 $f_o = Nf_r = 29 \times 4$ kHz $= 1.16$ MHz，频率间隔 $f_r = 4$ kHz 的信号。只要改变程序分频器 CC40103 置数端的接线，得到不同的分频比 N 值，从而获得不同频率的输出信号。

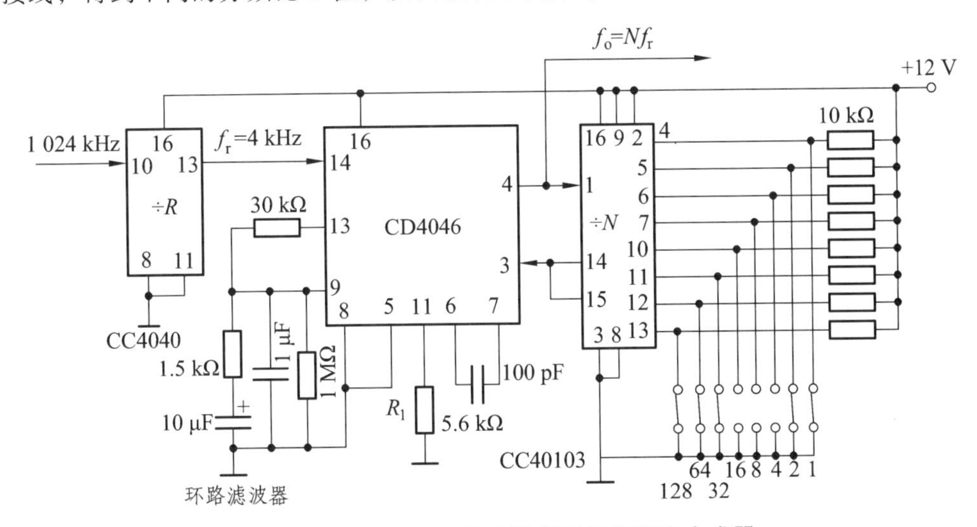

图 4.5.16　CD4046 构成的单环锁相频率合成器

（2）多环式锁相频率合成器

图 4.5.17 为三环式锁相频率合成器的组成框图，图中，有三个锁相环路，环路 A 和 B 为单环频率合成器，环路 C 为混频环，参考频率 $f_r = 100$ kHz。对于环路 A 和 B 有

$$f_A = \frac{N_A}{100} f_r \tag{4.5.4}$$

$$f_B = N_B f_r \tag{4.5.5}$$

环路 B 输出频率 f_B 的信号，经 C 环中混频器取差频（$f_o - f_B$），经带通滤波器后输出到鉴相器一个输入端，同时环路 A 输出频率 f_A 的信号，加到鉴相器另一输入端。当环路锁定时，$f_A = f_o - f_B$，所以，C 环输出信号频率为

$$f_o = f_A + f_B \tag{4.5.6}$$

结合式（4.5.4）和式（4.5.5），容易得到频率合成器输出信号频率

$$f_o = (\frac{N_A}{100} + N_B) f_r \tag{4.5.7}$$

所以，当 $300 \leqslant N_A \leqslant 399$，$351 \leqslant N_B \leqslant 397$ 时，输出信号频率覆盖范围为 35.400 ~ 40.099 MHz，频率间隔为 1 kHz。

顺便指出，一个好的频率合成器，要求频率覆盖范围宽，频率间隔小。目前已采用性能优良的吞脉冲频率合成器，这里不再分析，请读者参阅有关书籍。

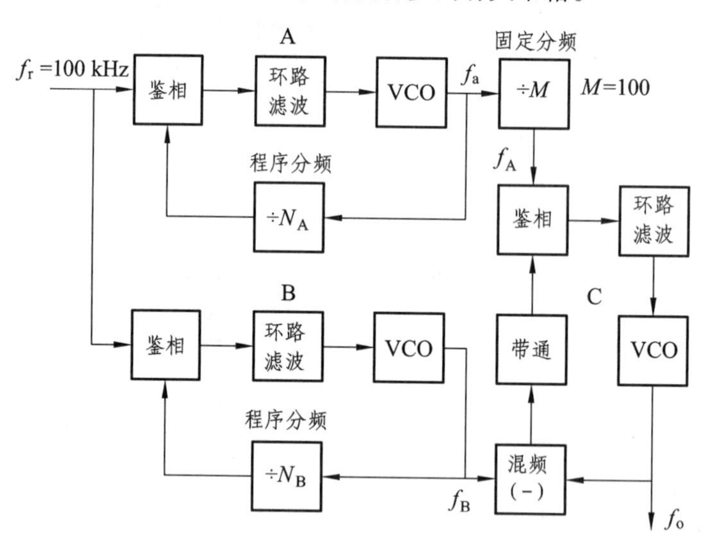

图 4.5.17　三环锁相频率合成器

三、练一练

1. 填　空

（1）输出电压直接反映调幅波包络变化规律的检波电路称为______________。它只适用

于__________的检波。

（2）同步检波电路适用于普通调幅信号、__________的检波，检波时需要同时加入与载波信号同频同相的__________。

（3）检波电路的主要要求是__________，__________，输入电阻高。

（4）如果电路参数选择不当，二极管包络检波电路就有可能产生________________失真和_________失真。

（5）惰性失真产生原因是__________，负峰切割失真产生原因是__________。

（6）混频电路的作用在于将不同载频的已调信号不失真地变换为同一个__________的已调信号，而保持其__________不变。

（7）通常要求混频电路的混频增益高，__________，__________，抗干扰信号的能力强。

（8）最强寄生通道干扰为__________干扰和__________干扰。

（9）调频信号的解调称为__________，调相信号的解调称为__________，它们的作用都是从调频信号和调相信号中检出__________。

（10）鉴频电路的主要要求是__________要高，__________要宽。

（11）斜率鉴频器是将调频信号经频率-振幅线性变换网络转换成__________信号，然后用包络检波器取出原__________。

（12）相位鉴频器是将调频信号经频率-相位线性变换网络变换成__________信号，然后通过__________还原出原调制信号。

（13）采用乘积型鉴相器构成的相位鉴频器称为__________，采用叠加型鉴相器构成的相位鉴频器称为__________。

（14）反馈控制电路主要有__________、__________和__________。

（15）锁相环路与 AFC 电路都是实现________的自动控制电路，但两者的控制原理不同。AFC 电路是利用________去实现频率跟踪，锁相环路是利用__________去实现频率跟踪。

（16）锁相环路的基本特性是频率跟踪特性、____________特性以及环路锁定时无__________。

2. 选　择

（1）关于检波的描述正确的是______。

（A）调幅信号的解调　（B）调频信号的解调　（C）调相信号的解调

（2）大信号包络检波器只适用于______。

（A）普通调幅波　（B）双边带调幅波　（C）单边带调幅波

（3）下列说法正确的是______。

（A）同步检波器要求接收端载波与发端载波频率相同、幅度相同

（B）同步检波器要求接收端载波与发端载波相位相同、幅度相同

（C）同步检波器要求接收端载波与发端载波频率相同、相位相同

（4）二极管峰值包络检波器，原电路正常工作。若加大调制信号频率，会引起______。

（A）惰性失真　（B）底部切割失真　（C）惰性失真和底部切割失真

（5）惰性失真和负峰切割失真是下列哪种检波器特有的失真？（　　　）

（A）小信号平方律检波器　　（B）大信号包络检波器　　（C）同步检波

（6）混频电路又称变频电路，在变频过程中以下正确叙述的是______。

（A）信号的频谱结构发生变化　　（B）信号的调制类型发生变化

（C）信号的载频发生变化

（7）设混频器高频输入信号载波频率为f_c，原调制信号频率为F，本振信号频率为f_L，则中频输出f_I不可能为______。

（A）$F+f_c$　　（B）f_L+f_c　　（C）f_L-f_c　　（D）f_c-f_L

（8）调幅收音机中频信号频率为______。

（A）465 kHz　　（B）10.7 MHz　　（C）38 MHz　　（D）不能确定

（9）混频器与变频器的区别是______。

（A）混频器包括了本振电路　　（B）变频器包括了本振电路

（C）两个都包括了本振电路　　（D）两个均不包括本振电路

（10）关于鉴相的描述正确的是______。

（A）调幅信号的解调　　（B）调频信号的解调　　（C）调相信号的解调

（11）采用频率幅度变换网络及包络检波器的鉴频器称为______鉴频器。

（A）相位　　（B）斜率　　（C）脉冲计数式

（12）属于频谱的非线性变换过程的是______。

（A）振幅调制　　（B）振幅检波　　（C）混频　　（D）角度调制与解调

2. 分析计算

（1）二极管包络检波电路如图 4.5.18 所示，已知$u_s(t)=10[1+0.6\cos(2\pi\times10^3t)]\cos(2\pi\times10^6t)$ V，$R=4.7$ kΩ，$C=0.01$ μF，检波效率$\eta_d=0.85$。试求：① 检波器输入电阻R_i；② 检波后在负载电阻R_L上得到的直流电压U_o和低频电压振幅值$U_{\Omega m}$；③ 当接上低频放大器后，若$R_L=4$ kΩ，该电路能否产生负峰切割失真？

（2）电路模型如图 4.5.19 所示。设$u_s(t)=U_{sm}(1+m_a\cos\Omega t)\cos\omega_c t$，$u_r(t)=U_{rm}\cos\omega_c t$，试分析该电路的检波原理，并指出为何种检波电路模型。

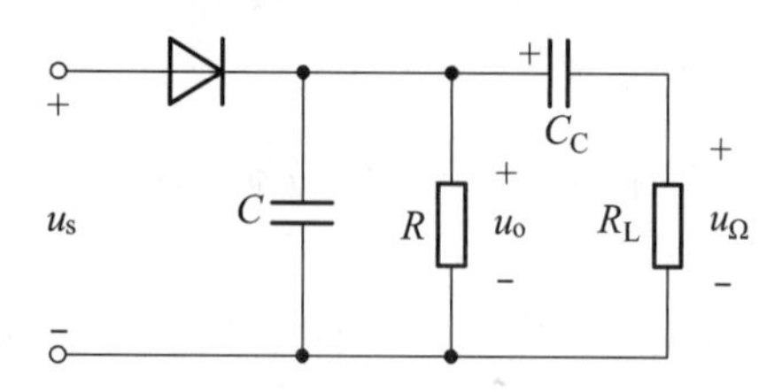

图 4.5.18　实际的二极管包络检波电路

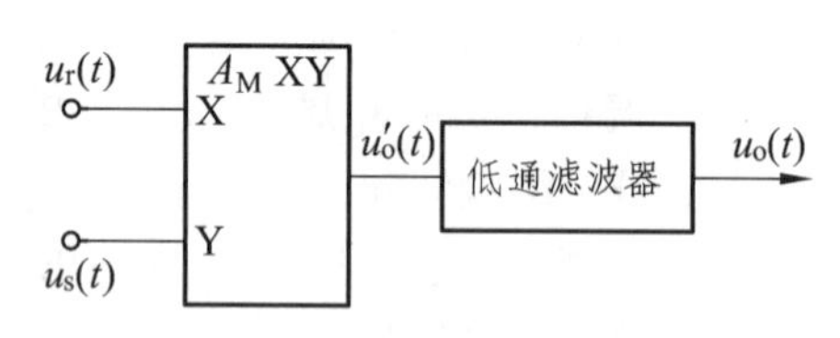

图 4.5.19　检波电路模型

（3）乘积型鉴相器的电路模型如图 4.5.20 所示，设$u_X(t)=U_{Xm}\cos\omega_c t$，$u_Y(t)=U_{Ym}\sin(\omega_c t+\varphi)$均为小信号，分析该电路的鉴相原理。

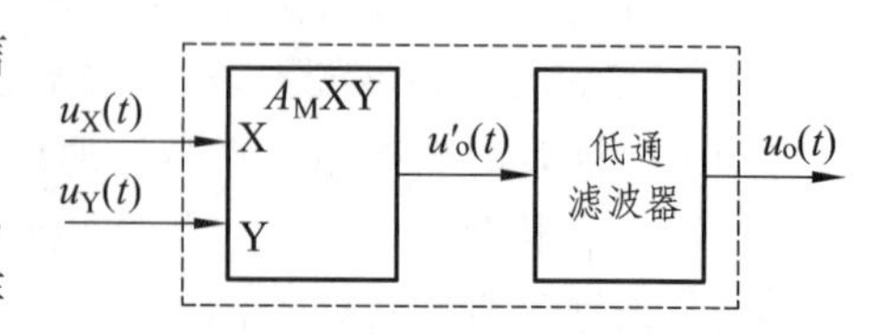

图 4.5.20　乘积型相位鉴相器电路模型

（4）如图 4.5.21 所示为晶体管收音机的变频电路，试回答下列问题：① 调节可变电容C_{1a}、C_{1b}起什么作用？②L_4、C_3、C_5和可变电容C_{1b}组成什么回路？C_4、

L_5组成什么回路？③ L_3的作用是什么？C_1、C_2的作用是什么？简述电路的工作原理。

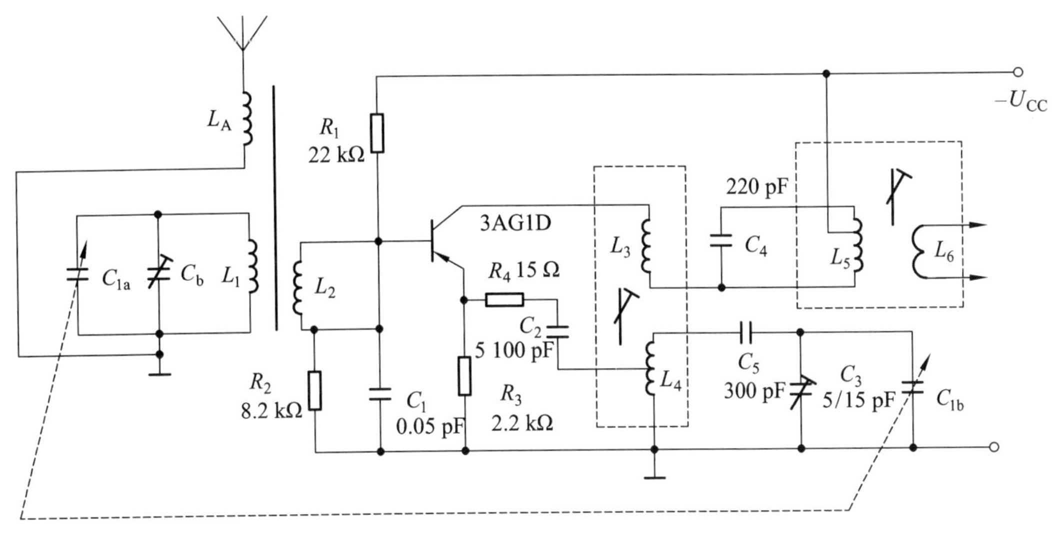

图 4.5.21　晶体管收音机的变频电路

四、试一试

1. 二极管包络检波电路的仿真

（1）利用 Multisim 11 软件绘制如图 4.5.22 所示的仿真电路。

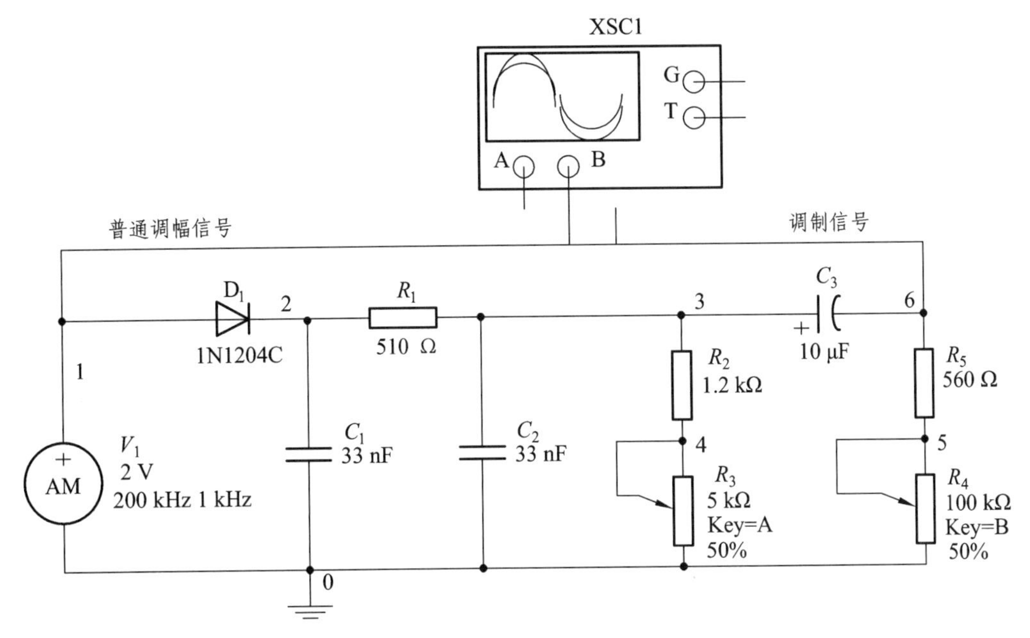

图 4.5.22　二极管包络检波仿真电路

（2）按图 4.5.22 设置 V_1 以及各元件的参数，其中调幅信号源的调幅度设为 0.8。打开仿真开关，从示波器上观察检波器输出波形与输入调幅波的关系。

（3）将 R_3 调到最大（100%），从示波器上观察到惰性失真现象，试分析其原因。

（4）将 R_3 恢复为最小（0%），再将 R_4 调到最小（0%），从示波器上观察负峰切割失真现象，试分析其原因。

2. 乘积型同步检波电路的仿真

（1）利用 Multisim 11 软件绘制如图 4.5.23 所示的仿真电路。其中 IC1 组成双边带调幅电路，IC2 以及低通滤波器 R_1、C_1、C_2 组成同步检波器。

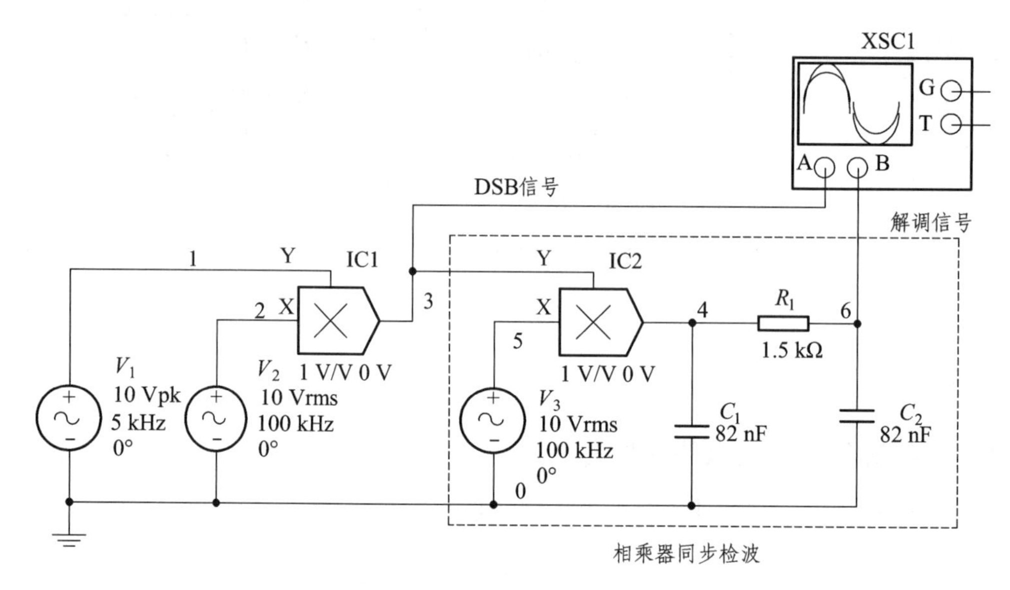

图 4.5.23 乘积型同步检波仿真电路

（2）按图 4.5.23 所示设置调制信号 V_1、载波信号 V_2、同步信号 V_3 以及各元件的参数，打开仿真电源开关，从示波器上观察同步检波器输入的双边带信号及其解调输出信号。

（3）改变同步检波器的同步信号的相位，观察输出波形的变化，并说明其原因。

3. 相乘器混频电路的仿真

（1）利用 Multisim 11 软件绘制如图 4.5.24 所示的仿真电路。

（2）按图 4.5.24 所示设置调幅信号源 V_1、本振信号 V_2 以及其他元件的参数，其中调幅信号源的调幅度设为 0.8。打开仿真电源开关，双击示波器，正确设置示波器的参数，观察混频器输入的调幅波以及混频器的输出波形，说明混频器的作用。

（3）利用频谱分析仪观察混频器输出端频谱。连接频谱分析仪，合理设置面板参数，观察混频器输出端频谱结构，求出中心频率。

（4）将 R_1 减小为 100 Ω，观察示波器上混频器输出的波形变化，并说明电阻 R_1 的作用。

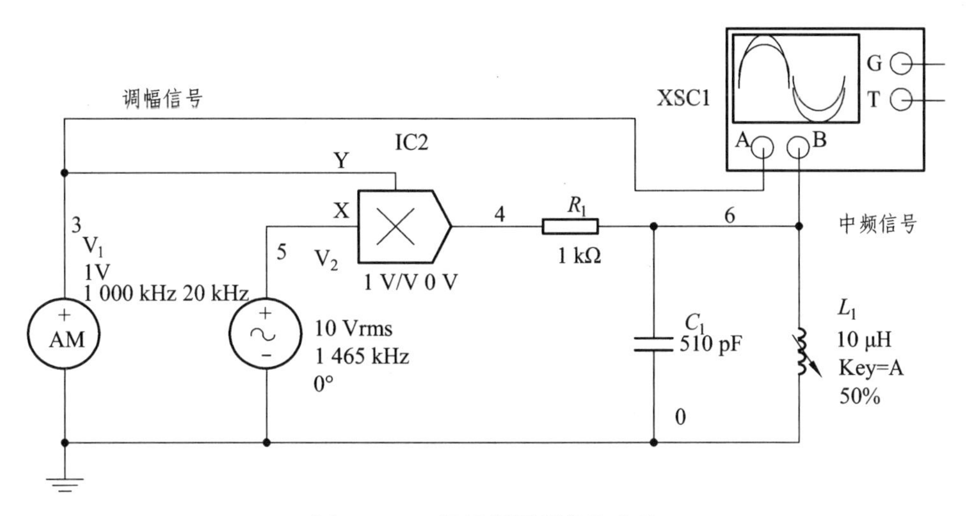

图 4.5.24　相乘器混频仿真电路

4. 斜率鉴频电路的仿真

（1）斜率鉴频器由频幅变换网络和包络检波器组成。利用 Multisim 11 软件绘制单失谐回路的频幅变换网络，如图 4.5.25 所示。

（2）按图 4.5.25 所示设置调频信号源以及其他元件的参数，打开仿真电源开关，双击示波器，正确设置示波器的参数，可观察单失谐回路能够将调频波转化为调幅-调频波，做好波形的记录。

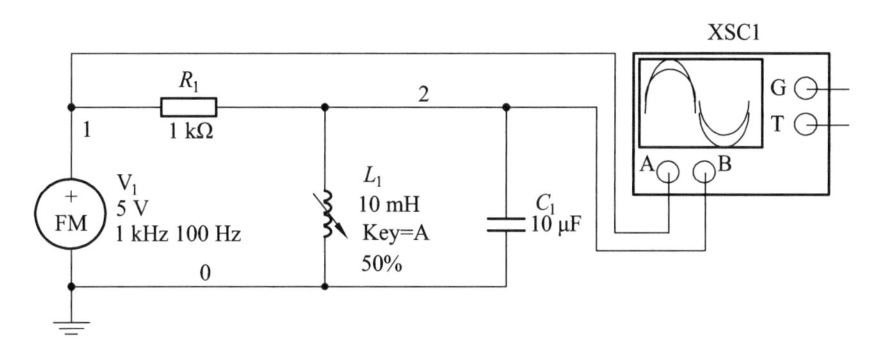

图 4.5.25　单失谐回路的频幅变换网络仿真电路

（3）改变 L_1 的电感量，即改变单失谐回路的谐振频率，观察输出波形有何变化，说明其原因。

（4）按图 4.5.26 所示，利用 Multisim 11 软件绘制单失谐回路斜率鉴频器，并按图示要求设置电路中元件参数。打开仿真开关，观察输出波形。

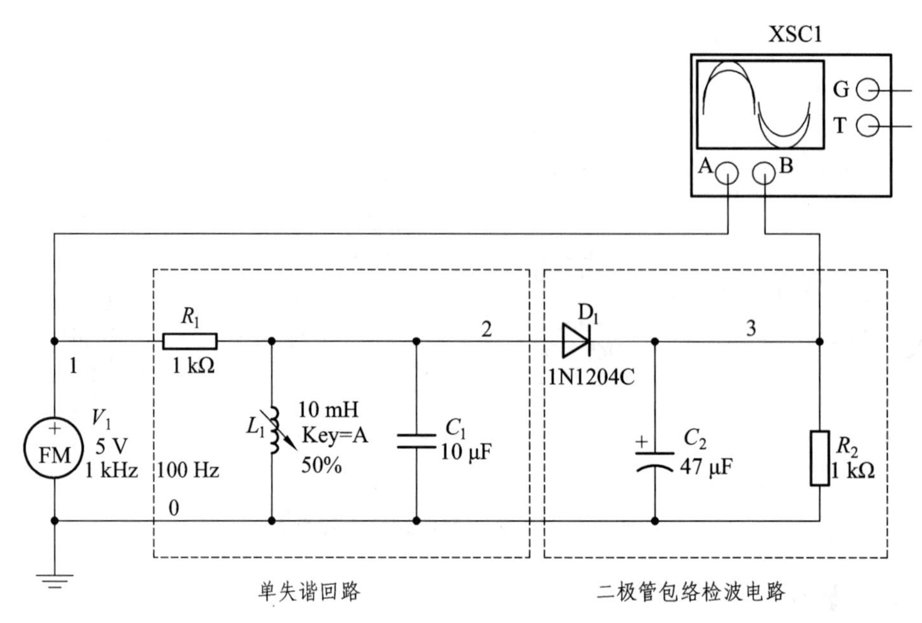

图 4.5.26　单失谐回路的斜率鉴频器仿真电路

（5）改变调频信号的调频指数，观察输出波形有何变化，并说明其原因。

参考答案

学习情境 1

1. 填　空

（1）品质因数
（2）0.1
（3）1，窄，小
（4）石英晶体滤波器，陶瓷滤波器，声表面波滤波器
（5）稳定性

2. 选　择

（1）C；（2）A；（3）A；（4）C；（5）B；（6）B；（7）B；（8）C；（9）C；（10）B

3. 分析与计算

（1）$f_o = 35.6\ \text{MHz}$，$R_p = 22.36\ \text{k}\Omega$，$BW_{0.7} = 356\ \text{kHz}$
（2）$f_o = 465\ \text{kHz}$，$R_e = 42\ \text{k}\Omega$，$BW_{0.7} = 12.6\ \text{kHz}$
（3）① $L = 5\ \mu\text{H}$，$Q = 67$；
　　② $R = 21\ \text{k}\Omega$
（4）① $L \approx 3.95\ \mu\text{H}$，$Q_e \approx 89$；
　　② $47.2\ \text{k}\Omega$
（5）① 调谐在输入信号的频率上；
　　② 晶体管的输出以电感分压式接入调谐回路，减小晶体管输出阻抗对谐振回路的影响；
　　③ 高频旁路电容，保证放大器工作在放大区；
　　④ 降低 Q 值，加宽放大器的通频带

学习情境 2

1. 填　空

（1）相位平衡，振幅平衡
（2）$\varphi_a + \varphi_f = 2n\pi(n = 0,1\cdots)$，$|\dot{A}\dot{F}| = 1$
（3）串联型晶体振荡器，并联型晶体振荡器
（4）变压器反馈式振荡器，三点式振荡器
（5）有效的阻抗变换，良好的滤波性能
（6）直流馈电电路，滤波匹配网络

（7）滤波，阻抗匹配

（8）丙，小于 90°，小于 $U_{BE(on)}$，周期性余弦电流脉冲，选频，余弦

2. 选　择

（1）C；（2）C；（3）A；（4）B；（5）C；（6）C；（7）A；（8）B

3. 分析计算

（1）$\eta_c = 79\%$，$P_o = 5.7W$，$P_{DC} = 7.2W$

（2）① $\eta_c = 0.79$；

② $I_{CM} = 1.05A$，$R_p = 46.5\,\Omega$

（3）① $i_{c1}(t) = 40\cos\omega t$ mA，$u_c(t) = -16\cos\omega t$ V；

② $P_o = 0.32$ W，$P_{DC} = 0.4$ W，$P_C = 0.08$ W，$\eta_C = 80\%$

（4）① 1 端和 4 端为同名端；

② $f_o = 1.35 \sim 3.5$ MHz

（5）① 并联型石英晶体振荡器，晶体在电路中电感作用，C_1、C_2、C_3 串联作为晶体负载电容 $C_L \approx C_3$；

② 略，改进型电容三点式振荡器，满足相位条件

学习情境 3

1. 填　空

（1）调制、调制信号、载波信号，已调信号

（2）普通调幅、抑制载波的双边带调幅、单边带调幅波

（3）频谱

（4）载波、上边带、下边带

（5）低电平、双边带调幅和单边带调幅、高电平、普通

（6）调制线性度、载波抑制能力

（7）丙类谐振功率、基极、集电极

（8）调角、非线性

（9）振幅、角频率、振幅、角频率

（10）正弦、余弦

（11）抗干扰能力强、设备利用率高

（12）直接调频、间接调频

（13）频偏较大、中心频率稳定度不高、中心频率稳定，不易获得大的频偏

（14）倍频器、混频器

2. 选　择

（1）C；（2）B；（3）A；（4）A；（5）B；（6）B；（7）A；（8）D；（9）D；（10）B；（11）A；（12）A；（13）C；（14）D

3. 分析计算

（1）$u_{AM}(t)=10[1+0.4\cos(2\pi\times10^3t)]\cos(2\pi\times10^6t)$ V，$m_a=0.4$，$BW=2$ kHz

（2）$m_a=0.4$，$BW=10$ kHz

（3）200 Hz，2 W，0.25 W，2.25 W

（4）① $u_{AM}(t)=2[1+0.3\cos(2\pi\times10^2t)]\cos(2\pi\times10^6t)$ V；

$u_{DSB}(t)=0.6\cos(2\pi\times10^2t)\cos(2\pi\times10^6t)$ V

② $P_{AV}=2.09$ W，$BW=200$ Hz

（5）$m_f=4$ rad，$BW=10$ kHz，$u_{FM}(t)=3\cos[2\pi\times10^6t+4\sin(2\pi\times10^3)]$ V

（6）① $f_c=10$ MHz，$U_{cm}=5$ V；

② $m_f=15$ rad；

③ $\Delta f_m=15$ kHz；

④ $F=1$ kHz，$U_{\Omega m}=1.5$ V；

⑤ $BW=32$ kHz；

⑥ $P_{AV}=12.5$ W

（7）$m_p=12$ rad，$\Delta f_m=24$ kHZ，$BW=52$ kHz，$u_{PM}(t)=2\cos[2\pi\times10^8t+12\cos(4\pi\times10^3t)]$ V

（8）$L=3.67$ mH

（9）集电极调幅电路，过压状态，自给偏压电压（R_BC_B），可减小调幅失真

学习情境4

1. 填　空

（1）包络检波电路，普通调幅波

（2）双边带和单边带调幅信号，同步信号

（3）检波效率高，失真小

（4）惰性、负峰切割失真

（5）*RC* 取值较大，直流负载电阻和交流负载电阻相差较大

（6）固定载频，调制规律

（7）选择性好，噪声和失真小

（8）中频，镜像

（9）鉴频，鉴相，原调制信号

（10）鉴频灵敏度，鉴频线性范围

（11）调幅-调频信号，调制信号

（12）调相-调频信号，鉴相器
（13）乘积型相位鉴频器，叠加型相位鉴频器
（14）AGC，APC，AFT
（15）频率跟踪，频率误差信号，相位误差信号
（16）窄带滤波，无频差

2. 选　择

（1）A；（2）A；（3）C；（4）A；（5）B；（6）C；（7）A；（8）A；（9）B；（10）C；（11）B；（12）D

3. 分析计算

（1）① $R_i = 2.35\ \text{k}\Omega$；
② $U_o = 8.5\ \text{V}$，$U_{\Omega m} = 5.1\ \text{V}$；
③ 会

（2）$u_o(t) = \frac{1}{2}A_M U_{rm} U_{sm} + \frac{1}{2}A_M U_{rm} U_{sm} m_a \cos \Omega t$

（3）$u_o'(t) = \frac{1}{2}A_M U_{Xm} U_{Ym} \sin\varphi + \frac{1}{2}A_M U_{Xm} U_{Ym} \sin(2\omega_c t + \varphi)$；

$u_o(t) = \frac{1}{2}A_M U_{Xm} U_{Ym} \sin\varphi$

（4）① 本振回路与输入调谐回路谐振频率差一个中频；
② 本振回路，中频回路；
③ 本振部分的反馈线圈，对中频频率近于短路；旁路电容，是耦合电容

参考文献

[1] 胡颜如. 高频电子线路[M]. 4 版. 北京：高等教育出版社，2008.

[2] 林春芳. 高频电子线路[M]. 2 版. 北京：电子工业出版社，2007.

[3] 程远东. 通信电子线路[M]. 北京：北京邮电大学出版社，2011.

[4] 刘泉. 通信电子线路[M]. 武汉：武汉理工大学出版社，2005.

[5] 陈启兴. 通信电子线路[M]. 北京：清华大学出版社，2008.

[6] 申功迈. 高频电子线路[M]. 西安：西安电子科技大学出版社，2001.